普通高等教育通识课系列教材

高等数学

（上册）

主编　朱玉芳

西安电子科技大学出版社

内 容 简 介

本书分为上、下两册，共10章. 上册6章，内容包括函数、极限与连续，导数与微分，中值定理与导数的应用，不定积分，定积分，微分方程等.

本书注重基础性、科学性、应用性，在讲解方法上淡化了一些公式的推导和一些定理的证明，在例题和习题的选配上降低了难度，每节后的习题和每章后的测试题便于学生及时巩固所学知识.

本书内容编排合理，文字表述简洁、流畅，可供以应用型人才为培养目标的工科类本科生使用，也可供高职高专院校学生以及其他读者自学或参考.

图书在版编目(CIP)数据

高等数学.上册/朱玉芳主编. —西安：西安电子科技大学出版社，2021.7
ISBN 978-7-5606-6112-4

Ⅰ. ①高… Ⅱ. ①朱… Ⅲ. ①高等数学—高等学校—教材 Ⅳ. ①O13

中国版本图书馆CIP数据核字(2021)第139203号

策划编辑 刘玉芳
责任编辑 曹 攀 刘玉芳
出版发行 西安电子科技大学出版社(西安市太白南路2号)
电 话 (029)88242421 88201467 邮 编 710071
网 址 www.xduph.com 电子邮箱 xdupfxb001@163.com
经 销 新华书店
印刷单位 咸阳华盛印务有限责任公司
版 次 2021年7月第1版 2021年7月第1次印刷
开 本 787毫米×1092毫米 1/16 印张 14.5
字 数 341千字
印 数 1～3000册
定 价 36.00元
ISBN 978-7-5606-6112-4/O
XDUP 6414001-1

前　言

为了更好地适应高等教育应用型人才的培养需求，我们依据工科类本科专业“高等数学”课程的教学大纲以及学生的实际情况，参考了众多的国内外同类教材，并结合自己多年的教学经验，编写了本书.

本书内容包括函数、极限与连续，导数与微分，中值定理与导数的应用，不定积分，定积分，微分方程.

考虑到应用型本科的教学实际，本书适当降低了理论难度，注重突出对微积分中有重要应用背景的概念、方法和实例的介绍，加强学生基本技能的训练. 为了便于教和学，对某些内容(如极限的定义等)作了新的处理，努力做到内容精练、循序渐进、通俗易懂. 本书还配备了难度适当的习题，便于学生巩固所学知识.

本书带 * 号的章节为选讲内容，教师可根据学时数灵活取舍. 本书可作为普通本科高校(特别是以应用型人才为培养目标的本科院校)“高等数学”课程的教材，也可供高职高专院校学生以及其他读者自学或参考.

本书由朱玉芳教授主编. 由于编者水平有限，书中的错误和不妥之处恳请广大读者批评指正，以期不断完善.

编　者

2021 年 3 月

目　录

第 1 章　函数、极限与连续

函数是经济数学的主要研究对象，极限概念是微积分的理论基础，极限方法是微积分的基本分析方法，因此，掌握、运用好极限方法是学好微积分的关键. 连续是函数的一个重要性质. 本章将介绍函数、极限与连续的基本知识和有关的基本方法，为今后的学习打下必要的基础.

1.1　函　　数

在现实世界中，一切事物都在一定空间中运动着. 17 世纪初，数学首先从对运动的研究中引出了函数这个基本概念，在那以后的 200 多年里，这个概念在几乎所有的科学研究工作中占据了中心位置.

本节将介绍函数的概念及其特性.

一、集合、区间、邻域

1. 集合

研究事物时，常要按事物的某些性质进行归类，由此产生了集合的概念. 一个**集合**是指具有某种共同性质的事物的全体. 集合中的每一个单一的事物称为集合的**元素**. 集合常用大写字母如 A，B，C，D，M，N 等表示，集合的元素常用小写字母如 a，b，c，d，x，y 等表示. 给定集合 M，若 a 是集合 M 的元素，则记为 $a\in M$，读作 a 属于 M；若 a 不是集合 M 的元素，则记为 $a\notin M$，读作 a 不属于 M. 由有限个元素组成的集合称为**有限集**，由无限个元素组成的集合称为**无限集**.

集合一般有两种表示方法. 一种是**列举法**，就是把集合中的元素一一列举出来. 例如，由全体自然数组成的集合可以表示成$\{0, 1, 2, 3, 4, \cdots\}$. 另一种方法是**描述法**，就是在花括号内写出集合的一个代表元素和它的性质. 例如，若 M 是具有某种特征的元素 x 的全体所组成的集合，则可记为 $M=\{x\mid x$ 具有某种特征$\}$.

若集合 A 的元素都是集合 B 的元素，则称 A 是 B 的**子集**，记作 $A\subset B$ 或 $B\supset A$，读作 A 包含于 B 或 B 包含 A. 例如，自然数集合是整数集合的子集.

若 $A\subset B$，且 $B\supset A$，则称集合 A 与 B **相等**，记为 $A=B$. 例如，设 $A=\{1, 2\}$，$B=\{x\mid x^2-3x+2=0\}$，则 $A=B$.

不含任何元素的集合称为**空集**，记作$\varnothing$. 例如$\{x\mid x\in \mathbf{R}, x^2+1=0\}=\varnothing$. 规定空集为任何集合的子集.

下面介绍有关集合的计算.

由所有属于集合 A 或者属于集合 B 的元素组成的集合称为集合 A 与 B 的并集，记作

$$A \cup B=\{x \mid x \in A \text{ 或 } x \in B\}.$$

由所有既属于集合 A 又属于集合 B 的元素组成的集合称为集合 A 与 B 的交集，记作

$$A \cap B=\{x \mid x \in A \text{ 且 } x \in B\}.$$

由所有属于集合 A 而不属于集合 B 的元素组成的集合称为集合 A 与 B 的差集，记作

$$A \backslash B=\{x \mid x \in A \text{ 且 } x \notin B\}.$$

有时，我们研究某个问题限定在一个大的集合 I 中，所研究的其他集合 A 就是 I 的子集. 此时，我们称集合 I 为全集，称 $I\backslash A$ 为 A 的余集或补集，记作 A^{C}.

以后用到的集合主要是数集，即元素都是数的集合. 如果没有特别声明，以后提到的数都是实数.

2. 区间

区间是用得较多的一类实数集，分为有限区间和无限区间两类.

设 a 和 b 都是实数，且 $a<b$，则数集 $\{x \mid a<x<b\}$ 称为**开区间**，记作 (a, b)，即

$$(a, b)=\{x \mid a<x<b\}.$$

类似地，闭区间和半开区间的定义和记号如下：

闭区间：

$$[a, b]=\{x \mid a \leqslant x \leqslant b\}.$$

半开区间：

$$[a, b)=\{x \mid a \leqslant x<b\},$$

$$(a, b]=\{x \mid a<x \leqslant b\}.$$

以上这些区间都称为**有限区间**，数 $b-a$ 称为这些区间的长度.

此外，还有**无限区间**. 引入记号 $+\infty$（读作**正无穷大**）及 $-\infty$（读作**负无穷大**），则可类似地表示无限区间. 例如，

$$[a,+\infty)=\{x \mid x \geqslant a\}, \quad (a,+\infty)=\{x \mid x>a\},$$

$$(-\infty, b]=\{x \mid x \leqslant b\}, \quad (-\infty, b)=\{x \mid x<b\}.$$

特别地，全体实数的集合 $\mathbf{R}$ 也可表示为无限区间 $(-\infty,+\infty)$.

3. 邻域

设 a 与 δ 是两个实数，且 $\delta>0$，则数集 $\{x \mid |x-a|<\delta\}$ 称为点 a 的 δ **邻域**，记作 $U(a, \delta)$，即

$$U(a, \delta)=\{x \mid |x-a|<\delta\},$$

且 a 称为**邻域的中心**，δ 称为**邻域的半径**.

可以看出，$I(a, \delta)$ 也就是开区间 $(a-\delta, a+\delta)$，这个开区间以点 a 为中心，而长度为 2δ（见图 1-1-1）.

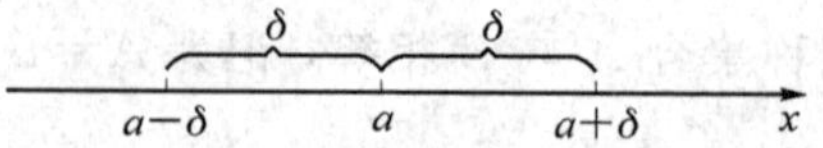

图 1-1-1

若把邻域 $U(a, \delta)$ 的中心去掉，则所得到的邻域称为点 a 的**去心 δ 邻域**，记作 $\mathring{U}(a, \delta)$，即

$$\mathring{U}(a,\delta)=\{x \mid 0<|x-a|<\delta\},$$

这里 $0<|x-a|$ 就表示 $x\neq a$.

二、函数及其特性

1. 函数的概念

函数是描述变量间相互依赖关系的一种数学模型.

例如，在自由落体运动中，设物体下落的时间为 t，落下的距离为 s，假定开始下落的时刻为 $t=0$，则变量 s 与 t 之间的相依关系由数学模型

$$s=\frac{1}{2}gt^2$$

给定，其中 g 是重力加速度.

定义 1.1.1　设 x 和 y 是两个变量，D 是一个给定的非空数集，如果对于每个数 $x\in D$，变量 y 按照一定法则 f 总有唯一确定的数值和它对应，则称 y 是 x 的**函数**，记作

$$y=f(x).$$

其中 x 称为**自变量**，y 称为**因变量**，数集 D 称为这个函数的**定义域**，也记为 D_f.

若对于 $x_0\in D$，按照对应法则 f，总有确定的值 y_0（记为 $f(x_0)$）与之对应，则称 $f(x_0)$ 为函数在点 x_0 处的**函数值**，因变量与自变量的这种相依关系通常称为**函数关系**.

当自变量 x 取遍 D 的所有数值时，对应的函数值 $f(x)$ 的全体组成的集合称为函数 f 的**值域**，记为 R_f 或 $f(D)$，即 $R_f=f(D)=\{y \mid y=f(x)\}$，$x\in D$.

通常，函数的表示法有表格法、图像法、公式法(解析法).

在实际问题中，有时会遇到函数在定义域的不同范围内用不同的解析式表示的情况.

例如，某运输公司规定货物的吨公里运价为：在 a 公里以内，每公里 k 元；超过 a 公里，超过部分每公里为 $\frac{4}{5}k$ 元. 求运价 m 和里程 s 之间的函数关系.

运价 m 和里程 s 之间的函数关系为：

$$m=\begin{cases} ks, & 0<s\leqslant a, \\ ka+\dfrac{4}{5}k(s-a), & s>a. \end{cases}$$

这里运价 m 和里程 s 的函数关系是用分段函数表示的，定义域为 $(0,+\infty)$.

这种在定义域内不同的区间上用不同的解析式表示的函数，称为**分段函数**.

例 1.1.1　求下列函数的定义域：

(1) 绝对值函数 $y=|x|=\begin{cases} x, & x\geqslant 0, \\ -x, & x<0; \end{cases}$

(2) 函数 $y=\dfrac{1}{1-x^2}+\sqrt{x+2}$.

解　(1) 因为 $[0,+\infty)\cup(-\infty,0)=(-\infty,+\infty)$，所以定义域 $D=(-\infty,+\infty)$.

(2) 因为 $\begin{cases} 1-x^2\neq 0, \\ x+2\geqslant 0 \end{cases} \Rightarrow \begin{cases} x\neq\pm 1, \\ x\geqslant -2, \end{cases}$ 所以定义域 $D=[-2,-1)\cup(-1,1)\cup(1,+\infty)$.

例 1.1.2 判断下列函数是否相同，并说明理由.

(1) $y=1$ 与 $y=\sin^2 x+\cos^2 x$；

(2) $y=2x+1$ 与 $x=2y+1$.

解 (1) 虽然这两个函数的表现形式不同，但它们的定义域$(-\infty,+\infty)$与对应法则均相同，所以这两个函数相同.

(2) 虽然它们的自变量与因变量所用的字母不同，但其定义域$(-\infty,+\infty)$和对应法则均相同，所以这两个函数相同.

例 1.1.3 已知 $f(x+1)=x^2-x+1$，求 $f(x)$.

解 令 $x+1=t$，则 $x=t-1$，从而

$$f(t)=(t-1)^2-(t-1)+1=t^2-3t+3,$$

所以

$$f(x)=x^2-3x+3.$$

2. 函数的特性

1) 函数的奇偶性

设函数 $y=f(x)$的定义域 D 关于原点对称，如果对于任意 $x\in D$，恒有 $f(-x)=f(x)$，则称 $f(x)$为**偶函数**；如果对于任意 $x\in D$，恒有 $f(-x)=-f(x)$，则称 $f(x)$为**奇函数**. 在平面直角坐标系中，偶函数的图形关于 y 轴对称(见图 1-1-2)，奇函数的图形关于原点对称（见图 1-1-3).

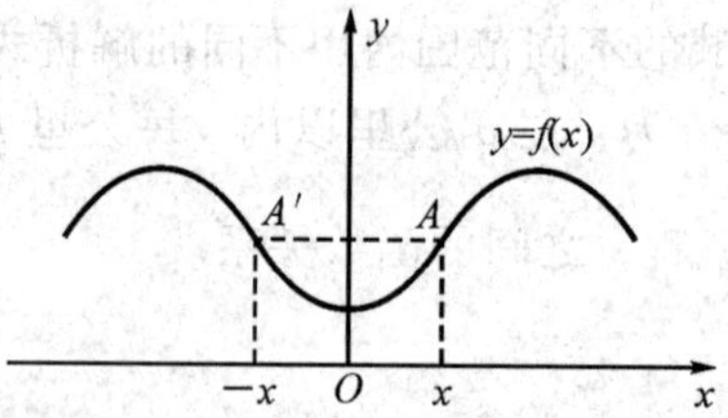

图 1-1-2

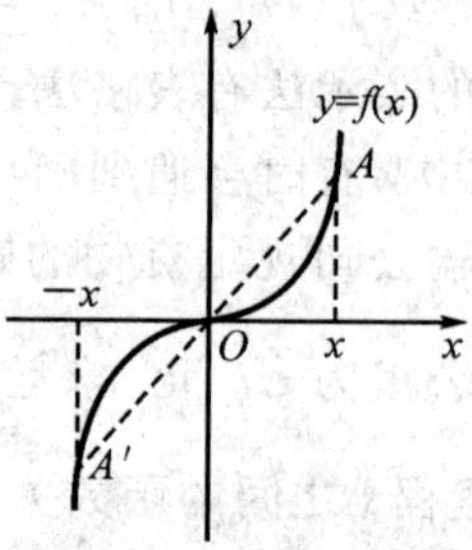

图 1-1-3

例如，$y=x^3$ 在$(-\infty,+\infty)$上是奇函数，$y=\cos x$ 在$(-\infty,+\infty)$上是偶函数，而 $y=x^4+\sin 2x$在$(-\infty,+\infty)$上是非奇非偶函数.

2) 函数的单调性

设函数 $y=f(x)$的定义域为 D，区间 $I\subset D$，如果对于区间 I 内的任意两点 x_1，x_2，当 $x_1<x_2$ 时都有 $f(x_1)<f(x_2)$，则称函数 $y=f(x)$在 I 上**单调增加**(见图 1-1-4)；当 $x_1<x_2$ 时都有 $f(x_1)>f(x_2)$，则称函数 $y=f(x)$在 I 上**单调减少**(见图 1-1-5). 单调增加和单调减少的函数统称为**单调函数**. 例如，$y=e^x$ 是$(-\infty,+\infty)$上的单调增加函数，$y=\dfrac{1}{x}$是$(0,+\infty)$上的单调减少函数，而 $y=x^2$ 在$(-\infty,0]$上单调减少，在$[0,+\infty)$上单调增加.

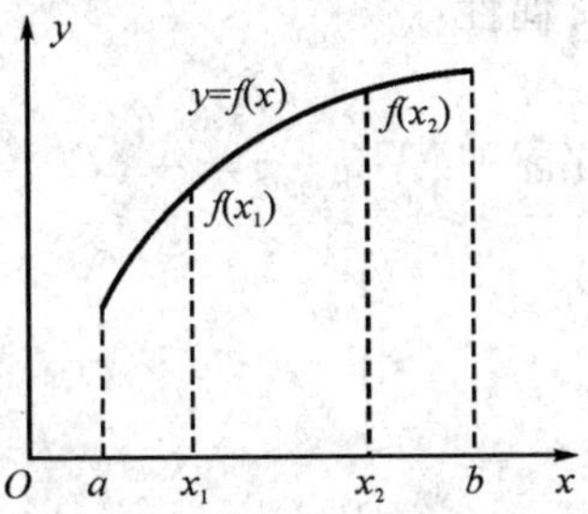

图 1-1-4

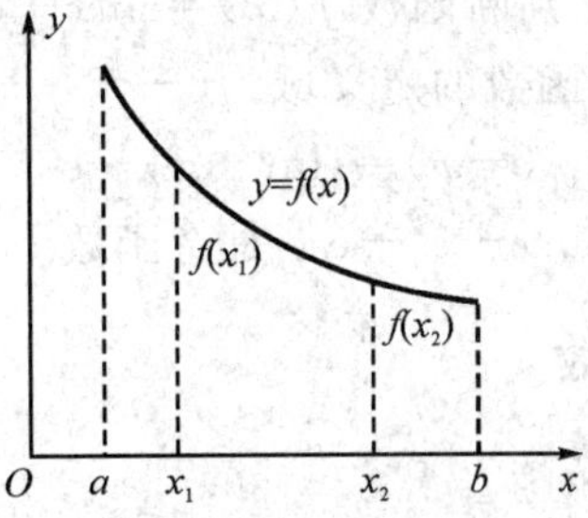

图 1-1-5

3）函数的周期性

设函数 $y=f(x)$的定义域为 D，若存在一个常数 $T\neq 0$，使得对于任意 $x\in D$，必有 $x\pm T\in D$，并且使 $f(x\pm T)=f(x)$，则称 $f(x)$为**周期函数**，其中 T 称为函数 $f(x)$的周期. 周期函数的周期通常是指它的最小正周期.

例如，$y=\sin x$，$y=\cos x$ 都是以 2π 为周期的周期函数. 周期函数的图形可以由它在一个周期$[a, a+T]$内的图形沿 x 轴向左、右两个方向平移后得到(见图 1-1-6).

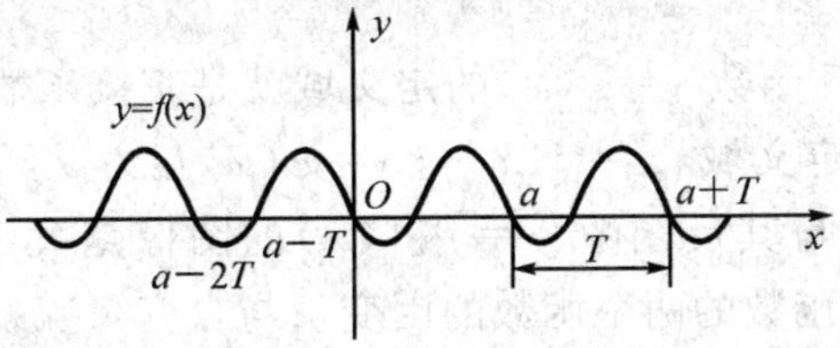

图 1-1-6

4）函数的有界性

设函数 $y=f(x)$的定义域为 D，区间 $I\subset D$，如果存在一个正数 M，使得对于任一 $x\in I$，都有$|f(x)|\leqslant M$，则称函数 $f(x)$在 I 上**有界**，也称 $f(x)$是 I 上的有界函数. 否则称 $f(x)$在 I 上**无界**，也称 $f(x)$是 I 上的无界函数.

例如，函数 $y=\arctan x$，对任意 $x\in(-\infty,+\infty)$时，都有不等式$|\arctan x|<\dfrac{\pi}{2}$成立，所以 $y=\arctan x$ 是$(-\infty,+\infty)$上的有界函数.

应该看到，函数的有界性与 x 取值的区间 I 有关. 例如，函数 $y=\dfrac{1}{x}$在区间$(0, 1)$上是无界的，但在区间$[1,+\infty)$上是有界的.

例 1.1.4　判断函数 $f(x)=x\sin\dfrac{1}{x}$的奇偶性.

解　因为 $f(x)$的定义域为$(-\infty, 0)\cup(0,+\infty)$，它关于原点对称，又

$$f(-x)=(-x)\sin\left(-\frac{1}{x}\right)=x\sin\frac{1}{x}=f(x),$$

所以 $f(x)=x\sin\dfrac{1}{x}$是偶函数.

例 1.1.5 判断函数 $f(x)=\sin x+e^{x}-e^{-x}$ 的奇偶性.

解 因为函数的定义域为$(-\infty,+\infty)$，又

$$f(-x)=\sin(-x)+e^{-x}-e^{x}=-(\sin x+e^{x}-e^{-x})=-f(x),$$

所以 $f(x)=\sin x+e^{x}-e^{-x}$ 是奇函数.

三、初等函数

1. 反函数

函数关系的实质就是从定量分析的角度来描述运动过程中变量之间的相互依赖关系，但在研究过程中，哪个量作为自变量，哪个量作为因变量(函数) 是由具体问题来决定的.

定义 1.1.2 设函数 $y=f(x)$ 的定义域为 D，值域为 W. 如果对于 W 中的任一数值 $y\in W$，通过关系式 $y=f(x)$，都有唯一确定的 $x\in D$ 与之对应，则称这样确定的函数 $x=\varphi(y)$ 为函数 $y=f(x)$ 的**反函数**，原来的函数 $y=f(x)$ 称为**直接函数**，记为 $x=\varphi(y)$ (或 $x=f^{-1}(y)$)，$y\in W$.

由于一个函数与自变量及因变量用什么字母表示无关，为了研究方便，对于反函数 $x=\varphi(y)$，习惯上仍用 x 作为自变量，y 作为因变量，这样 $y=f(x)$ 的反函数通常写为 $y=\varphi(x)$ (或 $y=f^{-1}(x)$).

由反函数的定义知，反函数 $y=\varphi(x)$ 的定义域就是直接函数 $y=f(x)$ 的值域，而反函数的值域就是直接函数的定义域. $y=f(x)$ 与 $y=\varphi(x)$ 互为反函数.

函数 $y=f(x)$ 的图像与其反函数 $y=f^{-1}(x)$ 的图像是关于直线 $y=x$ 对称的(见图 1-1-7). 这是由于互为反函数的两个函数的因变量与自变量互换了，若(a, b)是 $y=f(x)$ 图像上的一点，则(b, a)就是 $y=f^{-1}(x)$ 图像上的点，而 xOy 平面上点(a, b)与点(b, a)关于直线 $y=x$ 对称.

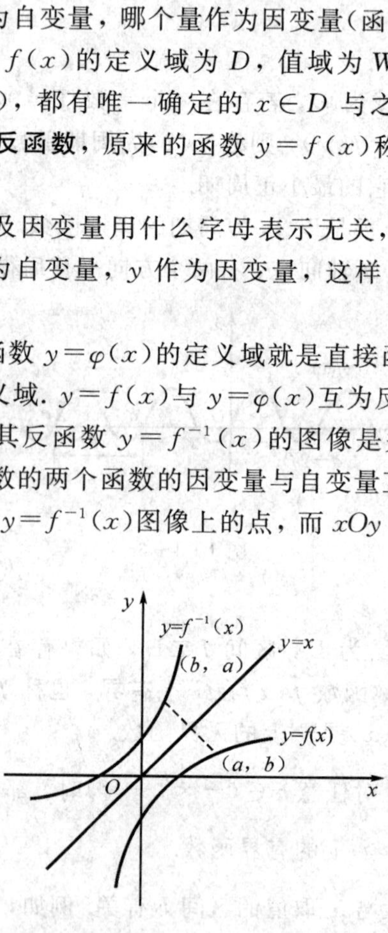

图 1-1-7

定理 1.1.1 在同一个平面直角坐标系中，函数 $y=f(x)$ 与它的反函数 $y=f^{-1}(x)$ 的图像关于直线 $y=x$ 对称.

例 1.1.6 求函数 $y=2^{x}$ 的反函数，并在同一直角坐标系中画出直接函数和反函数的图像.

解 由 $y=2^{x}$ 解得 $x=\mathrm{lb}\,y$，如果把 y 改为 x，x 改为 y，即得所求反函数为

$$y=\mathrm{lb}\,x,\ x\in(0,+\infty).$$

它们的图像如图 1-1-8 所示.

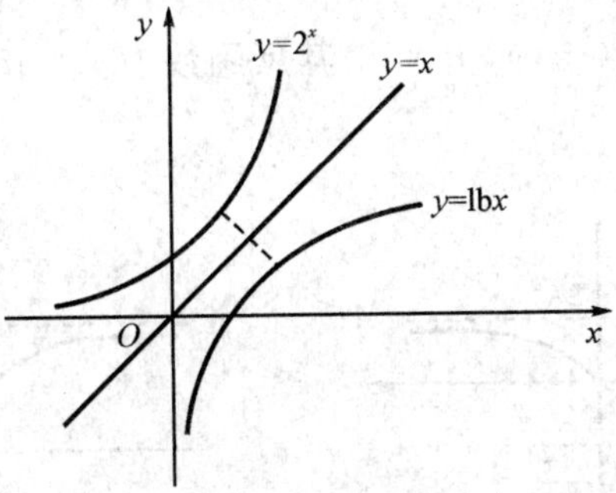

图 1-1-8

求反函数的一般步骤为：由方程 $y=f(x)$解出 $x=f^{-1}(y)$，再将 x 与 y 对换，即得所求的反函数为 $y=f^{-1}(x)$.

不是所有的函数都有反函数. 例如，函数 $y=x^2$ 在$(-\infty,+\infty)$内对任意给定的 $y\in[0,+\infty)$，有两个 $x=\pm\sqrt{y}$与之对应，所以它没有反函数.

定理 1.1.2(反函数存在定理)　若函数在某个区间上是单调函数，则它的反函数存在，且也是单调函数.

同样，正弦函数 $y=\sin x$，$D=(-\infty,+\infty)$，$W=[-1,1]$，在 D 上不是一一对应的，通常为了保证一一对应，我们就把它限制在区间 $\left[-\frac{\pi}{2},\frac{\pi}{2}\right]$上，即 $y=\sin x$，$D=\left[-\frac{\pi}{2},\frac{\pi}{2}\right]$，$W=[-1,1]$，可知它是单调递增的，所以存在反函数，其反函数称为反正弦函数，记作 $y=\arcsin x$，定义域为$[-1,1]$，值域为$\left[-\frac{\pi}{2},\frac{\pi}{2}\right]$，并且在定义域上单调递增. 我们把在这样的单调区间上所建立起来的反三角函数称为反三角函数的主值(见图 1-1-9). 类似地，有：$y=\cos x$，$D=[0,\pi]$，$W=[-1,1]$，其反函数为 $y=\arccos x$，定义域为$[-1,1]$，值域为$[0,\pi]$(见图 1-1-10)；$y=\tan x$，$D=\left(-\frac{\pi}{2},\frac{\pi}{2}\right)$，$W=(-\infty,+\infty)$，

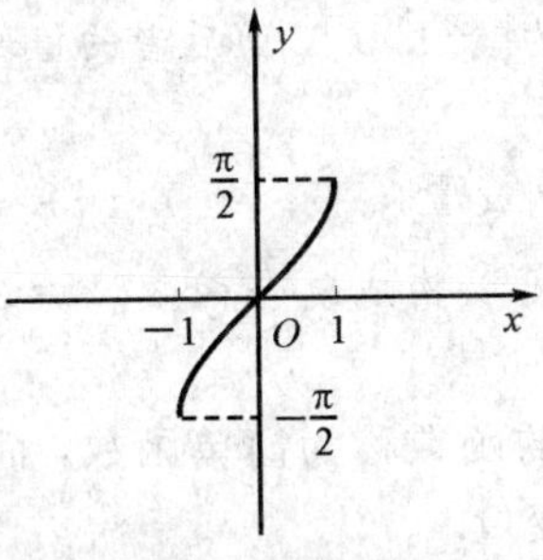

图 1-1-9

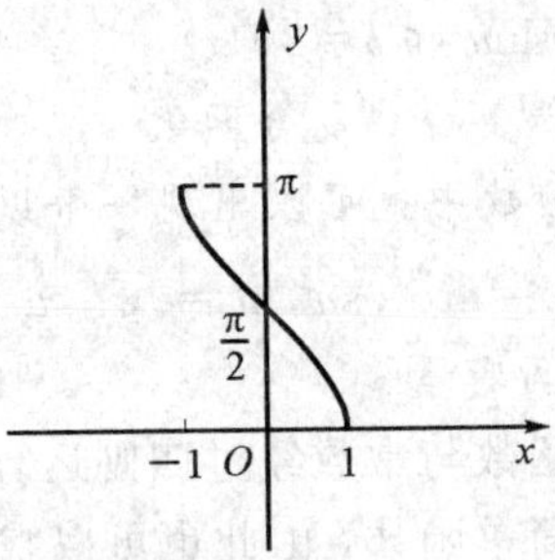

图 1-1-10

其反函数为 $y=\arctan x$，定义域为$(-\infty,+\infty)$，值域为$\left(-\dfrac{\pi}{2},\dfrac{\pi}{2}\right)$(见图 1-1-11)；

$y=\cot x$，$D=(0,\pi)$，$W=(-\infty,+\infty)$，其反函数为 $y=\text{arccot}\,x$，定义域为$(-\infty,+\infty)$，值域为$(0,\pi)$(见图 1-1-12).

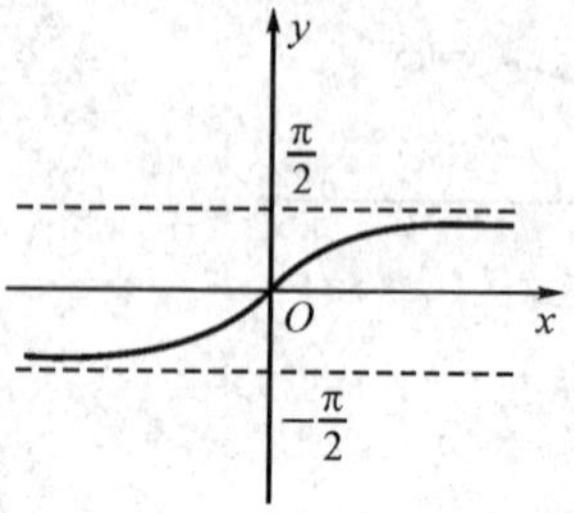

图 1-1-11

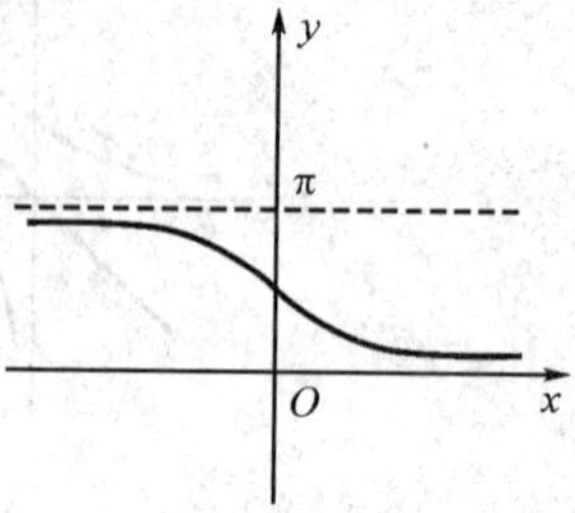

图 1-1-12

例 1.1.7　求函数 $y=\sin 2x$，$x\in\left[-\dfrac{\pi}{4},\dfrac{\pi}{4}\right]$的反函数.

解　由 $y=\sin 2x$，$x\in\left[-\dfrac{\pi}{4},\dfrac{\pi}{4}\right]$得

$$2x=\arcsin y,\ y\in[-1,1],$$

进而得 $x=\dfrac{1}{2}\arcsin y$，$y\in[-1,1]$，即所求的反函数为：

$$y=\frac{1}{2}\arcsin x,\ x\in[-1,1].$$

2. 基本初等函数

常数函数、幂函数、指数函数、对数函数、三角函数和反三角函数统称为**基本初等函数**. 基本初等函数的图像及其性质见附录 3.

3. 复合函数

定义 1.1.3　设函数 $y=f(u)$的定义域为 D_f，而函数 $u=\varphi(x)$的值域为 R_f，若 $D_f\cap R_f\neq\varnothing$，则称函数 $y=f[\varphi(x)]$为 x 的复合函数，其中 x 称为**自变量**，y 称为**因变量**，u 称为**中间变量**.

注：(1) 不是任何两个函数都可以复合成一个复合函数.

例如，$y=\arcsin u$ 和 $u=2+x^2$，前者的定义域为$[-1,1]$，而后者的值域为 $u=2+x^2\geqslant 2$，故这两个函数不能复合成复合函数.

(2) 在复合函数中也可以出现一个以上的中间变量.

例如，函数 $y=\arccos u$，$u=\sqrt{v}$，$v=x^2-3$ 可以构成复合函数 $y=\arccos\sqrt{x^2-3}$，这里 u 和 v 都是中间变量.

由基本初等函数与常数经过四则运算后所成的函数称为简单函数，而一个复合函数可以分解为若干个简单函数，由此也可以找到中间变量.

例 1.1.8　将下列函数分解成由几个简单的函数复合而成的复合函数.

(1) $y=\sqrt{1+\ln^2 x}$；　　(2) $y=\mathrm{e}^{\arctan\left(\frac{x}{2}\right)^2}$.

解　(1) $y=\sqrt{1+\ln^2 x}$ 是由 $y=\sqrt{u}$，$u=1+v^2$，$v=\ln x$ 三个函数复合而成的，其中 $y=\sqrt{u}$ 和 $v=\ln x$ 都是基本初等函数，$u=1+v^2$ 是简单函数.

(2) $y=e^{\arctan\left(\frac{x}{2}\right)^2}$ 是由 $y=e^u$，$u=\arctan v$，$v=w^2$，$w=\dfrac{x}{2}$ 四个函数复合而成，其中 $y=e^u$，$u=\arctan v$，$v=w^2$ 都是基本初等函数，$w=\dfrac{x}{2}$ 是简单函数.

4. 初等函数

由常数和基本初等函数经过有限次四则运算和有限次的函数复合所构成的，并可用一个式子表示的函数，称为**初等函数**.

初等函数的基本特征：在函数有定义的区间内初等函数的图像是不间断的.

例如，$y=x^2+\sqrt{\ln\sin^2 x}$，$y=x^2 e^{\sqrt{x^2+1}}+5$ 等都是初等函数；而分段函数 $f(x)=\begin{cases}x+3, & x\geqslant 0,\\ x^2, & x<0\end{cases}$ 不是初等函数，因为它在定义域内不能用一个解析式表示.

习题 1-1

(A)

1. 下列各组函数是否相同？

(1) $y=x$ 与 $y=\sqrt{x^2}$；　　(2) $y=\sin x$ 与 $y=\sqrt{1-\cos^2 x}$；

(3) $y=\sqrt[3]{x^4-x^3}$ 与 $y=x\sqrt[3]{x-1}$；　　(4) $y=\dfrac{x}{x}$ 与 $y=1$.

2. 求下列函数的定义域：

(1) $y=\tan(x+1)$；　　(2) $y=\dfrac{1}{\sqrt{4-x^2}}\ln(x+1)$；

(3) $y=\arcsin(x-3)$；　　(4) $f(x)=\dfrac{\lg(3-x)}{\sin x}+\sqrt{5+4x-x^2}$.

3. 求下列函数的函数值：

(1) 设 $y=\arcsin(\lg x)$，求 $f\left(\dfrac{1}{10}\right)$，$f(1)$，$f(10)$；

(2) 设 $f(x)=\begin{cases}2x+3, & x\leqslant 0,\\ 2^x, & x>0,\end{cases}$ 求 $f(-2)$，$f(0)$，$f[f(-1)]$.

4. 下列函数中哪些是奇函数，哪些是偶函数，哪些是非奇非偶函数？

(1) $y=x^4-2x^2-3$；　　(2) $y=x(x-1)$；

(3) $y=\ln(x+\sqrt{x^2+1})$；　　(4) $f(x)=\dfrac{e^x-1}{e^x+1}\ln\dfrac{1-x}{1+x}$　$(-1<x<1)$.

5. 下列函数是由哪些简单函数复合而成的？

(1) $y=\sin^2(2x+1)$；　　(2) $y=e^{\sin^2(1-x)}$；

(3) $y=\cos^2\ln(2+\sqrt{1+x^2})$；　　(4) $y=\sqrt{\ln\sin^2 x}$.

6. 求下列函数的反函数：

(1) $y=e^x+2$；　　(2) $y=-\sqrt{x+1}$；

(3) $y=\dfrac{1-x}{1+x}$；　　(4) $y=\dfrac{1-\sqrt{1+4x}}{1+\sqrt{1+4x}}$.

7. 已知 $f\left(x+\dfrac{1}{x}\right)=x^2+\dfrac{1}{x^2}$，求 $f(x)$.

8. 已知 $f(x)=\begin{cases}1, & |x|\leqslant 1,\\ 0, & |x|>1,\end{cases}$ 求 $f[f(x)]$.

9. 已知 $f(x)=\dfrac{x}{1-x}$，求 $f[f(x)]$ 和 $f\{f[f(x)]\}$.

10. 设下列函数的定义域关于原点对称，证明：

(1) 两个偶函数的和是偶函数，两个奇函数的和是奇函数；

(2) 两个偶函数的乘积是偶函数，两个奇函数的乘积是奇函数，偶函数与奇函数的乘积是奇函数.

(B)

1. 设 $f(x)$的定义域是$[0, 3]$，则函数 $f(2x+1)$的定义域是(　　).

A. $[0, 5]$　　B. $[1, 11]$　　C. $\left[-\dfrac{1}{2}, 1\right]$　　D. $[0, 11]$

2. 设函数 $f(x)=\begin{cases}3, & 0\leqslant x\leqslant 1,\\ 5, & 1<x\leqslant 3,\end{cases}$ 则函数 $g(x)=f(2x)+f(x-2)$(　　).

A. 在$(-\infty,+\infty)$上有意义　　B. 在$[0, 3]$上无意义

C. 在$[0, 6]$上有意义　　D. 在$[0, 3]$上有意义

3. 下列各对函数中，表示同一函数的是(　　).

A. $\ln x^3$ 和 $3\ln x$　　B. x 和$\sqrt{x^2}$　　C. $x-1$ 和$\dfrac{x^2-1}{x+1}$　　D. $\ln x^4$ 和 $4\ln x$

4. 下列函数中，(　　)是偶函数.

A. $\ln\dfrac{1-x}{1+x}$　　B. $\dfrac{\tan x}{x}$　　C. $x+x^2$　　D. $x+1$

5. 函数 $y=x\cdot\ln(x+\sqrt{1+x^2})+\dfrac{e^x}{\sin x}$是(　　).

A. 初等函数　　B. 分段函数　　C. 复合函数　　D. 基本初等函数

1.2　极限的概念

极限思想是由于求某些实际问题的精确解答而产生的. 例如，我国古代数学家刘徽(约公元 3 世纪) 利用圆内接正多边形来推算圆面积的方法——割圆术，就是极限思想在几何学上的应用. 又如，春秋战国时期的哲学家庄子(约公元前 4 世纪) 在《庄子 · 天下篇》中对

“截丈问题”有一段名言：“一尺之棰，日取其半，万世不竭”，其中也隐含了深刻的极限思想.

极限是研究变量的变化趋势的基本工具，数学中许多基本概念，例如连续、导数、定积分、无穷级数等都是建立在极限的基础上. 极限方法又是研究函数的一种最基本的方法. 本节将给出数列极限和函数极限的定义.

一、数列的极限

我们考察当 n 无限增大时(记为 $n\to\infty$，符号“$\to$”读作“趋向于”)，一般项 x_n 的变化趋势.

观察下面两个数列：

(1) $\frac{1}{2}, \frac{1}{4}, \frac{1}{8}, \frac{1}{16}, \cdots, \frac{1}{2^n}, \cdots$；

(2) $2, \frac{1}{2}, \frac{4}{3}, \frac{3}{4}, \cdots, \frac{n+(-1)^{n-1}}{n}, \cdots$.

为清楚起见，将上述两个数列的各项用数轴上的对应点 x_1，x_2，…表示，如图 1-2-1 (a)、(b)所示.

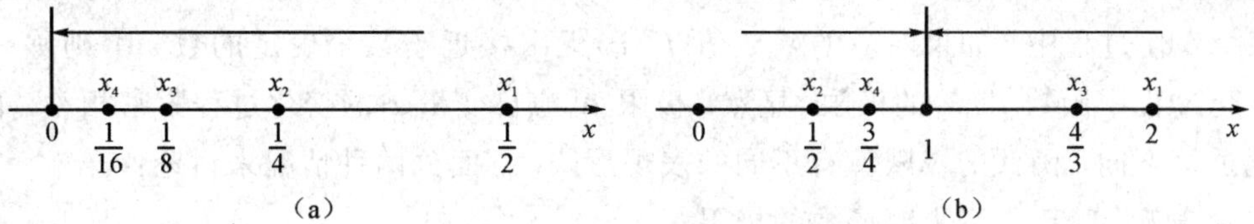

图 1-2-1

从图 1-2-1 可知，当 n 无限增大时，数列 $\left\{\frac{1}{2^n}\right\}$ 在数轴上的对应点从原点的右侧无限接近于 0；数列 $\left\{\frac{n+(-1)^{n-1}}{n}\right\}$ 在数轴上的对应点从 $x=1$ 的两侧无限接近于 1.

一般地，可以给出下面的定义：

定义 1.2.1　对于数列 $\{x_n\}$，如果当 n 无限增大时，一般项 x_n 的值无限接近于一个确定的常数 A，则称 A 为数列 $\{x_n\}$ 当 n 趋向于无穷大时的极限，记为

$$\lim_{n\to\infty} x_n = A \quad 或 \quad x_n \to A\ (n\to\infty).$$

此时，也称数列 $\{x_n\}$ 收敛于 A，而称 $\{x_n\}$ 为**收敛数列**. 如果数列的极限不存在，则称它为**发散数列**，有时简记成

$$\lim_{n\to\infty} x_n = \infty\ (|x_n|无限增大的情形)\ 或\ \lim_{n\to\infty} x_n\ 不存在.$$

例如，数列 $\left\{\frac{1}{2^n}\right\}$ 是收敛的，而 $\left\{\frac{1+(-1)^n}{2}\right\}$ 是发散的.

例 1.1.2　观察下列各数列是否收敛，若收敛，试指出其收敛于何值.

(1) $\{2^n\}$；　(2) $\left\{\frac{1}{n}\right\}$；　(3) $\{(-1)^{n+1}\}$；　(4) $\left\{\frac{n-1}{n}\right\}$.

解 (1) 数列$\{2^n\}$即为$2, 4, 8, \cdots, 2^n, \cdots$，易见，当$n$无限增大时，$2^n$也无限增大，故该数列是发散的；

(2) 数列$\left\{\frac{1}{n}\right\}$即为$1, \frac{1}{2}, \frac{1}{3}, \cdots, \frac{1}{n}, \cdots$，易见，当$n$无限增大时，$\frac{1}{n}$无限接近于0，故该数列收敛于0；

(3) 数列$\{(-1)^{n+1}\}$即为$1, -1, 1, -1, \cdots, (-1)^{n+1}, \cdots$，易见，当$n$无限增大时，$(-1)^{n+1}$无休止地反复取$1, -1$两个数，而不会无限接近于任何一个确定的常数，故该数列是发散的；

(4) 数列$\left\{\frac{n-1}{n}\right\}$即为$0, \frac{1}{2}, \frac{2}{3}, \frac{3}{4}, \cdots, \frac{n-1}{n}, \cdots$，易见，当$n$无限增大时，$\frac{n-1}{n}$无限接近于1，故该数列收敛于1.

二、函数的极限

数列可看作自变量为正整数n的函数：$x_n=f(n)$，数列$\{x_n\}$的极限为A，即：当自变量n取正整数且无限增大($n\to\infty$)时，对应的函数值$f(n)$无限接近数A. 若将数列极限概念中自变量n和函数值$f(n)$的特殊性撇开，可以由此引出函数极限的一般概念：在自变量x的某个变化过程中，如果对应的函数值$f(x)$无限接近于某个确定的数A，则称A为x在该变化过程中函数$f(x)$的极限. 显然，极限A与自变量x的变化过程紧密相关，自变量的变化过程不同，函数的极限就有不同的表现形式. 下面分两种情况来讨论：

(1) 自变量趋于无穷大时函数的极限；

(2) 自变量趋于有限值时函数的极限.

1. $x\to\infty$时函数$f(x)$的极限

先看一个例子：当$|x|$无限增大(或称x趋向于无穷大，记为$x\to\infty$)时，考察函数$f(x)=\frac{2x+3}{x}$的变化趋势. 我们可以看出当$x\to\infty$时，对应的函数值$f(x)=\frac{2x+3}{x}=2+\frac{3}{x}$无限接近于常数2，则称常数2为函数$f(x)=\frac{2x+3}{x}$当$x\to\infty$时的极限.

对一般函数$y=f(x)$而言，自变量无限增大时，函数值无限接近一个常数的情形与数列极限类似，有所不同的是，自变量的变化可以是连续的.

定义 1.2.2 设函数$f(x)$当$|x|>X$(X为某一正数)时有定义，如果当$|x|$无限增大时，函数$f(x)$的值无限接近于一个确定的常数A，则称A为函数$f(x)$当$x\to\infty$时的极限，记为

$$\lim_{x\to\infty}f(x)=A \text{ 或 } f(x)\to A(x\to\infty).$$

例 1.2.2 观察下列各函数的极限.

(1) 当$x\to\infty$时$f(x)=\frac{1}{x}$的极限；

(2) 当 $x\to\infty$ 时 $f(x)=c$ 的极限；

(3) 当 $x\to\infty$ 时 $f(x)=\dfrac{\sin x}{x}$ 的极限.

解　(1) 由图 1-2-2 观察可知

$$\lim_{x\to\infty}\frac{1}{x}=0.$$

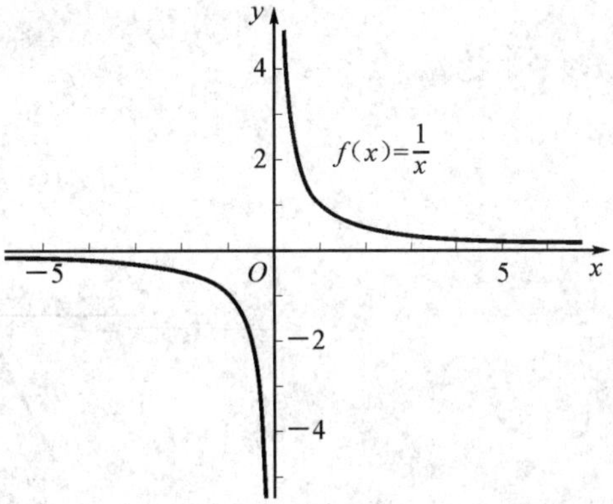

图 1-2-2

(2) 由图 1-2-3 观察可知，

$$\lim_{x\to\infty}c=c.$$

(3) 由图 1-2-4 观察可知

$$\lim_{x\to\infty}\frac{\sin x}{x}=0.$$

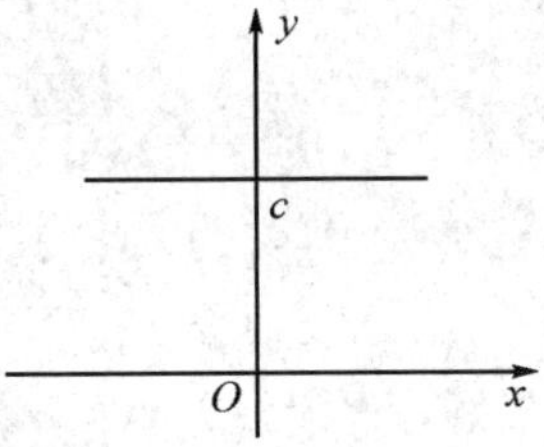

图 1-2-3

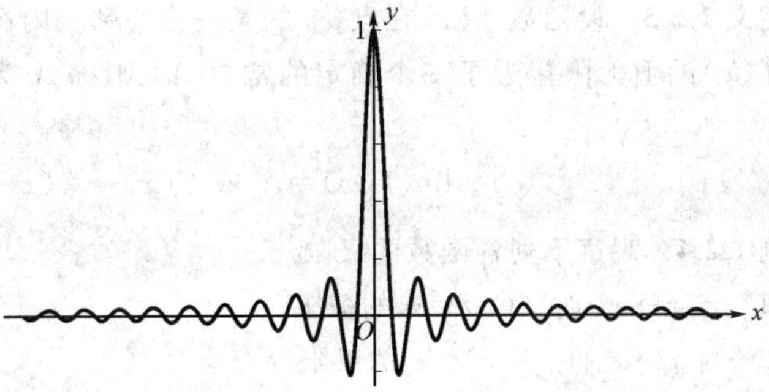

图 1-2-4

类似地，可以给出当 $x\to+\infty$ 和 $x\to-\infty$ 时，函数 $f(x)$ 以 A 为极限的定义. 这只要将定义 1.2.2 中的 $|x|>X$ 分别改为 $x>X$ 与 $x<-X$ 即可.

极限 $\lim\limits_{x\to+\infty}f(x)=A$ 与 $\lim\limits_{x\to-\infty}f(x)=A$ 称为**单侧极限**.

定理 1.2.1　$\lim\limits_{x\to\infty}f(x)=A$ 的充分必要条件是 $\lim\limits_{x\to+\infty}f(x)=\lim\limits_{x\to-\infty}f(x)=A$.

例 1.2.3　设 $f(x)=\arctan x$，求 $\lim\limits_{x\to\infty}f(x)$.

解　$f(x)$ 的图像如图 1-1-11 所示. 因为

$$\lim_{x\to-\infty}f(x)=\lim_{x\to-\infty}\arctan x=-\frac{\pi}{2},\quad \lim_{x\to+\infty}f(x)=\lim_{x\to-\infty}\arctan x=\frac{\pi}{2},$$

从而 $\lim\limits_{x\to+\infty}f(x)\neq\lim\limits_{x\to-\infty}f(x)$，所以由定理 1.2.1 知 $\lim\limits_{x\to\infty}f(x)$ 不存在.

2. $x\to x_0$ 时函数 $f(x)$ 的极限

现在讨论当 $x\to x_0$ 时函数 $f(x)$ 的极限问题.

考察当 $x\to1$ 时，函数 $f(x)=\dfrac{2x^2-2}{x-1}$ 的变化趋势.

我们注意到当 $x\neq1$ 时，函数 $f(x)=\dfrac{2x^2-2}{x-1}=2(x+1)$，所以当 $x\to1$ 时，$f(x)$ 的值无限接近于常数 4(见图 1-2-5). 称常数 4 为函数 $f(x)=\dfrac{2x^2-2}{x-1}$ 当 $x\to1$ 时的极限.

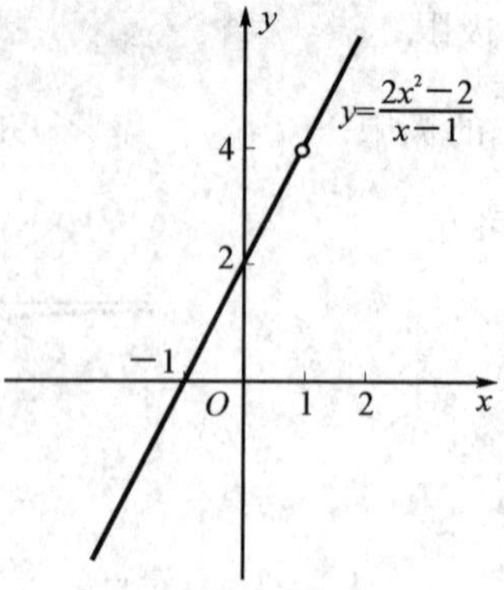

图 1-2-5

下面我们给出当 $x \to x_0$ 时函数 $f(x)$ 极限的定义.

定义 1.2.3　设函数 $f(x)$ 在点 x_0 的某一去心邻域内有定义. 如果当 x 无限接近 x_0 时，函数 $f(x)$ 的值无限接近于一个确定的常数 A，则称 A 为函数 $f(x)$ 当 $x \to x_0$ 时的极限，记为

$$\lim_{x \to x_0} f(x) = A \text{ 或 } f(x) \to A (x \to x_0).$$

例 1.2.4　观察下列各函数的极限.

(1) 当 $x \to x_0$ 时 $f(x) = x$ 的极限；

(2) 当 $x \to x_0$ 时 $f(x) = c$ 的极限.

解　(1) 因为当 $x \to x_0$ 时，$f(x) = x \to x_0$，所以 $\lim\limits_{x \to x_0} x = x_0$；

(2) 因为当 $x \to x_0$ 时，$f(x) = c$，所以 $\lim\limits_{x \to x_0} c = c$.

3. 左极限与右极限

在定义 1.2.3 中，$x \to x_0$ 是指从 x 的两侧趋向于 x_0，但是有时需要考虑 x 仅从 x_0 的一侧趋向于 x_0 时函数的变化趋势.

如果当 x 从 x_0 的左侧趋于 x_0（记作 $x \to x_0^-$）时，对应的函数值 $f(x)$ 无限接近于一个常数 A，则称 A 为函数 $f(x)$ 当 $x \to x_0$ 时的**左极限**，记为

$$\lim_{x \to x_0^-} f(x) = A \text{ 或 } f(x_0^-) = A.$$

如果当 x 从 x_0 的右侧趋于 x_0（记作 $x \to x_0^+$）时，对应的函数值 $f(x)$ 无限接近于一个常数 A，则称 A 为函数 $f(x)$ 当 $x \to x_0$ 时的**右极限**，记为

$$\lim_{x \to x_0^+} f(x) = A \text{ 或 } f(x_0^+) = A.$$

定理 1.2.2　$\lim\limits_{x \to x_0} f(x) = A$ 的充分必要条件是 $\lim\limits_{x \to x_0^-} f(x) = \lim\limits_{x \to x_0^+} f(x) = A$.

例 1.2.5　设 $f(x) = \begin{cases} x, & x \geq 0, \\ -x+1, & x < 0, \end{cases}$ 求 $\lim\limits_{x \to 0} f(x)$.

解　$x=0$ 是函数的分段点（见图 1-2-6）. 因为

$$\lim_{x \to 0^-} f(x) = \lim_{x \to 0^-} (-x+1) = 1,$$

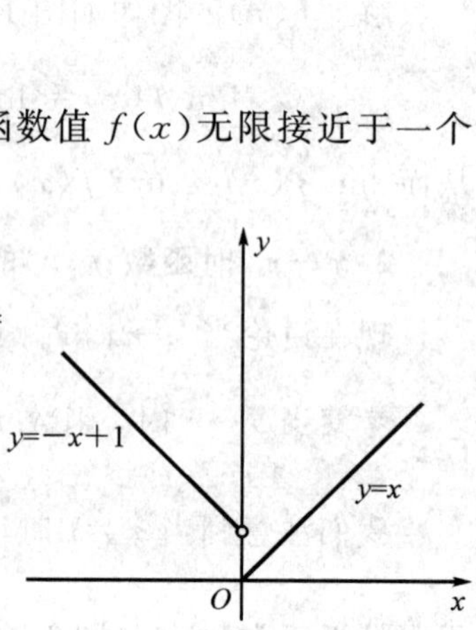

图 1-2-6

$$\lim_{x\to0^+}f(x)=\lim_{x\to0^+}x=0,$$

即有 $\lim\limits_{x\to0^-}f(x)\neq\lim\limits_{x\to0^+}f(x)$，所以$\lim\limits_{x\to0}f(x)$不存在.

例 1.2.6 设 $f(x)=\dfrac{1-2^{\frac{1}{x}}}{1+2^{\frac{1}{x}}}$，求$\lim\limits_{x\to0}f(x)$.

解 $f(x)$在 $x=0$ 处没有定义，而

$$\lim_{x\to0^+}f(x)=\lim_{x\to0^+}\frac{2^{-\frac{1}{x}}-1}{2^{-\frac{1}{x}}+1}=-1,\ \lim_{x\to0^-}f(x)=\lim_{x\to0^-}\frac{1-2^{\frac{1}{x}}}{1+2^{\frac{1}{x}}}=1,$$

即有 $\lim\limits_{x\to0^-}f(x)\neq\lim\limits_{x\to0^+}f(x)$，故$\lim\limits_{x\to0}f(x)$不存在.

4. 极限的性质

定理 1.2.3(唯一性) 若$\lim\limits_{x\to x_0}f(x)$存在，则其极限是唯一的.

定理 1.2.4(有界性) 若$\lim\limits_{x\to x_0}f(x)=A$，则存在 x_0 的某一去心邻域，当 x 在该邻域内时，$f(x)$有界.

定理 1.2.5(保号性) 若$\lim\limits_{x\to x_0}f(x)=A$，且 $A>0$（或 $A<0$），则存在 x_0 的某一去心邻域，当 x 在该邻域内时，有 $f(x)>0$（或 $f(x)<0$）.

推论 1.2.1 若$\lim\limits_{x\to x_0}f(x)=A$，且在 x_0 的某一去心邻域内 $f(x)\geqslant0$（或 $f(x)\leqslant0$），则 $A\geqslant0$（或 $A\leqslant0$）.

三、无穷小与无穷大

1. 无穷小

对于无穷小的认识问题，可以远溯到古希腊，那时，阿基米德就曾用无限小量方法得出了许多重要的数学结果，但他认为无限小量方法存在着不合理的地方. 直到 1821 年，柯西在他的《分析教程》中才对无限小量(即这里所说的无穷小）这一概念给出了明确的回答. 而有关无穷小的理论就是在柯西的理论基础上发展起来的.

定义 1.2.4 如果当 $x\to x_0$(或 $x\to\infty$）时，函数 $f(x)$的极限为零，则称函数 $f(x)$为当 $x\to x_0$(或 $x\to\infty$）时的无穷小，记为

$$\lim_{\substack{x\to x_0\\(x\to\infty)}}f(x)=0.$$

例如，$\lim\limits_{x\to0}\sin x=0$，所以函数 $\sin x$ 是当 $x\to0$ 时的无穷小.

又如，$\lim\limits_{x\to\infty}\dfrac{1}{x}=0$，所以函数$\dfrac{1}{x}$是当 $x\to\infty$时的无穷小.

无穷小具有以下性质：

性质 1.2.1 有限个无穷小的代数和仍为无穷小.

性质 1.2.2 有界函数与无穷小的乘积是一个无穷小.

例如，由于$\lim\limits_{x\to\infty}\dfrac{1}{x}=0$，且$|\sin x|\leqslant1$($\sin x$ 为有界函数)，根据性质 1.2.2，有

$$\lim_{x\to\infty}\frac{\sin x}{x}=0.$$

由性质 1.2.2 可以推出以下结论：

推论 1.2.2　常数与无穷小的乘积为无穷小.

推论 1.2.3　有限个无穷小的乘积为无穷小.

定理 1.2.6　$\lim\limits_{\substack{x\to x_0\\(x\to\infty)}} f(x)=A$ 的充分必要条件是 $f(x)=A+\alpha(x)$，其中 $\alpha(x)$ 为当 $x\to x_0$（或 $x\to\infty$）时的无穷小.

例如，前面已经讲过 $\lim\limits_{x\to\infty}\frac{2x+3}{x}=2$，可以看到 $\frac{2x+3}{x}=2+\frac{3}{x}$，其中 $\alpha(x)=\frac{3}{x}$ 为当 $x\to\infty$ 时的无穷小.

又如，$f(x)=\frac{3x^2-3}{x-1}=6+\frac{3(x-1)^2}{x-1}$，且 $\lim\limits_{x\to 1}\frac{3(x-1)^2}{x-1}=0$. 根据定理 1.2.6，有

$$\lim_{x\to 1}f(x)=\lim_{x\to 1}\frac{3x^2-3}{x-1}=6.$$

注：无穷小是变量，不能与很小的数相混淆，零是可以作为无穷小的唯一常数.

2. 无穷大

定义 1.2.5　如果当 $x\to x_0$(或 $x\to\infty$) 时，函数 $|f(x)|$ 无限地增大，则称函数 $f(x)$ 为当 $x\to x_0$(或 $x\to\infty$) 时的无穷大，记为

$$\lim_{\substack{x\to x_0\\(x\to\infty)}} f(x)=\infty.$$

特殊情形：

$$\lim_{\substack{x\to x_0\\(x\to\infty)}} f(x)=+\infty,\quad \lim_{\substack{x\to x_0\\(x\to\infty)}} f(x)=-\infty.$$

例如，函数 $f(x)=\frac{1}{x-1}$，因为当 $x\to 1$ 时，$\left|\frac{1}{x-1}\right|$ 无限地增大，所以

$$\lim_{x\to 1}\frac{1}{x-1}=\infty,\ \lim_{x\to 1^-}\frac{1}{x-1}=-\infty,\ \lim_{x\to 1^+}\frac{1}{x-1}=+\infty.$$

又如，$\lim\limits_{x\to+\infty} e^x=+\infty$，$\lim\limits_{x\to 0^+}\ln x=-\infty$，即 e^x 为当 $x\to+\infty$ 时的无穷大，$\ln x$ 为当 $x\to 0^+$ 时的无穷大.

注：(1) 无穷大是变量，不能与很大的数相混淆；

(2) 切勿将 $\lim\limits_{\substack{x\to x_0\\(x\to\infty)}} f(x)=\infty$ 认为极限存在；

(3) 无穷大是一种特殊的无界变量，反之不然；

(4) 无穷小的一些运算性质，对无穷大不一定成立.

例如，当 $x\to\infty$ 时，x 为无穷大，$x+1$ 也为无穷大，但是这两个函数的差 $f(x)=x+1-x=1$ 就不为无穷大. 再如，当 $x\to\infty$ 时，x 为无穷大，函数 $\cos x$ 是有界函数，但函数 $f(x)=x\cos x$ 不为无穷大. 这是因为，当取 $x=2n\pi+\frac{\pi}{2}$（n 为整数）且 $n\to\infty$ 时，$x\to\infty$，而 $f\left(2n\pi+\frac{\pi}{2}\right)=\left(2n\pi+\frac{\pi}{2}\right)\cos\left(2n\pi+\frac{\pi}{2}\right)=0$，即不为无穷大.

3. 无穷小与无穷大的关系

在同一变化过程中，无穷小与无穷大之间有如下关系：

定理 1.2.7　如果 $\lim\limits_{\substack{x\to x_0\\(x\to\infty)}} f(x)=\infty$，则 $\lim\limits_{\substack{x\to x_0\\(x\to\infty)}} \frac{1}{f(x)}=0$；如果 $\lim\limits_{\substack{x\to x_0\\(x\to\infty)}} f(x)=0$，且 $f(x)\neq 0$，则 $\lim\limits_{\substack{x\to x_0\\(x\to\infty)}} \frac{1}{f(x)}=\infty$.

定理 1.2.7 表明，无穷小与无穷大类似于倒数关系，例如，因为 $\lim\limits_{x\to 1}(\sqrt{x}-1)=0$，所以 $\lim\limits_{x\to 1}\frac{1}{\sqrt{x}-1}=\infty$.

例 1.2.7　求 $\lim\limits_{x\to\infty}\frac{x^4}{x^3+5}$.

解　因为

$$\lim_{x\to\infty}\frac{x^3+5}{x^4}=\lim_{x\to\infty}\left(\frac{1}{x}+\frac{5}{x^4}\right)=0,$$

所以根据无穷小与无穷大的关系，有

$$\lim_{x\to\infty}\frac{x^4}{x^3+5}=\infty.$$

习题 1－2

(A)

1. 设 $f(x)=\begin{cases}x^2+1, & x<0,\\ x, & x\geqslant 0.\end{cases}$

(1) 作出 $f(x)$ 的图像；

(2) 求 $\lim\limits_{x\to 0^+}f(x)$ 与 $\lim\limits_{x\to 0^-}f(x)$；

(3) 判断 $\lim\limits_{x\to 0}f(x)$ 是否存在.

2. 求 $f(x)=\frac{x}{x}$，$g(x)=\frac{|x|}{x}$ 当 $x\to x_0$ 时的左、右极限，并说明它们在 $x\to x_0$ 时的极限是否存在.

3. 判断 $\lim\limits_{x\to 0}e^{\frac{1}{x}}$ 是否存在，若将极限过程改为 $x\to\infty$ 呢？

4. 下列函数在什么情况下为无穷小？在什么情况下为无穷大？

(1) $\frac{x+2}{x-1}$；　(2) $\lg x$；　(3) $\frac{x+2}{x^2}$.

5. 求下列函数的极限：

(1) $\lim\limits_{x\to 0}x^2\sin\frac{1}{x}$；　(2) $\lim\limits_{x\to\infty}\frac{\arctan x}{x}$；　(3) $\lim\limits_{n\to\infty}\frac{\cos n^2}{n}$.

(B)

1. 下列数列中，发散的是(　　).

A. $\left\{1+\frac{1}{n}\right\}$　　B. $\left\{(-1)^n\left(1+\frac{1}{n}\right)\right\}$　　C. $\left\{1+\frac{(-1)^n}{n}\right\}$　　D. $\left\{\frac{1+(-1)^n}{n}\right\}$

2. 下列数列中，收敛的是(　　).

A. $\{(-1)^n \cdot 3\}$　　B. $\{n\}$　　C. $\left\{2+(-1)^n\frac{1}{n}\right\}$　　D. $\left\{(-1)^n\cdot\frac{n-1}{n}\right\}$

3. 设 $x_n=\frac{n}{2}[1+(-1)^n]$，则(　　).

A. $\{x_n\}$无界　　B. $\{x_n\}$有界

C. $\{x_n\}$单调增加　　D. x_n 为无穷大($n\to\infty$)

4. 下列关于无穷小的说法正确的是(　　).

A. 无穷小之积仍为无穷小　　B. 无穷小就是很小的数

C. 有界函数与无穷小之积仍为无穷小　　D. 无穷小之和仍然是无穷小

5. 下列关于无穷大的说法正确的是(　　).

A. 在同一变化过程中，无穷大的倒数是无穷小

B. 无穷大是很大的数

C. 在同一变化过程中，无穷小的倒数是无穷大

D. 两个无穷大的和仍为无穷大

1.3　极限的运算法则

前面我们根据自变量的变化趋势，观察和分析了函数的变化趋势，求出了一些简单函数的极限. 如果要求结构较为复杂函数的极限，就要使用一些规则.

一、极限的四则运算法则

定理 1.3.1　设 $\lim\limits_{x\to x_0}f(x)=A$，$\lim\limits_{x\to x_0}g(x)=B$，则

(1) $\lim\limits_{x\to x_0}[f(x)\pm g(x)]=\lim\limits_{x\to x_0}f(x)\pm\lim\limits_{x\to x_0}g(x)=A\pm B$；

(2) $\lim\limits_{x\to x_0}f(x)\cdot g(x)=\lim\limits_{x\to x_0}f(x)\cdot\lim\limits_{x\to x_0}g(x)=AB$，特别有，

$$\lim_{x\to x_0}Cf(x)=C\lim_{x\to x_0}f(x)=CA,\ \lim_{x\to x_0}[f(x)]^n=[\lim_{x\to x_0}f(x)]^n=A^n;$$

(3) $\lim\limits_{x\to x_0}\frac{f(x)}{g(x)}=\frac{\lim\limits_{x\to x_0}f(x)}{\lim\limits_{x\to x_0}g(x)}=\frac{A}{B}\ (B\neq 0)$.

例 1.3.1　求 $\lim\limits_{x\to 2}(x^2-3x+5)$.

解　$\lim\limits_{x\to 2}(x^2-3x+5)=\lim\limits_{x\to 2}x^2-\lim\limits_{x\to 2}3x+\lim\limits_{x\to 2}5=(\lim\limits_{x\to 2}x)^2-3\lim\limits_{x\to 2}x+\lim\limits_{x\to 2}5=2^2-3\times 2+5=3$.

注：设 $f(x)=a_0x^n+a_1x^{n-1}+\cdots+a_n$，则有

$$\lim_{x\to x_0}f(x)=a_0(\lim_{x\to x_0}x)^n+a_1(\lim_{x\to x_0}x)^{n-1}+\cdots+a_n=a_0x_0^n+a_1x_0^{n-1}+\cdots+a_n=f(x_0).$$

例 1.3.2　求 $\lim\limits_{x\to 3}\dfrac{2x^2-9}{5x^2-7x-2}$.

解　$\lim\limits_{x\to 3}\dfrac{2x^2-9}{5x^2-7x-2}=\dfrac{\lim\limits_{x\to 3}(2x^2-9)}{\lim\limits_{x\to 3}(5x^2-7x-2)}=\dfrac{2\times 3^2-9}{5\times 3^2-7\times 3-2}=\dfrac{9}{22}$.

注：设 $f(x)=\dfrac{P(x)}{Q(x)}$，且 $Q(x_0)\neq 0$，则有

$$\lim_{x\to x_0}f(x)=\frac{\lim\limits_{x\to x_0}P(x)}{\lim\limits_{x\to x_0}Q(x)}=\frac{P(x_0)}{Q(x_0)}=f(x_0).$$

当 $Q(x_0)=0$ 时，商的法则不能应用.

例 1.3.3　求 $\lim\limits_{x\to 1}\dfrac{4x-1}{x^2+2x-3}$.

解　因为 $\lim\limits_{x\to 1}(x^2+2x-3)=0$，商的法则不能用. 又 $\lim\limits_{x\to 1}(4x-1)=3\neq 0$，故

$$\lim_{x\to 1}\frac{x^2+2x-3}{4x-1}=\frac{0}{3}=0.$$

由无穷小与无穷大的关系，得

$$\lim_{x\to 1}\frac{4x-1}{x^2+2x-3}=\infty.$$

例 1.3.4　求 $\lim\limits_{x\to 1}\dfrac{x^2-1}{x^2+2x-3}$.

解　当 $x\to 1$ 时，分子和分母的极限都是零 $\left(\dfrac{0}{0}\text{型}\right)$. 先约去不为零的无穷小因子 $x-1$ 后再求极限.

$$\lim_{x\to 1}\frac{x^2-1}{x^2+2x-3}=\lim_{x\to 1}\frac{(x+1)(x-1)}{(x+3)(x-1)}=\lim_{x\to 1}\frac{x+1}{x+3}=\frac{1}{2}\text{（消去零因子法）}.$$

例 1.3.5　求 $\lim\limits_{x\to\infty}\dfrac{2x^3+3x^2+5}{7x^3+4x^2-1}$.

解　当 $x\to\infty$ 时，分子和分母的极限都是无穷大 $\left(\dfrac{\infty}{\infty}\text{型}\right)$. 在分子、分母中，分别除以 x 的最高次幂 x^3，分出无穷小，再求极限.

$$\lim_{x\to\infty}\frac{2x^3+3x^2+5}{7x^3+4x^2-1}=\lim_{x\to\infty}\frac{2+\dfrac{3}{x}+\dfrac{5}{x^3}}{7+\dfrac{4}{x}-\dfrac{1}{x^3}}=\frac{2}{7}\text{（无穷小因子分出法）}.$$

注：当 $a_0\neq 0$，$b_0\neq 0$，m 和 n 为非负整数时，有

$$\lim_{x\to\infty}\frac{a_0x^m+a_1x^{m-1}+\cdots+a_m}{b_0x^n+b_1x^{n-1}+\cdots+b_n}=\begin{cases}\dfrac{a_0}{b_0}, & n=m,\\ 0, & n>m,\\ \infty, & n<m.\end{cases}$$

无穷小因子分出法：以分母中自变量的最高次幂除分子和分母，以分出无穷小，然后再求极限.

例 1.3.6 求$\lim\limits_{x\to\infty}\dfrac{\sqrt[3]{8x^3+6x^2+5x+1}}{3x-2}$.

解 当$x\to\infty$时，分子和分母均趋于$\infty\left(\dfrac{\infty}{\infty}型\right)$. 此类极限也不能直接用极限运算法则，可把分子、分母同除以分母中自变量的最高次幂，再用极限运算法则.

$$\lim_{x\to\infty}\frac{\sqrt[3]{8x^3+6x^2+5x+1}}{3x-2}=\lim_{x\to\infty}\frac{\sqrt[3]{8+\dfrac{6}{x}+\dfrac{5}{x^2}+\dfrac{1}{x^3}}}{3-\dfrac{2}{x}}=\frac{2}{3}.$$

例 1.3.7 求$\lim\limits_{n\to\infty}\left(\dfrac{1}{n^2}+\dfrac{2}{n^2}+\cdots+\dfrac{n}{n^2}\right)$.

解 本题考虑无穷多个无穷小之和. 先变形再求极限.

$$\lim_{n\to\infty}\left(\frac{1}{n^2}+\frac{2}{n^2}+\cdots+\frac{n}{n^2}\right)=\lim_{n\to\infty}\frac{1+2+\cdots+n}{n^2}=\lim_{n\to\infty}\frac{\dfrac{1}{2}n(n+1)}{n^2}=\frac{1}{2}.$$

例 1.3.8 求$\lim\limits_{x\to1}\left(\dfrac{1}{1-x}-\dfrac{3}{1-x^3}\right)$.

解 当$x\to1$时，上式的两项均为无穷大（$\infty-\infty$型），所以不能用差的极限运算法则，但是可以先通分，再求极限.

$$\lim_{x\to1}\left(\frac{1}{1-x}-\frac{3}{1-x^3}\right)=\lim_{x\to1}\frac{1+x+x^2-3}{1-x^3}=\lim_{x\to1}\frac{(x-1)(x+2)}{(1-x)(1+x+x^2)}$$
$$=\lim_{x\to1}\frac{-(x+2)}{1+x+x^2}=-1.$$

例 1.3.9 已知$\lim\limits_{x\to+\infty}(5x-\sqrt{ax^2-bx+c})=2$，求$a$，$b$的值.

解 当$x\to+\infty$时，上式的两项均为无穷大（$\infty-\infty$型），所以不能用差的极限运算法则，但是可以先有理化，再求极限.

$$\lim_{x\to+\infty}(5x-\sqrt{ax^2-bx+c})=\lim_{x\to+\infty}\frac{(5x-\sqrt{ax^2-bx+c})(5x+\sqrt{ax^2-bx+c})}{5x+\sqrt{ax^2-bx+c}}$$
$$=\lim_{x\to+\infty}\frac{(25-a)x^2+bx-c}{5x+\sqrt{ax^2-bx+c}}$$
$$=\lim_{x\to+\infty}\frac{(25-a)x+b-\dfrac{c}{x}}{5+\sqrt{a-\dfrac{b}{x}+\dfrac{c}{x^2}}}=2,$$

故$\begin{cases}25-a=0,\\ \dfrac{b}{5+\sqrt{a}}=2,\end{cases}$ 解得$a=25$，$b=20$.

二、复合函数的极限运算法则

定理 1.3.2(复合函数的极限运算法则)　设函数 $y=f[g(x)]$ 由函数 $y=f(u)$ 与函数 $u=g(x)$ 复合而成，$f[g(x)]$ 在点 x_0 的某去心邻域内有定义，若

$$\lim_{x\to x_0} g(x)=u_0,\ \lim_{u\to u_0} f(u)=A,$$

且存在 $\delta_0>0$，当 $x\in \mathring{U}(x_0,\delta_0)$ 时，有 $g(x)\neq u_0$，则

$$\lim_{x\to x_0} f[g(x)]=\lim_{u\to u_0} f(u)=A.$$

例 1.3.10　求 $\lim\limits_{x\to 1}\ln\left[\dfrac{x^2-1}{2(x-1)}\right]$.

解　方法一　令 $u=\dfrac{x^2-1}{2(x-1)}$，则当 $x\to 1$ 时，$u=\dfrac{x^2-1}{2(x-1)}=\dfrac{x+1}{2}\to 1$，故

$$\lim_{x\to 1}\ln\left[\frac{x^2-1}{2(x-1)}\right]=\lim_{u\to 1}\ln u=0.$$

方法二　$\lim\limits_{x\to 1}\ln\left[\dfrac{x^2-1}{2(x-1)}\right]=\ln\left[\lim\limits_{x\to 1}\dfrac{x^2-1}{2(x-1)}\right]=\ln\left(\lim\limits_{x\to 1}\dfrac{x+1}{2}\right)=\ln 1=0.$

习题 1-3

(A)

1. 下列运算正确吗？为什么？

(1) $\lim\limits_{x\to 0}\sin x\cos\dfrac{1}{x}=\lim\limits_{x\to 0}\sin x\ \lim\limits_{x\to 0}\cos\dfrac{1}{x}=0\ \lim\limits_{x\to 0}\cos\dfrac{1}{x}=0$；

(2) $\lim\limits_{x\to 2}\dfrac{x^2}{2-x}=\dfrac{\lim\limits_{x\to 2}x^2}{\lim\limits_{x\to 2}(2-x)}=\infty$.

2. 求下列极限：

(1) $\lim\limits_{x\to\infty}\dfrac{(2x-3)^{20}(3x+2)^{30}}{(5x+1)^{50}}$；

(2) $\lim\limits_{n\to\infty}\dfrac{2^{n+1}+3^{n+1}}{2^n+3^n}$；

(3) $\lim\limits_{h\to 0}\dfrac{(x+h)^3-x^3}{h}$；

(4) $\lim\limits_{x\to 1}\left(\dfrac{2}{x^2-1}-\dfrac{1}{x-1}\right)$；

(5) $\lim\limits_{x\to 0^-}\dfrac{|x|}{x}\cdot\dfrac{1}{x+1}$；

(6) $\lim\limits_{x\to\infty}\left(\dfrac{x^3}{2x^2-1}-\dfrac{x^2}{2x+1}\right)$；

(7) $\lim\limits_{n\to\infty}\dfrac{1+\frac{1}{2}+\frac{1}{4}+\cdots+\frac{1}{2^n}}{1+\frac{1}{3}+\frac{1}{9}+\cdots+\frac{1}{3^n}}$；

(8) $\lim\limits_{n\to\infty}\left(\dfrac{1+2+3+\cdots+n}{n+2}-\dfrac{n}{2}\right)$；

(9) $\lim\limits_{x\to 0}e^{x\sin\frac{1}{x}}$；

(10) $\lim\limits_{x\to 8}\dfrac{\sqrt{1+x}-3}{2+\sqrt[3]{x}}$；

(11) $\lim\limits_{n\to\infty}\dfrac{(n+1)(n+2)(n+3)}{3n^2}$；

(12) $\lim\limits_{x\to\infty}\dfrac{(x^5+x)\arctan x}{x^3-x+3}$；

(13) $\lim\limits_{n\to\infty}(\sqrt{n^2+1}-\sqrt{n^2-5n})$；

(14) $\lim\limits_{x\to\infty}\dfrac{2x^2-x-1}{x^2-1}$；

(15) $\lim\limits_{x\to-2}\dfrac{x^3+8}{x+2}$；

(16) $\lim\limits_{x\to1}\dfrac{x^m-1}{x^n-1}$ (m、n 为正整数)；

(17) $\lim\limits_{x\to\infty}\dfrac{\sqrt{x}\cdot\sin x}{2x+1}$；

(18) $\lim\limits_{x\to0}\dfrac{\sqrt{1+x}-1}{x}$；

(19) $\lim\limits_{x\to16}\dfrac{\sqrt[4]{x}-2}{\sqrt{x}-4}$；

(20) $\lim\limits_{x\to\infty}\dfrac{3x+2x^2+1}{5+6x-x^2}$；

(21) $\lim\limits_{x\to0}\left[\dfrac{1}{x(a+x)}-\dfrac{1}{ax}\right]$ $(a\neq0)$；

(22) $\lim\limits_{x\to+\infty}x(\sqrt{1+x^2}-x)$.

(B)

1. $\lim\limits_{x\to1}\dfrac{x^2-1}{\sqrt{3-x}-\sqrt{1+x}}=$( ).

A. $-2\sqrt{2}$ B. -2 C. $-\sqrt{2}$ D. 4

2. $\lim\limits_{x\to\infty}\dfrac{(x+1)(2x-1)(x-1)}{x^3+3}=$( ).

A. 2 B. ∞ C. 0 D. 1

3. $\lim\limits_{n\to\infty}\dfrac{\sqrt{n^3+3}+\sqrt[3]{n+1}}{\sqrt{n^4-1}+\sqrt{n^2+2}}=$( ).

A. ∞ B. $\dfrac{3}{4}$ C. 0 D. 1

4. $\lim\limits_{x\to\infty}\dfrac{x^3-2x^2-x}{100x^2+1}=$( ).

A. $\dfrac{1}{100}$ B. $\dfrac{3}{2}$ C. 0 D. ∞

5. 下列结论正确的是( ).

A. $\lim\limits_{x\to\infty}\sin x=\infty$ B. $\lim\limits_{x\to\infty}\cos x=\infty$ C. $\lim\limits_{x\to\infty}\sin x$ 不存在 D. $\lim\limits_{x\to0^-}e^{\frac{1}{x}}=\infty$

1.4 极限存在准则及两个重要极限

一、夹逼准则

准则 1.4.1(夹逼准则) 如果函数 $f(x)$，$g(x)$，$h(x)$满足下列条件：

(1) 当 $0<|x-x_0|<\delta$(或$|x|>M$) 时，有 $g(x)<f(x)<h(x)$；

(2) $\lim\limits_{\substack{x\to x_0\\(x\to\infty)}}g(x)=A$，$\lim\limits_{\substack{x\to x_0\\(x\to\infty)}}h(x)=A$，

那么极限 $\lim\limits_{\substack{x\to x_0\\(x\to\infty)}} f(x)$ 存在且等于 A.

注： 上述准则对函数的特殊形式数列也成立.

例 1.4.1　求 $\lim\limits_{n\to\infty}\left(\dfrac{1}{\sqrt{n^2+1}}+\dfrac{1}{\sqrt{n^2+2}}+\cdots+\dfrac{1}{\sqrt{n^2+n}}\right)$.

解　因为

$$\frac{n}{\sqrt{n^2+n}}<\frac{1}{\sqrt{n^2+1}}+\frac{1}{\sqrt{n^2+2}}+\cdots+\frac{1}{\sqrt{n^2+n}}<\frac{n}{\sqrt{n^2+1}},$$

又

$$\lim_{n\to\infty}\frac{n}{\sqrt{n^2+n}}=\lim_{n\to\infty}\frac{1}{\sqrt{1+\frac{1}{n}}}=1,\ \lim_{n\to\infty}\frac{n}{\sqrt{n^2+1}}=\lim_{n\to\infty}\frac{1}{\sqrt{1+\frac{1}{n^2}}}=1,$$

故由夹逼准则得

$$\lim_{n\to\infty}\left(\frac{1}{\sqrt{n^2+1}}+\frac{1}{\sqrt{n^2+2}}+\cdots+\frac{1}{\sqrt{n^2+n}}\right)=1.$$

例 1.4.2　求 $\lim\limits_{x\to0}\cos x$.

解　因为

$$0<1-\cos x=2\sin^2\frac{x}{2}<2\cdot\left(\frac{x}{2}\right)^2=\frac{x^2}{2},$$

故由夹逼准则得

$$\lim_{x\to0}(1-\cos x)=0,$$

即

$$\lim_{x\to0}\cos x=1.$$

二、单调有界收敛准则

如果数列 $\{x_n\}$ 满足条件

$$x_1\leqslant x_2\leqslant\cdots\leqslant x_n\leqslant x_{n+1}\leqslant\cdots,$$

则称数列 $\{x_n\}$ 是单调增加的；

如果数列 $\{x_n\}$ 满足条件

$$x_1\geqslant x_2\geqslant\cdots\geqslant x_n\geqslant x_{n+1}\geqslant\cdots,$$

则称数列 $\{x_n\}$ 是单调减少的.

单调增加或单调减少的数列简称为单调数列.

在讨论数列极限的性质时曾指出，收敛数列必有界，但有界数列未必收敛. 有界是数列收敛的必要条件，但如果是单调有界呢？这就得到了单调有界收敛准则.

准则 1.4.2　单调有界数列必有极限.

例 1.4.3　设有数列 $x_1=\sqrt{3}$，$x_2=\sqrt{3+x_1}$，…，$x_n=\sqrt{3+x_{n-1}}$，证明数列 $\{x_n\}$ 的极限存在，并求 $\lim\limits_{n\to\infty}x_n$.

证明　显然 $x_{n+1}>x_n$，所以 $\{x_n\}$ 是单调增加的. 下面利用数学归纳法证明 $\{x_n\}$ 有界.

因为 $x_1=\sqrt{3}<3$，假定 $x_k<3$，则 $x_{k+1}=\sqrt{3+x_k}<\sqrt{3+3}<3$，所以 $\{x_n\}$ 是有界的，从而 $\lim\limits_{n\to\infty}x_n$ 存在. 设 $\lim\limits_{n\to\infty}x_n=A$，由递推关系 $x_{n+1}=\sqrt{3+x_n}$ 得 $x_{n+1}^2=3+x_n$，等式两边取极限，得

$$\lim_{n\to\infty}x_{n+1}^2=\lim_{n\to\infty}(3+x_n),$$

即 $A^2=3+A$，解得

$$A=\frac{1+\sqrt{13}}{2}\text{或 }A=\frac{1-\sqrt{13}}{2}\text{（舍去）},$$

所以

$$\lim_{n\to\infty}x_n=\frac{1+\sqrt{13}}{2}.$$

三、两个重要极限

1. $\lim\limits_{x\to 0}\frac{\sin x}{x}=1$

$\lim\limits_{x\to 0}\frac{\sin x}{x}=1$ 的证明如下：

由于 $\frac{\sin x}{x}$ 是偶函数，故只需讨论 $x\to 0^+$ 的情况.

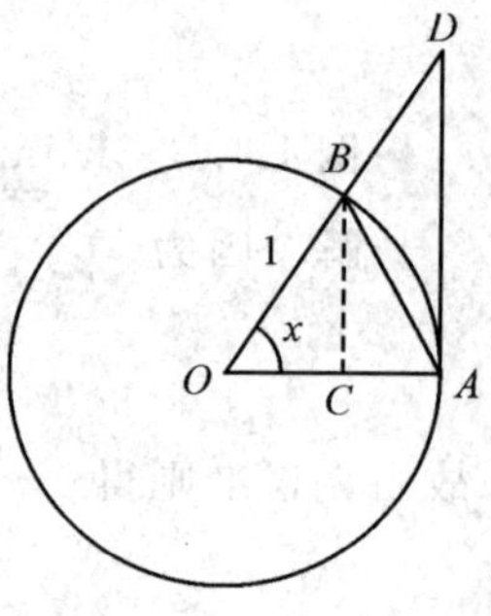

图 1-4-1

作单位圆(见图 1-4-1)，设 $\angle AOB=x$，假定 $0<x<\frac{\pi}{2}$，点 A 处的切线与 OB 的延长线相交于 D，因 $BC\perp OA$，故

$$\sin x=CB,\ x=\overset{\frown}{AB},\ \tan x=AD,$$

显然有

$$S_{\triangle AOB}<S_{\text{扇形}AOB}<S_{\triangle AOD},$$

$$\frac{1}{2}\sin x<\frac{1}{2}x<\frac{1}{2}\tan x,$$

即

$$\sin x<x<\tan x,$$

整理得

$$\cos x<\frac{\sin x}{x}<1.$$

由 $\lim\limits_{x\to 0}\cos x=1$，$\lim\limits_{x\to 0}1=1$ 及夹逼准则得

$$\lim_{x\to 0}\frac{\sin x}{x}=1.$$

注： 推广的结果为 $\lim\frac{\sin\alpha}{\alpha}=1$（$\alpha$ 为无穷小).

例 1.4.4 求 $\lim\limits_{x\to 0}\frac{\tan x}{x}$.

解 $\lim\limits_{x\to 0}\frac{\tan x}{x}=\lim\limits_{x\to 0}\frac{\sin x}{x}\cdot\frac{1}{\cos x}=\lim\limits_{x\to 0}\frac{\sin x}{x}\cdot\lim\limits_{x\to 0}\frac{1}{\cos x}=1.$

例 1.4.5　求$\lim\limits_{x\to 0}\dfrac{\tan 3x}{\sin 5x}$.

解　$$\lim_{x\to 0}\frac{\tan 3x}{\sin 5x}=\lim_{x\to 0}\frac{\sin 3x}{\sin 5x}\cdot\frac{1}{\cos 3x}=\lim_{x\to 0}\frac{\dfrac{\sin 3x}{3x}}{\dfrac{\sin 5x}{5x}}\cdot\frac{3}{5}\cdot\frac{1}{\cos 3x}=\frac{1}{1}\times\frac{3}{5}\times 1=\frac{3}{5}.$$

例 1.4.6　求$\lim\limits_{x\to 0}\dfrac{1-\cos x}{x^2}$.

解　$$\lim_{x\to 0}\frac{1-\cos x}{x^2}=\lim_{x\to 0}\frac{2\sin^2\dfrac{x}{2}}{x^2}=\frac{1}{2}\lim_{x\to 0}\frac{\sin^2\dfrac{x}{2}}{\left(\dfrac{x}{2}\right)^2}=\frac{1}{2}\lim_{x\to 0}\left(\frac{\sin\dfrac{x}{2}}{\dfrac{x}{2}}\right)^2=\frac{1}{2}\times 1^2=\frac{1}{2}.$$

例 1.4.7　判断下列运算过程是否正确：

$$\lim_{x\to\pi}\frac{\tan x}{\sin x}=\lim_{x\to\pi}\frac{\tan x}{x}\cdot\frac{x}{\sin x}=\lim_{x\to\pi}\frac{\tan x}{x}\cdot\lim_{x\to\pi}\frac{x}{\sin x}=1.$$

解　这种运算是错误的. 当 $x\to 0$ 时，$\dfrac{\tan x}{x}\to 1$，$\dfrac{x}{\sin x}\to 1$，本题 $x\to\pi$，所以不能应用上述方法进行计算. 正确的作法如下：

令 $x-\pi=t$，则 $x=\pi+t$；当 $x\to\pi$ 时，$t\to 0$，于是

$$\lim_{x\to\pi}\frac{\tan x}{\sin x}=\lim_{t\to 0}\frac{\tan(\pi+t)}{\sin(\pi+t)}=\lim_{t\to 0}\frac{\tan t}{-\sin t}=\lim_{t\to 0}\frac{\tan t}{t}\cdot\frac{t}{-\sin t}=-1.$$

例 1.4.8　求$\lim\limits_{x\to 0}\dfrac{x-\sin 2x}{x+\sin 2x}$.

解　$$\lim_{x\to 0}\frac{x-\sin 2x}{x+\sin 2x}=\lim_{x\to 0}\frac{1-\dfrac{\sin 2x}{x}}{1+\dfrac{\sin 2x}{x}}=\lim_{x\to 0}\frac{1-2\ \dfrac{\sin 2x}{2x}}{1+2\ \dfrac{\sin 2x}{2x}}=\frac{1-2}{1+2}=-\frac{1}{3}.$$

2. $\lim\limits_{x\to\infty}\left(1+\dfrac{1}{x}\right)^x=\mathrm{e}$

$\lim\limits_{x\to\infty}\left(1+\dfrac{1}{x}\right)^x=\mathrm{e}$ 的证明如下：

设 $x_n=\left(1+\dfrac{1}{n}\right)^n$，下面先证明数列$\{x_n\}$是单调增加且有界的.

$$\begin{aligned}x_n&=\left(1+\frac{1}{n}\right)^n\\&=1+\frac{n}{1!}\cdot\frac{1}{n}+\frac{n(n-1)}{2!}\cdot\frac{1}{n^2}+\frac{n(n-1)(n-2)}{3!}\cdot\frac{1}{n^3}+\cdots+\frac{n(n-1)\cdots(n-n+1)}{n!}\cdot\frac{1}{n^n}\\&=1+1+\frac{1}{2!}\left(1-\frac{1}{n}\right)+\frac{1}{3!}\left(1-\frac{1}{n}\right)\left(1-\frac{2}{n}\right)+\cdots+\frac{1}{n!}\left(1-\frac{1}{n}\right)\left(1-\frac{2}{n}\right)\cdots\left(1-\frac{n-1}{n}\right),\end{aligned}$$

类似地，

$$x_{n+1}=1+1+\frac{1}{2!}\left(1-\frac{1}{n+1}\right)+\frac{1}{3!}\left(1-\frac{1}{n+1}\right)\left(1-\frac{2}{n+1}\right)+\cdots+\frac{1}{n!}\left(1-\frac{1}{n+1}\right)\left(1-\frac{2}{n+1}\right)$$

$$\cdots\left(1-\frac{n-1}{n+1}\right)+\frac{1}{(n+1)!}\left(1-\frac{1}{n+1}\right)\left(1-\frac{2}{n+1}\right)\cdots\left(1-\frac{n-1}{n+1}\right)\left(1-\frac{n}{n+1}\right),$$

比较 x_n 与 x_{n+1}，则有 $x_n\leqslant x_{n+1}$，即知$\{x_n\}$单调增加.

又由

$$x_n=1+1+\frac{1}{2!}\left(1-\frac{1}{n}\right)+\frac{1}{3!}\left(1-\frac{1}{n}\right)\left(1-\frac{2}{n}\right)+\cdots+\frac{1}{n!}\left(1-\frac{1}{n}\right)\left(1-\frac{2}{n}\right)\cdots\left(1-\frac{n-1}{n}\right)$$

得

$$x_n\leqslant1+1+\frac{1}{2!}+\frac{1}{3!}+\cdots+\frac{1}{n!}<1+1+\frac{1}{2}+\frac{1}{2^2}+\cdots+\frac{1}{2^{n-1}}=1+\frac{1-\frac{1}{2^n}}{1-\frac{1}{2}}=3-\frac{1}{2^{n-1}}<3,$$

即$\{x_n\}$有界，因此由单调有界准则知$\lim\limits_{x\to\infty}\left(1+\dfrac{1}{x}\right)^x$存在.

列出$\left(1+\dfrac{1}{x}\right)^x$的数值表(见表1-4-1)，观察其变化趋势.

表 1-4-1

x	1	2	3	4	5	10	100	1000	…
$\left(1+\frac{1}{x}\right)^x$	2	2.25	2.37	2.44	2.48	2.59	2.705	2.718	…

可见，当 $x\to\infty$时，函数$\left(1+\dfrac{1}{x}\right)^x$的值无限接近于常数 e，于是根据极限的定义，有

$$\lim_{x\to\infty}\left(1+\frac{1}{x}\right)^x=\mathrm{e}.$$

注： 无理数 e 是数学中的一个重要常数，其值为

$$\mathrm{e}=2.718\ 281\ 828\ 459\ 045\cdots$$

例 1.4.9 求$\lim\limits_{n\to\infty}\left(1+\dfrac{1}{n}\right)^{n+3}$.

解 $\lim\limits_{n\to\infty}\left(1+\dfrac{1}{n}\right)^{n+3}=\lim\limits_{n\to\infty}\left[\left(1+\dfrac{1}{n}\right)^n\cdot\left(1+\dfrac{1}{n}\right)^3\right]=\lim\limits_{n\to\infty}\left(1+\dfrac{1}{n}\right)^n\cdot\lim\limits_{n\to\infty}\left(1+\dfrac{1}{n}\right)^3=\mathrm{e}\cdot1=\mathrm{e}.$

例 1.4.10 求$\lim\limits_{x\to0}(1-2x)^{\frac{1}{x}}$.

解 $\lim\limits_{x\to0}(1-2x)^{\frac{1}{x}}=\lim\limits_{x\to0}\{[1+(-2x)]^{-\frac{1}{2x}}\}^{-2}=\mathrm{e}^{-2}.$

例 1.4.11 求$\lim\limits_{x\to\infty}\left(1+\dfrac{k}{x}\right)^x$.

解 $\lim\limits_{x\to\infty}\left(1+\dfrac{k}{x}\right)^x=\lim\limits_{x\to\infty}\left[\left(1+\dfrac{k}{x}\right)^{\frac{x}{k}}\right]^k=\left[\lim\limits_{x\to\infty}\left(1+\dfrac{k}{x}\right)^{\frac{x}{k}}\right]^k=\mathrm{e}^k.$

例 1.4.12 求$\lim\limits_{x\to\infty}\left(\dfrac{3+x}{2+x}\right)^{2x}$.

解 $\lim\limits_{x\to\infty}\left(\dfrac{3+x}{2+x}\right)^{2x}=\lim\limits_{x\to\infty}\left(1+\dfrac{1}{x+2}\right)^{(x+2)\cdot\frac{2x}{x+2}}=\lim\limits_{x\to\infty}\left(1+\dfrac{1}{x+2}\right)^{(x+2)\cdot\lim\limits_{x\to\infty}\frac{2x}{x+2}}=\mathrm{e}^2$.

例 1.4.13 求$\lim\limits_{x\to1}x^{\frac{1}{x-1}}$.

解 $\lim\limits_{x\to1}x^{\frac{1}{x-1}}=\lim\limits_{x\to1}[1+(x-1)]^{\frac{1}{x-1}}=\mathrm{e}$.

习题 1-4

(A)

1. 求下列函数的极限：

(1) $\lim\limits_{n\to\infty}\dfrac{n}{2}R^2\sin\dfrac{2\pi}{n}$；

(2) $\lim\limits_{x\to\pi}\dfrac{\sin x}{\pi-x}$；

(3) $\lim\limits_{x\to0}\dfrac{\tan5x}{\sin3x}$；

(4) $\lim\limits_{x\to0^+}\dfrac{x}{\sqrt{1-\cos x}}$；

(5) $\lim\limits_{x\to0}\dfrac{1-\cos4x}{x\sin x}$；

(6) $\lim\limits_{x\to1}\dfrac{\sin^2(x-1)}{x^2-1}$；

(7) $\lim\limits_{x\to0}\left(\dfrac{1}{x}\sin x+x\sin\dfrac{1}{x}\right)$；

(8) $\lim\limits_{x\to\infty}\left(\dfrac{1}{x}\sin x+x\sin\dfrac{1}{x}\right)$；

(9) $\lim\limits_{x\to0}\dfrac{x}{\sin(\sin x)}$；

(10) $\lim\limits_{x\to0}\dfrac{\arctan x}{x}$.

2. 求下列函数的极限：

(1) $\lim\limits_{x\to\infty}\left(\dfrac{x}{1+x}\right)^{x+2}$；

(2) $\lim\limits_{x\to\infty}\left(\dfrac{2x-1}{2x+1}\right)^{x}$；

(3) $\lim\limits_{x\to0}(1+\tan x)^{\cot x}$；

(4) $\lim\limits_{x\to\frac{\pi}{2}}(1+\cos x)^{3\sec x}$；

(5) $\lim\limits_{x\to0}(1-x)^{\frac{2}{x}}$；

(6) $\lim\limits_{x\to\infty}\left(\dfrac{3x-4}{3x+2}\right)^{\frac{x+1}{2}}$；

(7) $\lim\limits_{x\to0}(1+x\mathrm{e}^x)^{\frac{1}{x}}$；

(8) $\lim\limits_{x\to\infty}\left(\dfrac{x^2}{x^2-1}\right)^{x}$；

(9) $\lim\limits_{x\to\infty}\left(1+\dfrac{2}{x+1}\right)^{x}$；

(10) $\lim\limits_{x\to\infty}\left(1+\dfrac{3}{2x}\right)^{5x}$.

3. 已知$\lim\limits_{x\to\infty}\left(\dfrac{x+a}{x-a}\right)^{x}=4$，求常数 a.

4. 利用极限夹逼准则证明：

$$\lim_{n\to\infty}n\left(\frac{1}{n^2+\pi}+\frac{1}{n^2+2\pi}+\cdots+\frac{1}{n^2+n\pi}\right)=1.$$

5. 设有数列 $x_1=\sqrt{2}$，$x_2=\sqrt{2+x_1}$，…，$x_n=\sqrt{2+x_{n-1}}$，证明数列$\{x_n\}$的极限存在，并求$\lim\limits_{n\to\infty}x_n$.

(B)

1. 下列各式中正确的是(　　).

A. $\lim\limits_{x\to\infty}\left(1-\dfrac{1}{x}\right)^{x}=-\mathrm{e}$　　B. $\lim\limits_{x\to\infty}\left(1+\dfrac{1}{x}\right)^{-x}=-\mathrm{e}$

C. $\lim\limits_{x\to\infty}\dfrac{1}{x}\sin x=1$　　D. $\lim\limits_{x\to\infty}x\sin\dfrac{1}{x}=1$

2. $\lim\limits_{n\to\infty}2^{n}\sin\dfrac{x}{2^{n}}=$(　　).

A. 0　　B. 1　　C. x　　D. ∞

3. $\lim\limits_{x\to 0}(1+3x)^{\frac{2}{x}}=$(　　).

A. e^{2}　　B. e^{6}　　C. e^{3}　　D. e^{-6}

4. $\lim\limits_{x\to\infty}\left(1-\dfrac{1}{x}\right)^{2x}=$(　　).

A. e^{2}　　B. e^{-2}　　C. e　　D. e^{-1}

5. $\lim\limits_{x\to 0}\dfrac{\ln(1+ax)}{x}=$(　　).

A. a　　B. $\ln a$　　C. e^{a}　　D. 1

1.5　无穷小的比较

一、无穷小比较的概念

由无穷小的性质知，两个无穷小的和、差、积仍是无穷小，但是两个无穷小的商会出现不同的情况，例如，当 $x\to 0$ 时，函数 x^{2}，$2x$，$\sin x$ 等都是无穷小，而

(1) $\lim\limits_{x\to 0}\dfrac{x^{2}}{2x}=\lim\limits_{x\to 0}\dfrac{x}{2}=0$；

(2) $\lim\limits_{x\to 0}\dfrac{2x}{x^{2}}=\lim\limits_{x\to 0}\dfrac{2}{x}=\infty$；

(3) $\lim\limits_{x\to 0}\dfrac{\sin x}{x}=1$；

(4) $\lim\limits_{x\to 0}\dfrac{2x}{x}=2$.

上面的(1) 例极限是零，说明分子趋于零的“速度”比分母快；(2) 例极限是无穷大，说明分子趋于零的“速度”比分母慢；(3) 和(4) 两例，极限分别是不等于零的有限数，说明分子和分母趋于零的“速度”相仿. 由此产生了无穷小比较的概念.

本节仅讨论 $x\to x_{0}$ 的情形，自变量的其他变化过程(如 $x\to\infty$，$n\to\infty$等) 也有相同的定义.

定义 1.5.1　设$\lim\limits_{x\to x_0}\alpha=0$，$\lim\limits_{x\to x_0}\beta=0$.

(1) 如果$\lim\limits_{x\to x_0}\dfrac{\beta}{\alpha}=0$，则称 β 是比 α **高阶的无穷小**，记作 $\beta=o(\alpha)$；

(2) 如果$\lim\limits_{x\to x_0}\dfrac{\beta}{\alpha}=\infty$，则称 β 是比 α **低阶的无穷小**；

(3) 如果$\lim\limits_{x\to x_0}\dfrac{\beta}{\alpha}=C\neq0$，则称 β 与 α 是**同阶无穷小**.

特别地，如果$\lim\limits_{x\to x_0}\dfrac{\beta}{\alpha}=1$，则称 β 与 α 是**等价无穷小**，记作 $\alpha\sim\beta$.

例 1.5.1　当 $x\to1$ 时，将下列各量与无穷小 $x-1$ 进行比较.

(1) x^3-3x+2；　(2) $\lg x$；　(3) $(x-1)\sin\dfrac{1}{x-1}$.

解　(1) 因为$\lim\limits_{x\to1}(x^3-3x+2)=0$，所以当 $x\to1$ 时，x^3-3x+2 是无穷小，又因为

$$\lim_{x\to1}\frac{x^3-3x+2}{x-1}=\lim_{x\to1}\frac{(x-1)^2(x+2)}{x-1}=0,$$

所以 x^3-3x+2 是比 $x-1$ 高阶的无穷小.

(2) 因为$\lim\limits_{x\to1}\lg x=0$，所以当 $x\to1$ 时，$\lg x$ 是无穷小，又因为

$$\lim_{x\to1}\frac{\lg x}{x-1}=\lim_{x\to1}\frac{\ln[1+(x-1)]}{(x-1)\cdot\ln10}=\frac{1}{\ln10},$$

所以 $\lg x$ 与 $x-1$ 是同阶无穷小.

(3) 由$\lim\limits_{x\to1}(x-1)\sin\dfrac{1}{x-1}=0$ 知，当 $x\to1$ 时，$(x-1)\sin\dfrac{1}{x-1}$是无穷小，但是

$$\lim_{x\to1}\frac{(x-1)\cdot\sin\dfrac{1}{x-1}}{x-1}=\lim_{x\to1}\sin\frac{1}{x-1}\text{不存在},$$

所以$(x-1)\sin\dfrac{1}{x-1}$与 $x-1$ 不能比较.

例 1.5.2　证明：当 $x\to0$ 时，$e^x-1\sim x$.

证明　令 $y=e^x-1$，则 $x=\ln(1+y)$，且当 $x\to0$ 时，$y\to0$，因此

$$\lim_{x\to0}\frac{e^x-1}{x}=\lim_{y\to0}\frac{y}{\ln(1+y)}=\lim_{y\to0}\frac{1}{\ln(1+y)^{\frac{1}{y}}}=1,$$

即有等价关系 $e^x-1\sim x(x\to0)$.

上述证明同时也证明了等价关系：$\ln(1+x)\sim x(x\to0)$.

例 1.5.3　证明：$\arcsin x\sim x$.

证明　令 $\arcsin x=y$，则 $x=\sin y$，且当 $x\to0$ 时，$y\to0$，因此

$$\lim_{x\to0}\frac{\arcsin x}{x}=\lim_{y\to0}\frac{y}{\sin y}=1,$$

即有等价关系 $\arcsin x \sim x$.

二、等价无穷小

定理 1.5.1(等价无穷小代换定理) 如果当 $x \to x_0$ 时，$\alpha \sim \alpha'$，$\beta \sim \beta'$，且 $\lim\limits_{x \to x_0} \dfrac{\beta'}{\alpha'}$ 存在，则

$$\lim_{x \to x_0} \frac{\beta}{\alpha} = \lim_{x \to x_0} \frac{\beta'}{\alpha'}.$$

证明 因为当 $x \to x_0$ 时，$\alpha \sim \alpha'$，$\beta \sim \beta'$，所以

$$\lim_{x \to x_0} \frac{\beta}{\beta'} = 1,\ \lim_{x \to x_0} \frac{\alpha}{\alpha'} = 1,$$

因此

$$\lim_{x \to x_0} \frac{\beta}{\alpha} = \lim_{x \to x_0} \left(\frac{\beta}{\beta'} \cdot \frac{\beta'}{\alpha'} \cdot \frac{\alpha'}{\alpha} \right) = \lim_{x \to x_0} \frac{\beta}{\beta'} \cdot \lim_{x \to x_0} \frac{\beta'}{\alpha'} \cdot \lim_{x \to x_0} \frac{\alpha'}{\alpha} = \lim_{x \to x_0} \frac{\beta'}{\alpha'}.$$

等价无穷小代换定理表明：求两个无穷小商的极限时，分子、分母可分别用它们的等价无穷小代换.

常用等价无穷小：当 $x \to 0$ 时，有

$\sin x \sim x$，$\tan x \sim x$，$\arcsin x \sim x$，$\arctan x \sim x$，$e^x - 1 \sim x$，$\ln(1+x) \sim x$，

$1 - \cos x \sim \dfrac{1}{2} x^2$，$a^x - 1 \sim x \ln a\ (a > 0)$，$(1+x)^\alpha - 1 \sim \alpha x\ (\alpha \neq 0$ 且为常数).

例 1.5.4 求 $\lim\limits_{x \to 0} \dfrac{\tan 2x}{\sin 5x}$.

解 当 $x \to 0$ 时，$\tan 2x \sim 2x$，$\sin 5x \sim 5x$，故

$$\lim_{x \to 0} \frac{\tan 2x}{\sin 5x} = \lim_{x \to 0} \frac{2x}{5x} = \frac{2}{5}.$$

例 1.5.5 求 $\lim\limits_{x \to 0} \dfrac{\ln(1+2x)}{\arcsin 3x}$.

解 当 $x \to 0$ 时，$\ln(1+2x) \sim 2x$，$\arcsin 3x \sim 3x$，故

$$\lim_{x \to 0} \frac{\ln(1+2x)}{\arcsin 3x} = \frac{2x}{3x} = \frac{2}{3}.$$

例 1.5.6 求 $\lim\limits_{x \to 0} \dfrac{(1+x^2)^{\frac{1}{3}} - 1}{\cos x - 1}$.

解 当 $x \to 0$ 时，$(1+x^2)^{\frac{1}{3}} - 1 \sim \dfrac{1}{3} x^2$，$\cos x - 1 \sim -\dfrac{1}{2} x^2$，故

$$\lim_{x \to 0} \frac{(1+x^2)^{\frac{1}{3}} - 1}{\cos x - 1} = \lim_{x \to 0} \frac{\frac{1}{3} x^2}{-\frac{1}{2} x^2} = -\frac{2}{3}.$$

例 1.5.7　求 $\lim\limits_{x\to0}\dfrac{\sqrt{1+\tan x}-\sqrt{1-\tan x}}{\sqrt{1+2x}-1}$.

解　当 $x\to0$ 时，$\sqrt{1+2x}-1\sim x$，$\tan x\sim x$，故

$$\begin{aligned}\lim_{x\to0}\frac{\sqrt{1+\tan x}-\sqrt{1-\tan x}}{\sqrt{1+2x}-1}&=\lim_{x\to0}\frac{2\tan x}{x(\sqrt{1+\tan x}+\sqrt{1-\tan x})}\\&=\lim_{x\to0}\frac{2x}{x(\sqrt{1+\tan x}+\sqrt{1-\tan x})}\\&=1.\end{aligned}$$

例 1.5.8　下面的做法是否正确？为什么？

当 $x\to0$ 时，$\tan x\sim x$，$\sin x\sim x$，故

$$\lim_{x\to0}\frac{\tan x-\sin x}{\sin^3 2x}=\lim_{x\to0}\frac{x-x}{(2x)^3}=0.$$

解　不正确. 因为这种做法实际上是在分子中用 $x-x=0$ 代换了 $\tan x-\sin x$，而

$$\lim_{x\to0}\frac{x-x}{\tan x-\sin x}=\lim_{x\to0}0=0,$$

所以当 $x\to0$ 时，$x-x=0$ 是比 $\tan x-\sin x$ 高阶的无穷小，因此不能在极限运算中作代换.

正解如下：当 $x\to0$ 时，$\sin2x\sim2x$，$\tan x-\sin x=\tan x(1-\cos x)\sim\dfrac{1}{2}x^3$，故

$$\lim_{x\to x_0}\frac{\tan x-\sin x}{\sin^3 2x}=\lim_{x\to0}\frac{\frac{1}{2}x^3}{(2x)^3}=\frac{1}{16}.$$

例 1.5.8 说明，只有当分子或分母为函数的连乘积时，各个乘积因子才可以分别用它们的等价无穷小代换. 而对于和或差中的函数，一般不能分别用等价无穷小代换. 在应用等价无穷小代换定理时，应特别注意这个问题.

习题 1－5

(A)

1. 比较下列各对无穷小的阶：

(1) 当 $x\to0$ 时，$\tan^2x$ 和 x；　(2) 当 $x\to0$ 时，$\sin\sqrt{x}$ 和 x；

(3) 当 $x\to1$ 时，$\dfrac{x-1}{x}$ 和 x^2-1；　(4) 当 $x\to4$ 时，$\dfrac{1}{4}(x-4)$ 和 $\sqrt{x}-2$.

2. 当 $x\to0$ 时，下列各无穷小与 x 的几次幂是同阶无穷小？

(1) $x+\sin x^2$；　(2) $\sqrt{1+x^2}-1$；

(3) $1-x-\cos x$；　(4) $\cos x-\cos2x$.

3. 利用等价无穷小的性质求下列极限：

(1) $\lim\limits_{x\to 0}\dfrac{\arctan 3x}{\sin 2x}$；　　(2) $\lim\limits_{x\to 0}\dfrac{\tan x\sin x^3}{1-\cos x^2}$；

(3) $\lim\limits_{x\to 2}\dfrac{\sin(x^2-4)}{x-2}$；　　(4) $\lim\limits_{x\to 0}\dfrac{e^{2x}-1}{x}$；

(5) $\lim\limits_{x\to 0}\dfrac{\sqrt{1+x^2}-1}{x\arcsin x}$；　　(6) $\lim\limits_{x\to 0}\dfrac{\tan x-\sin x}{x^2\sin x}$.

(B)

1. 当 $x\to\infty$时，下列函数中不是无穷小的是(　　).

A. $\dfrac{2x+5}{x^2-1}$　　B. $x\cdot\sin\dfrac{1}{x}$　　C. $e^{-x^2}\sin x$　　D. $\dfrac{1}{x}\cdot\sin\dfrac{1}{x}$

2. 当 $x\to 0$ 时，与 x^2+4x^4 是等价无穷小的是(　　).

A. x^3　　B. x^2+1　　C. $3x^2+x$　　D. $\sin^2 x$

3. 当 $x\to 0$ 时，$f(x)=2^x+5^x-2$ 是 x 的(　　) 无穷小.

A. 低阶　　B. 等价　　C. 高阶　　D. 同阶但非等价

4. 当 $x\to\infty$时，$(x+5)\sin\dfrac{1}{x+5}$是一个(　　).

A. 无穷小　　B. 无穷大　　C. 常量　　D. 有界变量

5. 当 $x\to 0$ 时，与$\sqrt{1+x}-\sqrt{1-x}$等价的无穷小是(　　).

A. x　　B. $2x$　　C. x^2　　D. $2x^2$

1.6　函数的连续性

连续函数不仅是微积分的研究对象，而且微积分中的主要概念、定理、公式法则等，往往都要求函数具有连续性.

本节将以极限为基础，介绍连续函数的概念、连续函数的运算及连续函数的一些性质.

一、函数连续性的概念

设函数 $y=f(x)$在点 x_0 的某个邻域内有定义，当自变量从 x_0 变到 x 时，相应的函数值从 $f(x_0)$变到 $f(x)$，则称 $x-x_0$ 为自变量 x 在点 x_0 处的**增量(改变量)**，记作 $\Delta x=x-x_0$(它可正可负)，称 $f(x)-f(x_0)$为函数 $y=f(x)$在点 x_0 处对应的**增量(改变量)**，记作 Δy，即

$$\Delta y=f(x)-f(x_0)\ 或\ \Delta y=f(x_0+\Delta x)-f(x_0).$$

在几何上，函数的改变量表示当自变量从 x_0 变到 $x_0+\Delta x$ 时，曲线上相应点的纵坐标的改变量(见图 1-6-1).

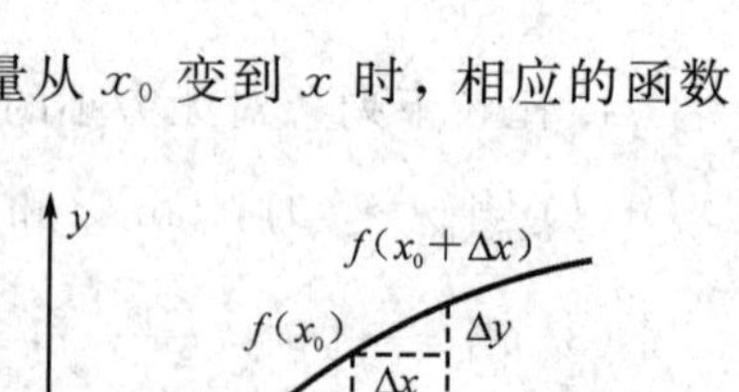

图 1-6-1

定义 1.6.1　设函数 $f(x)$在点 x_0 的某个邻域内有定

义，如果

$$\lim_{\Delta x\to 0}\Delta y=\lim_{\Delta x\to 0}[f(x_0+\Delta x)-f(x_0)]=0,$$

则称函数 $y=f(x)$ 在点 x_0 处**连续**，x_0 称为函数 $f(x)$ 的**连续点**.

定义 1.6.1 中，设 $x_0+\Delta x=x$，当 $\Delta x\to 0$ 时，有 $x\to x_0$，而

$$\Delta y=f(x_0+\Delta x)-f(x_0)=f(x)-f(x_0),$$

因此

$$\lim_{\Delta x\to 0}\Delta y=\lim_{\Delta x\to 0}[f(x)-f(x_0)]=0,$$

即

$$\lim_{x\to x_0}f(x)=f(x_0).$$

所以函数 $y=f(x)$ 在点 x_0 处连续的定义又可以叙述如下：

设函数 $f(x)$ 在点 x_0 的某个邻域内有定义，如果

$$\lim_{x\to x_0}f(x)=f(x_0),$$

则称函数 $y=f(x)$ 在点 x_0 处连续.

例 1.6.1　试证函数 $f(x)=\begin{cases}x\sin\dfrac{1}{x}, & x\neq 0,\\ 0, & x=0\end{cases}$ 在点 $x=0$ 处连续.

证明　因为 $\lim\limits_{x\to 0}x\sin\dfrac{1}{x}=0$，且 $f(0)=0$，故有

$$\lim_{x\to 0}f(x)=f(0),$$

由定义 1.6.1 知，函数 $f(x)$ 在点 $x=0$ 处连续.

有时需要考虑函数在某点 x_0 一侧的连续性，由此引入左、右连续的概念.

如果函数 $f(x)$ 在点 x_0 的左(右)极限存在，且等于函数值 $f(x_0)$，即

$$f(x_0^-)=\lim_{x\to x_0^-}f(x)=f(x_0)\ \left(f(x_0^+)=\lim_{x\to x_0^+}f(x)=f(x_0)\right),$$

则称函数 $f(x)$ 在点 x_0 处**左(右)连续**.

定理 1.6.1　函数 $f(x)$ 在点 x_0 处连续的充要条件是 $f(x)$ 在点 x_0 处左、右连续，即

$$f(x_0^-)=f(x_0^+)=f(x_0).$$

例 1.6.2　讨论 $f(x)=\begin{cases}x+2, & x\geqslant 0,\\ x-2, & x<0\end{cases}$ 在点 $x=0$ 处的连续性.

解　因为

$$\lim_{x\to 0^+}f(x)=\lim_{x\to 0^+}(x+2)=2=f(0),$$

所以函数 $f(x)$ 在点 $x=0$ 处右连续. 又因为

$$\lim_{x\to 0^-}f(x)=\lim_{x\to 0^-}(x-2)=-2\neq f(0),$$

所以函数 $f(x)$ 在点 $x=0$ 处左不连续. 故函数 $f(x)$ 在点 $x=0$ 处不连续.

例 1.6.3　已知函数 $f(x)=\begin{cases}x^2+1, & x<0,\\ 2x-b, & x\geqslant 0\end{cases}$ 在点 $x=0$ 处连续，求 b 的值.

解　$\lim\limits_{x\to 0^-}f(x)=\lim\limits_{x\to 0^-}(x^2+1)=1$，$\lim\limits_{x\to 0^+}f(x)=\lim\limits_{x\to 0^+}(2x-b)=-b$.

因为 $f(x)$ 在点 $x=0$ 处连续，所以 $\lim\limits_{x\to 0^-} f(x)=\lim\limits_{x\to 0^+} f(x)$，即 $b=-1$.

如果函数 $f(x)$ 在开区间 (a,b) 内每一点都连续，则称函数 $f(x)$ 在**开区间 (a,b) 内连续**；如果 $f(x)$ 在开区间 (a,b) 内连续，且在 $x=a$ 处右连续，在 $x=b$ 处左连续，则称函数 $f(x)$ 在**闭区间 $[a,b]$ 上连续**.

连续函数的图像是一条连续而不间断的曲线.

基本初等函数在其定义域内是连续的.

例 1.6.4 证明：函数 $y=\sin x$ 在区间 $(-\infty,+\infty)$ 内连续.

证明 任取 $x\in(-\infty,+\infty)$，$\Delta y=\sin(x+\Delta x)-\sin x=2\sin\dfrac{\Delta x}{2}\cdot\cos\left(x+\dfrac{\Delta x}{2}\right)$.

因为 $\left|\cos\left(x+\dfrac{\Delta x}{2}\right)\right|\leqslant 1$ 且当 $\Delta x\to 0$ 时，有 $\sin\dfrac{\Delta x}{2}\to 0$，所以由无穷小与有界函数乘积仍为无穷小这一性质知，当 $\Delta x\to 0$ 时，$\Delta y\to 0$，即函数 $y=\sin x$ 对任意 $x\in(-\infty,+\infty)$ 都是连续的.

二、函数的间断点

如果函数 $f(x)$ 在点 x_0 处不连续，就称函数 $f(x)$ 在点 x_0 处间断，$x=x_0$ 称为函数 $y=f(x)$ 的**间断点或不连续点**.

由函数 $f(x)$ 在点 x_0 处连续的定义可知，$f(x)$ 在点 x_0 处连续必须同时满足以下三个条件：

(1) 函数 $f(x)$ 在点 x_0 处有定义；

(2) $\lim\limits_{x\to x_0} f(x)$ 存在；

(3) $\lim\limits_{x\to x_0} f(x)=f(x_0)$.

如果函数 $f(x)$ 不满足以上三个条件中的任何一个，那么点 $x=x_0$ 就是函数 $f(x)$ 的一个间断点.

函数的间断点可分为以下几种类型：

(1) 如果 $f(x)$ 在点 x_0 处的左、右极限 $f(x_0^-)$ 及 $f(x_0^+)$ 都存在，则称 $x=x_0$ 为 $f(x)$ 的**第一类间断点**.

① 如果 $f(x_0^-)=f(x_0^+)$($\lim\limits_{x\to x_0} f(x)$ 存在)，则称 $x=x_0$ 为函数 $f(x)$ 的**可去间断点**. 这时可能出现的情况为：函数在点 $x=x_0$ 处无定义，或有定义但不等于该点处的函数值，即 $\lim\limits_{x\to x_0} f(x)\neq f(x_0)$，故可通过补充或修改该点的函数值使函数在该点处连续；

② 如果 $f(x_0^-)\neq f(x_0^+)$，则称 $x=x_0$ 为函数 $f(x)$ 的**跳跃间断点**.

(2) 如果 $f(x)$ 在点 x_0 处的左、右极限 $f(x_0^-)$ 及 $f(x_0^+)$ 中至少有一个不存在，则称 $x=x_0$ 为函数 $f(x)$ 的**第二类间断点**.

① 如果 $\lim\limits_{x\to x_0} f(x)=\infty$，则称 $x=x_0$ 为函数 $f(x)$ 的**无穷间断点**；

② 如果在 $x\to x_0$ 的过程中，$f(x)$ 无限振荡，极限不存在，则称 $x=x_0$ 为函数 $f(x)$ 的**振荡间断点**.

例 1.6.5　讨论下列函数在指定点的连续性，若是间断点，指出其类型.

(1) $f(x)=\begin{cases}2\sqrt{x}, & 0\leqslant x<1,\\ 1, & x=1,\\ 1+x, & x>1;\end{cases}$　　(2) $\begin{cases}x+1, & x<0,\\ 0, & x=0,\\ x-1, & x>0;\end{cases}$

(3) $f(x)=\dfrac{1}{x-1}$, $x=1$;　　(4) $f(x)=\sin\dfrac{1}{x}$, $x=0$.

解 (1) 因为

$f(1)=1$,

$f(1^-)=\lim\limits_{x\to1^-}f(x)=2$,

$f(1^+)=\lim\limits_{x\to1^+}f(x)=2$,

$\lim\limits_{x\to1}f(x)=2\neq f(1)$,

所以 $x=1$ 为函数 $f(x)$ 的可去间断点(见图 1-6-2).

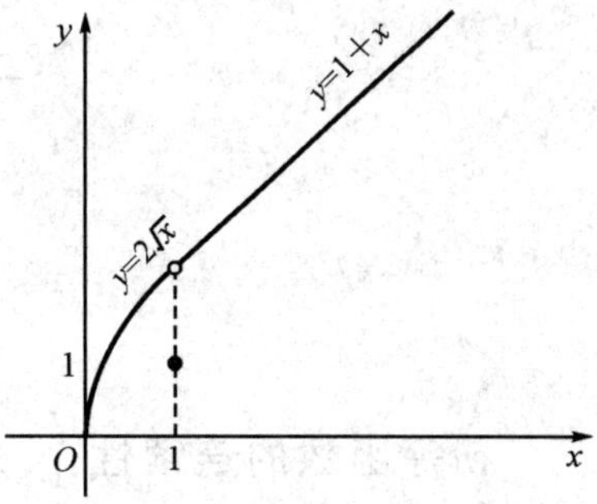

图 1-6-2

若修改定义为 $f(1)=2$，则

$$f(x)=\begin{cases}2\sqrt{x}, & 0\leqslant x<1,\\ 1+x, & x\geqslant1,\end{cases}$$

故 $f(x)$ 在点 $x=1$ 处连续.

(2) 因为

$f(0^-)=\lim\limits_{x\to0^-}f(x)=\lim\limits_{x\to0^-}(x+1)=1$,

$f(0^+)=\lim\limits_{x\to0^+}f(x)=\lim\limits_{x\to0^+}(x-1)=-1$,

所以 $f(0^-)$ 和 $f(0^+)$ 都存在，但 $f(0^-)\neq f(0^+)$，所以 $x=0$ 为 $f(x)$ 的跳跃间断点(见图 1-6-3).

(3) 因为 $\lim\limits_{x\to1}f(x)=\lim\limits_{x\to1}\dfrac{1}{x-1}=\infty$，故 $f(1^-)$ 和 $f(1^+)$ 都不存在，所以 $x=1$ 为函数 $f(x)$ 的第二类间断点，且为无穷间断点(见图 1-6-4).

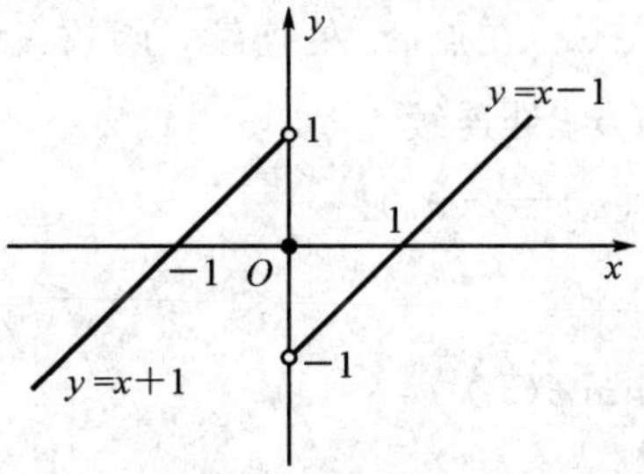

图 1-6-3

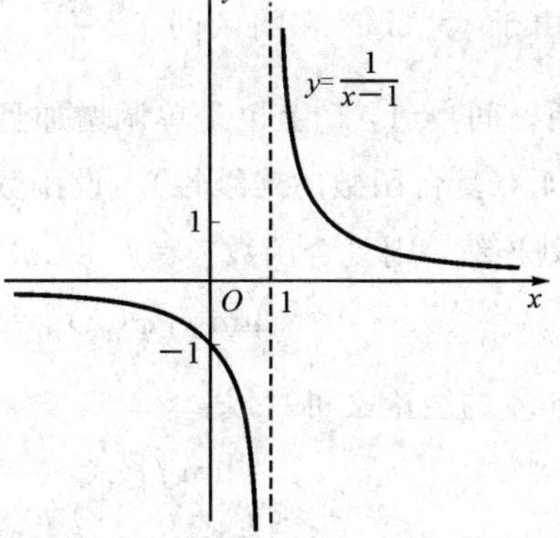

图 1-6-4

(4) 因为 $f(x)=\sin\dfrac{1}{x}$ 在 $x=0$ 处没有定义，当 $x\to0$ 时，$\sin\dfrac{1}{x}$ 在$[-1, 1]$变动无限多

次，所以$\lim\limits_{x\to 0}\sin\dfrac{1}{x}$不存在，所以 $x=0$ 为函数 $f(x)$的第二类间断点，且为振荡间断点(见图 1-6-5).

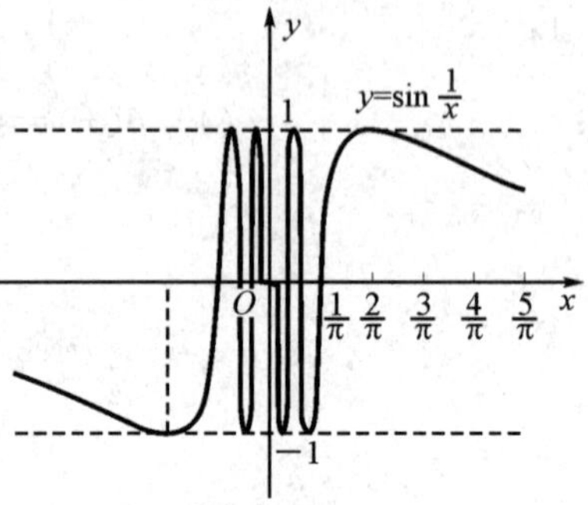

图 1-6-5

三、初等函数的连续性

定理 1.6.2(连续函数的和、差、积、商的连续性)　设函数 $f(x)$，$g(x)$均在点 x_0 处连续，则 $f(x)\pm g(x)$，$f(x)\cdot g(x)$，$\dfrac{f(x)}{g(x)}(g(x_0)\neq 0)$都在点 x_0 处连续.

例如，因为 $\tan x=\dfrac{\sin x}{\cos x}$，$\cot x=\dfrac{\cos x}{\sin x}$，而 $\sin x$ 和 $\cos x$ 都在区间$(-\infty,+\infty)$ 内连续，所以由定理 1.6.2 知，$\tan x$ 和 $\cot x$ 在它们的定义域内是连续的.

定理 1.6.3(反函数的连续性)　若函数 $y=f(x)$在区间 I_x 上单调增加(或单调减少)且连续，则它的反函数也在对应的区间

$$I_y=\{y\,|\,y=f(x),\ x\in I_x\}$$

上单调增加(或单调减少) 且连续.

例如，由于 $y=\sin x$ 在闭区间$\left[-\dfrac{\pi}{2},\ \dfrac{\pi}{2}\right]$上单调增加且连续，因此，它的反函数 $y=\arcsin x$ 在闭区间$[-1,1]$上也是单调增加且连续的.

定理 1.6.4(复合函数的连续性)　设函数 $u=\varphi(x)$在点 x_0 处连续，函数 $y=f(u)$在点 $u_0=\varphi(x_0)$处连续，则复合函数 $y=f[\varphi(x)]$在点 x_0 处连续.

$$\lim_{x\to x_0}f[\varphi(x)]=\lim_{u\to u_0}f(u)=f(u_0).$$

定理 1.6.4 的结论又可写成：

$$\lim_{x\to x_0}f[\varphi(x)]=f[\lim_{x\to x_0}\varphi(x)]\ ,$$

这表示极限符号与复合函数的符号 f 可以交换次序.

例如，求$\lim\limits_{x\to 0}\ln(1+x)^{\frac{1}{x}}$，$y=\ln(1+x)^{\frac{1}{x}}$可看作 $y=\ln u$ 与 $u=(1+x)^{\frac{1}{x}}$复合而成.

因为$\lim\limits_{x\to 0}(1+x)^{\frac{1}{x}}=\mathrm{e}$，而 $y=\ln u$ 在点 $u=\mathrm{e}$ 处连续，所以

$$\lim_{x\to 0}\ln(1+x)^{\frac{1}{x}}=\ln\lim_{x\to 0}(1+x)^{\frac{1}{x}}=\ln e=1.$$

定理 1.6.5　一切初等函数在其定义区间内是连续的.

注： 定义区间是指包含在定义域内的区间. 初等函数仅在其定义区间内连续，在其定义域内不一定连续.

例如，函数 $y=\sqrt{x^2(x-1)^3}$ 的定义域为 $\{0\}\cup[1,+\infty)$，函数在点 $x=0$ 的邻域内没有定义，因而函数在点 $x=0$ 处不连续，但函数 y 在定义区间 $[1,+\infty)$ 上连续.

例 1.6.6　求 $\lim\limits_{x\to 2}\dfrac{e^x}{2x+1}$.

解　因为 $f(x)=\dfrac{e^x}{2x+1}$ 是初等函数，且 $x_0=2$ 是其定义区间内的点，所以 $f(x)=\dfrac{e^x}{2x+1}$ 在点 $x_0=2$ 处连续，于是

$$\lim_{x\to 2}\frac{e^x}{2x+1}=\frac{e^2}{2\times 2+1}=\frac{e^2}{5}.$$

四、闭区间上连续函数的性质

下面介绍闭区间上连续函数的一些重要性质，并给出几何说明.

定理 1.6.6(有界性与最大值和最小值定理)　在闭区间上的连续函数在该区间上有界且一定能取得它的最大值和最小值.

设函数 $f(x)$ 在闭区间 $[a, b]$ 上连续，那么存在常数 $M>0$ 使得对于任何 $x\in[a, b]$，满足 $|f(x)|\leqslant M$，且在 $[a, b]$ 上至少存在两点 x_1，x_2 使得对于任何 $x\in[a, b]$，都有

$$f(x_1)\leqslant f(x)\leqslant f(x_2).$$

这里 $f(x_2)$ 和 $f(x_1)$ 分别称为函数 $f(x)$ 在闭区间 $[a, b]$ 上的最大值和最小值(见图 1－6－6).

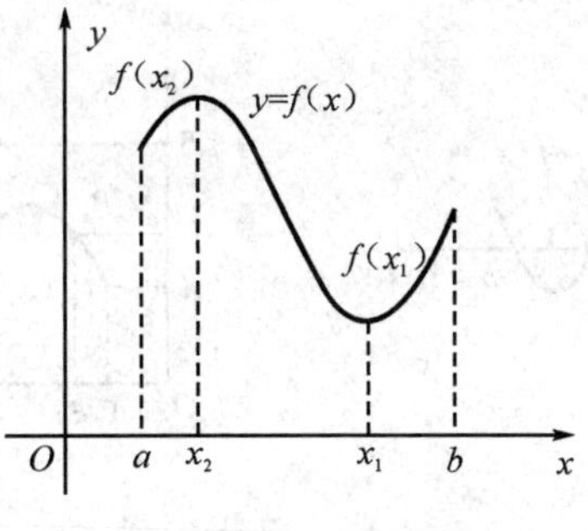

图 1－6－6

注： (1) 对于开区间内的连续函数或在闭区间上有间断点的函数，定理 1.6.6 的结论不一定成立. 例如，函数 $y=x^2$ 在开区间 $(0, 1)$ 内连续，但在 $(0, 1)$ 内不存在最大值和最小值. 又如，函数

$$f(x)=\begin{cases}x+1, & -1\leqslant x<0,\\ 0, & x=0,\\ x-1, & 0<x\leqslant 1\end{cases}$$

在闭区间$[-1, 1]$上有间断点 $x=0$，且不存在最大值和最小值(见图 1-6-7).

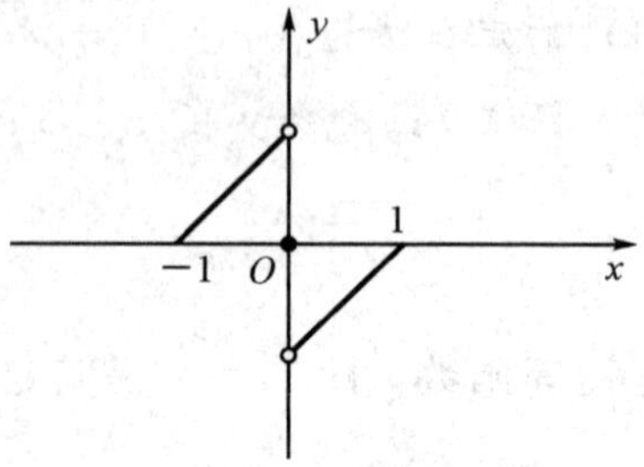

图 1-6-7

(2) 定理 1.6.6 中达到最大值和最小值的点也可能是区间$[a, b]$的端点. 例如，函数 $y=2x+1$在$[-1, 2]$上连续，其最大值为 $f(2)=5$，最小值为$f(-1)=-1$，均在区间$[-1, 2]$的端点上取得.

定理 1.6.7(零点定理) 若函数 $f(x)$在闭区间$[a, b]$上连续，且 $f(a)$ 与 $f(b)$异号(即 $f(a)\cdot f(b)<0$)，则至少存在一点 $\xi\in(a, b)$，使得 $f(\xi)=0$.

定理 1.6.7 的几何意义是：在闭区间$[a, b]$上连续的曲线 $y=f(x)$的两个端点在 x 轴的两侧时，曲线 $y=f(x)$与 x 轴至少有一个交点(见图 1-6-8).

定理 1.6.8(介值定理) 设函数 $f(x)$在闭区间$[a, b]$上连续，且在该区间端点取得不同的函数值 $f(a)=A$ 及 $f(b)=B$，那么对于 A 与 B 之间的任何数 C，则至少存在一点 $\xi\in(a, b)$，使得 $f(\xi)=C$(见图 1-6-9).

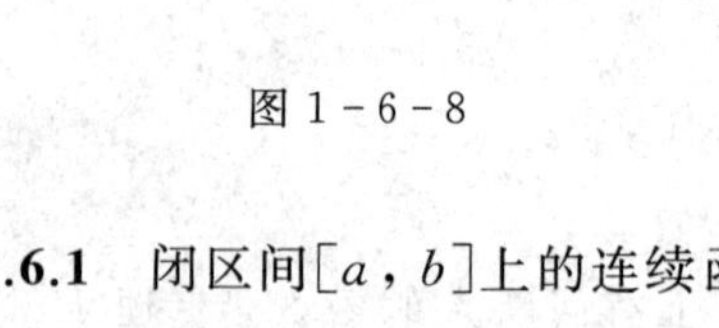

图 1-6-8

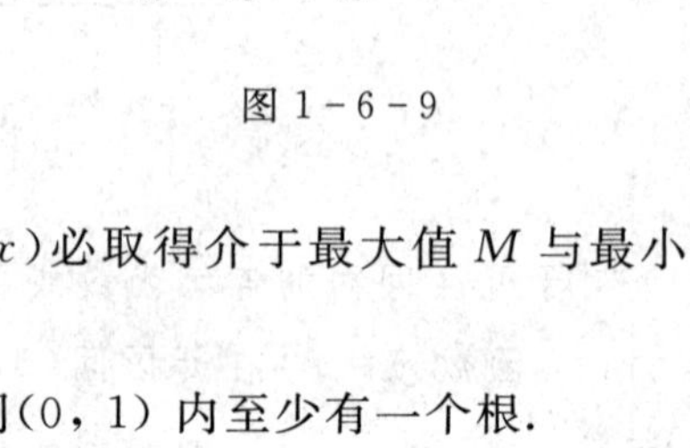

图 1-6-9

推论 1.6.1 闭区间$[a, b]$上的连续函数 $f(x)$必取得介于最大值 M 与最小值 m 之间的任何值.

例 1.6.7 证明：方程 $x^3-4x^2+1=0$ 在区间$(0, 1)$ 内至少有一个根.

证明 令 $f(x)=x^3-4x^2+1$，则 $f(x)$在$[0, 1]$上连续. 又 $f(0)=1>0$，$f(1)=-2<0$，

由零点定理知，$\exists\,\xi\in(0,1)$，使得 $f(\xi)=0$，即 $\xi^3-4\xi^2+1=0$.

所以方程 $x^3-4x^2+1=0$ 在 $(0,1)$ 内至少有一个实根 ξ.

例 1.6.8　设函数 $f(x)$ 在区间 $[a,b]$ 上连续，且 $f(a)<a$，$f(b)>b$. 证明：存在 $\xi\in(a,b)$，使得 $f(\xi)=\xi$.

证明　令 $F(x)=f(x)-x$，则 $F(x)$ 在 $[a,b]$ 上连续，而

$$F(a)=f(a)-a<0,\ F(b)=f(b)-b>0,$$

故由零点定理知，$\exists\,\xi\in(a,b)$，使得 $F(\xi)=f(\xi)-\xi=0$，即

$$f(\xi)=\xi.$$

习题 1－6

(A)

1. 求下列函数的间断点，并判断其类型：

(1) $y=\dfrac{x^2-1}{x^2-3x+2}$；　　(2) $y=\dfrac{1-\cos x}{x^2}$；

(3) $y=\mathrm{e}^{-\frac{1}{x}}$；　　(4) $f(x)=\begin{cases}\dfrac{\sin x}{|x|}, & x\neq 0,\\ 0, & x-0.\end{cases}$

2. 在下列函数中，当 a 取什么值时函数 $f(x)$ 在其定义域内连续？

(1) $f(x)=\begin{cases}\dfrac{x^2-16}{x-4}, & x\neq 4\\ a, & x=4;\end{cases}$　　(2) $f(x)=\begin{cases}\mathrm{e}^x, & x<0,\\ x+a, & x\geqslant 0.\end{cases}$

3. 已知函数

$$y=f(x)=\begin{cases}1-x, & x<0,\\ 2x^2+1, & 0\leqslant x<1,\\ 3+(x-1)^3, & x\geqslant 1,\end{cases}$$

证明：$f(x)$ 在其定义域内是连续的.

4. 定义 $f(0)$ 的值，使 $f(x)=\dfrac{\sqrt{1+x}-1}{\sqrt[3]{1+x}-1}$ 在点 $x=0$ 处连续.

5. 设 $f(x)=\begin{cases}x^{\alpha}\cdot\sin\dfrac{1}{x}, & x>0,\\ \mathrm{e}^x+\beta, & x\leqslant 0,\end{cases}$ 根据 α 和 β 的不同情况，讨论 $f(x)$ 在点 $x=0$ 处的连续性.

6. 证明：方程 $x-2\sin x=1$ 至少有一个小于 3 的正根.

7. 设函数 $f(x)$ 在 $[0,2a]$ 上连续，且 $f(0)=f(2a)$，证明：在 $(0,a)$ 上至少存在一点 ξ，使得 $f(\xi)=f(\xi+a)$.

(B)

1. 函数 $y=f(x)$在点 x_0 处连续，则 $f(x)$在该点(　　).

A. 无极限　　B. 一定有极限

C. $\lim\limits_{x\to x_0} f(x)\neq f(x_0)$　　D. 不一定有定义

2. 设 $f(x)=\begin{cases}\dfrac{\ln(1+x)}{x}, & x\neq 0,\\ k, & x=0\end{cases}$ 连续，则 $k=$(　　).

A. 0　　B. e　　C. -1　　D. 1

3. 设 $f(x)=\begin{cases}\dfrac{e^x}{x^2-1}, & x\neq 0,\\ 0, & x=0,\end{cases}$ 则下列说法中正确的是(　　).

A. $f(x)$有 1 个间断点　　B. $f(x)$有 2 个间断点

C. $f(x)$有 3 个间断点　　D. $f(x)$无间断点

4. 函数 $f(x)=\begin{cases}x^2+1, & x<0,\\ 0, & x=0,\\ x, & x>0\end{cases}$ 的连续区间为(　　).

A. $(-\infty,+\infty)$　　B. $(-\infty,0)\cup[0,+\infty)$

C. $(-\infty,0]\cup(0,+\infty)$　　D. $(-\infty,0)\cup(0,+\infty)$

5. $x=2$ 是函数 $y=\dfrac{x-2}{x^2-x-2}$ 的(　　)间断点.

A. 跳跃　　B. 无穷　　C. 振荡　　D. 可去

章节测试一

一、填空题：

1. 若 $\lim\limits_{x\to 1}\dfrac{x^2+2x+k}{x-1}=4$，则 $k=$________；

2. 若函数 $f(x)=\begin{cases}\dfrac{2\sin x}{x}, & x<0,\\ \ln(b+5x^2), & x\geqslant 0\end{cases}$ 在点 $x=0$ 处连续，则 $b=$________；

3. 函数 $f(x)=\dfrac{x^2-x}{|x|(x^2-1)}$，点 $x=-1$ 是________间断点，点 $x=0$ 是________间断点；

4. $\lim\limits_{x\to+\infty}\left(1-\dfrac{1}{x}\right)^{\sqrt{x}}=$________；

5. 若$\lim\limits_{x\to 0}\dfrac{1-\cos 2x}{x^k}=a\neq 0$，则 $k=$________，$a=$________.

二、求下列极限：

1. $\lim\limits_{x\to+\infty}(\sqrt{(x+1)(x+2)}-x)$；

2. $\lim\limits_{x\to 64}\dfrac{\sqrt{x}-8}{\sqrt[3]{x}-4}$；

3. $\lim\limits_{x\to\infty}\dfrac{3x+\sin x}{2x-\sin x}$；

4. $\lim\limits_{n\to\infty}\left[\dfrac{1+3+\cdots+(2n-1)}{n+1}-\dfrac{2n+1}{2}\right]$；

5. $\lim\limits_{n\to\infty}\dfrac{1+p+p^2+\cdots+p^n}{1+q+q^2+\cdots+q^n}(|p|<1,\ |q|<1)$；

6. $\lim\limits_{x\to 0}(2\csc 2x-\cot x)$；

7. $\lim\limits_{x\to 4}\dfrac{2-\sqrt{x}}{3-\sqrt{2x+1}}$；

8. $\lim\limits_{x\to 0}\dfrac{1-\cos x}{(e^x-1)\ln(1+x)}$；

9. $\lim\limits_{x\to\infty}\left(\dfrac{x+a}{x-a}\right)^x$；

10. $\lim\limits_{x\to 0}\dfrac{\sqrt{1+\tan x}-\sqrt{1-\tan x}}{\sqrt{1+2x}-1}$.

三、设 $f(x)=\begin{cases}\dfrac{\cos x}{x+2}, & x\geqslant 0,\\ \dfrac{\sqrt{a}-\sqrt{a-x}}{x}, & x<0(a>0).\end{cases}$

1. 当 a 为何值时，$x=0$ 是 $f(x)$的连续点？

2. 当 a 为何值时，$x=0$ 是 $f(x)$的间断点？是什么类型的间断点？

3. 当 $a=2$ 时，求 $f(x)$的连续区间.

四、证明：方程 $2^x=x^2$ 在$(-1,1)$内必有实根.

五、设函数 $f(x)$在区间$[a,b]$上连续，且 $a<c<d<b$，证明：存在 $\xi\in[a,b]$，使得
$$mf(c)+nf(d)=(m+n)f(\xi).$$

第 2 章　导数与微分

微分学是微积分的重要组成部分，它的基本概念是导数与微分.

在本章中我们主要讨论导数和微分的概念以及它们的计算方法，在此基础上介绍微分学的几个中值定理，它们是导数应用的理论基础，并应用导数来研究函数以及曲线的某些性态，从而解决一些实际问题和一些经济问题.

2.1　导数的概念

从 15 世纪初文艺复兴时期起，欧洲的工业、农业、航海事业与商贾贸易得到大规模的发展，形成了一个新的经济时代. 而 16 世纪的欧洲，正处在资本主义萌芽时期，生产力得到了很大的发展. 生产实践的发展对自然科学提出了新的课题，迫切要求力学、天文学等基础科学的发展，而这些学科都是深刻依赖于数学的，因而也推动了数学的发展. 在各类学科对数学提出的种种要求中，下列三类问题导致了微分学的产生：

(1) 求变速运动的瞬时速度；

(2) 求曲线上一点处的切线；

(3) 求最大值和最小值.

这三类实际问题的现实原型在数学上都可归结为函数相对于自变量变化而变化的快慢程度，即所谓**函数的变化率**问题. 牛顿从第一个问题出发，莱布尼茨从第二个问题出发，分别给出了导数的概念.

一、引例

1. 变速直线运动的瞬时速度

设一质点作变速直线运动，位置函数为 $s=s(t)$，现在求质点在某时刻 t_0 的瞬时速度(见图 2-1-1).

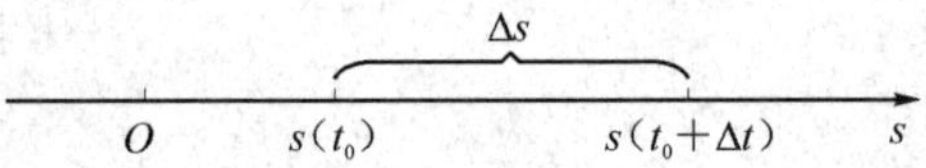

图 2-1-1

我们考虑从 t_0 到 $t_0+\Delta t$ 这一时间间隔. 在这一时间间隔内质点经过的路程为

$$\Delta s=s(t_0+\Delta t)-s(t_0).$$

于是比值$\dfrac{\Delta s}{\Delta t}$就是质点在 t_0 到 $t_0+\Delta t$ 这段时间内的平均速度，记为 $\bar{v}$，即

$$\bar{v}=\frac{\Delta s}{\Delta t}=\frac{s(t_0+\Delta t)-s(t_0)}{\Delta t}.$$

$\bar{v}$ 可作为质点在时刻 t_0 的瞬时速度的近似值. 显然，$|\Delta t|$ 越小，近似程度越好，我们令 $\Delta t\to 0$，若 $\bar{v}$ 的极限存在，则此极限值就是质点在时刻 t_0 的瞬时速度 $v(t_0)$，即

$$v(t_0)=\lim_{\Delta t\to 0}\bar{v}=\lim_{\Delta t\to 0}\frac{\Delta s}{\Delta t}=\frac{s(t_0+\Delta t)-s(t_0)}{\Delta t}.$$

2. 曲线的切线斜率

设曲线 C 是函数 $y=f(x)$的图像(见图 2-1-2)，$M(x_0, y_0)$是曲线 C 上一个点，在曲线 C 上任取一点 $N(x, y)$，$M\neq N$. 过点 M 及 N 的直线称为曲线 C 的割线，这割线的斜率为

$$\tan\varphi=\frac{y-y_0}{x-x_0}=\frac{f(x)-f(x_0)}{x-x_0}.$$

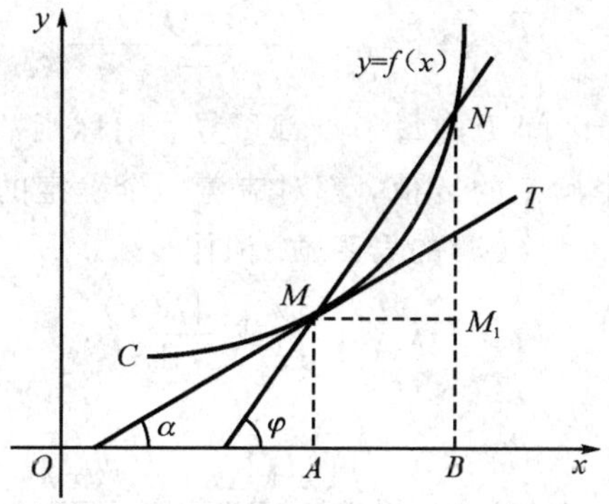

图 2-1-2

令点 N 沿曲线 C 趋向于点 M，这时 $x\to x_0$，如果极限

$$\lim_{x\to x_0}\tan\varphi=\lim_{x\to x_0}\frac{f(x)-f(x_0)}{x-x_0}$$

存在，则这个极限就是切线的斜率，即

$$k=\tan\alpha=\lim_{x\to x_0}\tan\varphi=\lim_{x\to x_0}\frac{f(x)-f(x_0)}{x-x_0},$$

也就是说，切线是割线的极限位置，切线斜率的值实际上就是割线斜率的极限，所以当点 N 沿曲线 C 趋向于 M 时，割线绕点 M 转动而以切线为极限位置.

二、导数的定义

1. 函数在一点的导数与导函数

引例中两个实际问题的意义虽然不同，但是解决问题的方法是相同的，都是求函数的改变量与自变量的改变量之比的极限，这就产生了导数的概念. 下面给出导数的定义.

定义 2.1.1　设函数 $y=f(x)$在点 x_0 的某邻域$U(x_0, \delta)$ 内有定义，在点 x_0 处给自变

量 x 一个改变量 Δx，且 $x_0+\Delta x\in U(x_0,\delta)$，相应地函数 y 有改变量 $\Delta y=f(x_0+\Delta x)-f(x_0)$，如果极限

$$\lim_{\Delta x\to 0}\frac{\Delta y}{\Delta x}=\lim_{\Delta x\to 0}\frac{f(x_0+\Delta x)-f(x_0)}{\Delta x}$$

存在，则称函数 $y=f(x)$ 在点 x_0 处**可导**，并称此极限值为函数 $f(x)$ 在点 x_0 处的**导数**，或函数在点 x_0 处的**变化率**，记为 $f'(x_0)$，即

$$f'(x_0)=\lim_{\Delta x\to 0}\frac{\Delta y}{\Delta x}=\lim_{\Delta x\to 0}\frac{f(x_0+\Delta x)-f(x_0)}{\Delta x},$$

也可以记作 $y'\big|_{x=x_0}$，$\left.\dfrac{\mathrm{d}y}{\mathrm{d}x}\right|_{x=x_0}$ 或 $\left.\dfrac{\mathrm{d}f(x)}{\mathrm{d}x}\right|_{x=x_0}$.

如果极限不存在，则称函数 $y=f(x)$ 在点 x_0 处**不可导**.

令 $x_0+\Delta x=x$，则当 $\Delta x\to 0$ 时，有 $x\to x_0$，因此 $f(x)$ 在点 x_0 处的导数 $f'(x_0)$ 也可表示为

$$f'(x_0)=\lim_{x\to x_0}\frac{f(x)-f(x_0)}{x-x_0}.$$

如果函数 $y=f(x)$ 在开区间 I 内每一点都可导，则称函数 $y=f(x)$ 在**开区间 I 内可导**. 这时，对于 I 中的每一个确定的 x 值，都对应着一个确定的函数值 $f'(x)$，于是就确定了一个新的函数，称为函数 $y=f(x)$ 的**导函数**. 记作

$$f'(x),\ y',\ \frac{\mathrm{d}y}{\mathrm{d}x}\text{或}\frac{\mathrm{d}f(x)}{\mathrm{d}x},$$

即

$$f'(x)=\lim_{\Delta x\to 0}\frac{f(x+\Delta x)-f(x)}{\Delta x}.$$

在不致发生混淆的情况下，导函数也简称**导数**.

显然，函数 $y=f(x)$ 在点 x_0 处的导数 $f'(x_0)$，就是导函数 $f'(x)$ 在点 $x=x_0$ 处的函数值，即

$$f'(x_0)=f'(x)\Big|_{x=x_0}.$$

根据导数的定义，引例中两个实际问题叙述为：

(1) 作变速直线运动的质点在时刻 t_0 的瞬时速度，就是位置函数 $s=s(t)$ 在 t_0 处对时间 t 的导数，即

$$v(t_0)=\left.\frac{\mathrm{d}s}{\mathrm{d}t}\right|_{t=t_0}.$$

(2) 曲线 C 在点 $M(x_0,y_0)$ 处切线的斜率，就是函数 $y=f(x)$ 在点 x_0 处对 x 的导数，即

$$k=\left.\frac{\mathrm{d}y}{\mathrm{d}x}\right|_{x=x_0}.$$

例 2.1.1　试按导数定义求下列各极限(假设各极限均存在)：

(1) $\lim\limits_{\Delta x\to 0}\dfrac{f(x_0-2\Delta x)-f(x_0)}{3\Delta x}$；

(2) $\lim\limits_{x\to a}\dfrac{f(2x)-f(2a)}{x-a}$；

(3) $\lim\limits_{x\to 0}\dfrac{f(x)}{x}$，其 $f(0)=0$.

解 (1) $\lim\limits_{\Delta x\to 0}\dfrac{f(x_0-2\Delta x)-f(x_0)}{3\Delta x}=-\dfrac{2}{3}\lim\limits_{\Delta x\to 0}\dfrac{f(x_0-2\Delta x)-f(x_0)}{-2\Delta x}=-\dfrac{2}{3}f'(x_0)$；

(2)
$$\lim_{x\to a}\frac{f(2x)-f(2a)}{x-a}=\lim_{2x\to 2a}\frac{f(2x)-f(2a)}{\frac{1}{2}\cdot(2x-2a)}$$
$$=2\cdot\lim_{2x\to 2a}\frac{f(2x)-f(2a)}{2x-2a}$$
$$=2f'(2a)；$$

(3) 因为 $f(0)=0$，所以 $\lim\limits_{x\to 0}\dfrac{f(x)}{x}=\lim\limits_{x\to 0}\dfrac{f(x)-f(0)}{x-0}=f'(0)$.

注：要灵活应用导数定义的三种形式求函数极限.

2. 左、右导数

若极限 $\lim\limits_{\Delta x\to 0^-}\dfrac{f(x_0+\Delta x)-f(x_0)}{\Delta x}$ 存在，则称此极限值为 $f(x)$ 在点 x_0 处的**左导数**，记为 $f'_-(x_0)$，即

$$f'_-(x_0)=\lim_{\Delta x\to 0^-}\frac{f(x_0+\Delta x)-f(x_0)}{\Delta x}=\lim_{x\to x_0^-}\frac{f(x)-f(x_0)}{x-x_0}.$$

若极限 $\lim\limits_{\Delta x\to 0^+}\dfrac{f(x_0+\Delta x)-f(x_0)}{\Delta x}$ 存在，则称此极限值为 $f(x)$ 在点 x_0 处的**右导数**，记为 $f'_+(x_0)$，即

$$f'_+(x_0)=\lim_{\Delta x\to 0^+}\frac{f(x_0+\Delta x)-f(x_0)}{\Delta x}=\lim_{x\to x_0^+}\frac{f(x)-f(x_0)}{x-x_0}.$$

定理 2.1.1　函数 $y=f(x)$ 在点 x_0 处可导的充要条件是：函数 $y=f(x)$ 在点 x_0 处的左、右导数均存在且相等.

例 2.1.2　求函数 $f(x)=\begin{cases}\sin x, & x<0,\\ x, & x\geqslant 0\end{cases}$ 在 $x=0$ 处的导数.

解　$f'_-(0)=\lim\limits_{x\to 0^-}\dfrac{f(x)-f(0)}{x-0}=\lim\limits_{x\to 0^-}\dfrac{\sin x}{x}=1$.

$f'_+(0)=\lim\limits_{x\to 0^+}\dfrac{f(x)-f(0)}{x-0}=\lim\limits_{x\to 0^+}\dfrac{x}{x}=1$.

由 $f'_-(0)=f'_+(0)=1$，得 $f'(0)=1$.

三、用定义求导数举例

例 2.1.3　求函数 $f(x)=C$（C 为常数）的导数.

解 $f'(x)=\lim\limits_{h\to 0}\dfrac{f(x+h)-f(x)}{h}=\lim\limits_{h\to 0}\dfrac{C-C}{h}=0$,

即

$$(C)'=0.$$

例 2.1.4 求函数 $y=x^n$(n 为正整数)的导数.

解 $(x^n)'=\lim\limits_{h\to 0}\dfrac{(x+h)^n-x^n}{h}=\lim\limits_{h\to 0}\left[nx^{n-1}+\dfrac{n(n-1)}{2!}x^{n-2}h+\cdots+h^{n-1}\right]=nx^{n-1}$,

即

$$(x^n)'=nx^{n-1}.$$

一般地,

$$(x^{\mu})'=\mu x^{\mu-1}(\mu\in\mathbf{R}).$$

例如,$(\sqrt{x})'=\dfrac{1}{2}x^{\frac{1}{2}-1}=\dfrac{1}{2\sqrt{x}}$,$\left(\dfrac{1}{x}\right)'=(x^{-1})'=(-1)\ x^{-1-1}=-\dfrac{1}{x^2}$.

例 2.1.5 求函数 $f(x)=a^x(a>0,\ a\neq 1)$的导数.

解 $(a^x)'=\lim\limits_{h\to 0}\dfrac{a^{x+h}-a^x}{h}=a^x\lim\limits_{h\to 0}\dfrac{a^h-1}{h}=a^x\lim\limits_{h\to 0}\dfrac{\mathrm{e}^{h\ln a}-1}{h}=a^x\lim\limits_{h\to 0}\dfrac{h\ln a}{h}=a^x\ln a$,

即

$$(a^x)'=a^x\ln a.$$

特殊地,当 $x=\mathrm{e}$ 时,

$$(\mathrm{e}^x)'=\mathrm{e}^x.$$

例 2.1.6 求函数 $y=\log_a x(a>0,\ a\neq 1)$的导数.

解
$$y'=\lim_{h\to 0}\frac{\log_a(x+h)-\log_a x}{h}=\lim_{h\to 0}\frac{\log_a\left(1+\dfrac{h}{x}\right)}{\dfrac{h}{x}}\cdot\frac{1}{x}$$
$$=\frac{1}{x}\lim_{h\to 0}\log_a\left(1+\frac{h}{x}\right)^{\frac{x}{h}}=\frac{1}{x}\log_a\mathrm{e}=\frac{1}{x\ln a},$$

即

$$(\log_a x)'=\frac{1}{x\ln a}.$$

特殊地,当 $x=\mathrm{e}$ 时,

$$(\ln x)'=\frac{1}{x}.$$

例 2.1.7 设函数 $f(x)=\sin x$,求$(\sin x)'$及$(\sin x)'\big|_{x=\frac{\pi}{4}}$.

解 $(\sin x)'=\lim\limits_{h\to 0}\dfrac{\sin(x+h)-\sin x}{h}=\lim\limits_{h\to 0}\cos\left(x+\dfrac{h}{2}\right)\cdot\dfrac{\sin\dfrac{h}{2}}{\dfrac{h}{2}}=\cos x$,

$$(\sin x)'|_{x=\frac{\pi}{4}}=\frac{\sqrt{2}}{2}.$$

即

$$(\sin x)'=\cos x.$$

同理可得

$$(\cos x)'=-\sin x.$$

四、导数的几何意义

由引例可知，函数 $y=f(x)$在点 x_0 处的导数 $f'(x_0)$ 表示曲线 $y=f(x)$在点 $M(x_0, y_0)$处的切线的斜率(见图 2-1-3)，即

$$f'(x_0)=\tan\alpha.$$

因此曲线 $y=f(x)$在点 $M(x_0, y_0)$ 处的切线方程为

$$y-y_0=f'(x_0)(x-x_0).$$

如果 $f'(x_0)=0$，则切线方程为 $y=y_0$，即切线平行于 x 轴；

如果 $f'(x_0)=\infty$，则切线方程为 $x=x_0$，即切线垂直于 x 轴.

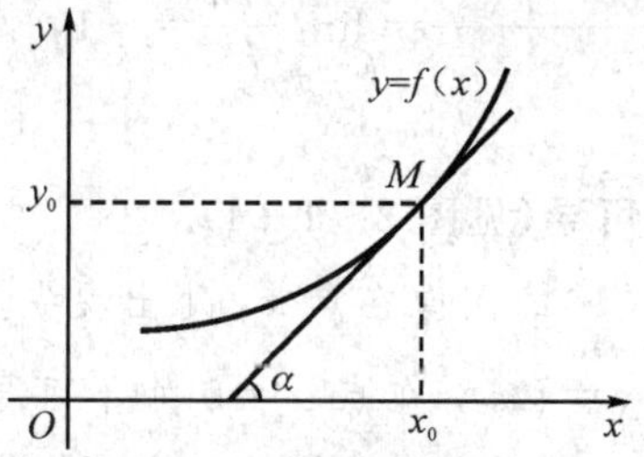

图 2-1-3

过切点 $M(x_0, y_0)$且垂直于切线的直线称为曲线 $y=f(x)$在点 $M(x_0, y_0)$ 处的**法线**. 由于法线的斜率与切线的斜率互为负倒数，因此当 $f'(x_0)\neq 0$ 时，可得曲线 $y=f(x)$在点 $M(x_0, y_0)$ 处的**法线方程**为

$$y-y_0=-\frac{1}{f'(x_0)}(x-x_0)\ (f'(x_0)\neq 0).$$

例 2.1.8　求曲线 $y=\frac{1}{x}$在点$\left(\frac{1}{2}, 2\right)$处的切线的斜率，并写出在该点处的切线方程和法线方程.

解　由导数的几何意义，得切线斜率为

$$k=y'|_{x=\frac{1}{2}}=\left(\frac{1}{x}\right)'\bigg|_{x=\frac{1}{2}}=-\frac{1}{x^2}\bigg|_{x=\frac{1}{2}}=-4.$$

所求切线方程为 $y-2=-4\left(x-\frac{1}{2}\right)$，即 $4x+y-4=0$.

所求法线方程为 $y-2=\frac{1}{4}\left(x-\frac{1}{2}\right)$，即 $2x-8y+15=0$.

五、函数可导性与连续性的关系

定理 2.1.2 如果函数 $f(x)$在点 x_0 处可导，则函数 $f(x)$在点 x_0 处连续.

证明 已知函数 $f(x)$在点 x_0 处可导，由定义得$\lim\limits_{\Delta x\to 0}\dfrac{\Delta y}{\Delta x}=f'(x_0)$，因此，

$$\lim_{\Delta x\to 0}\Delta y=\lim_{\Delta x\to 0}\left(\frac{\Delta y}{\Delta x}\cdot\Delta x\right)=\lim_{\Delta x\to 0}\frac{\Delta y}{\Delta x}\cdot\lim_{\Delta x\to 0}\Delta x=f'(x_0)\cdot 0=0.$$

故函数 $f(x)$在点 x_0 处连续.

注：这个定理的逆定理不成立，也就是说一个函数在某一点连续，它却不一定在该点处可导，见下例.

例 2.1.9 讨论函数 $f(x)=|x|$在 $x=0$ 处的连续性与可导性.

解 易证函数 $f(x)=|x|$在点 $x=0$ 处是连续的. 下面主要来讨论 $f(x)=|x|$在点$x=0$处的可导性.

因为 $f'_+(0)=\lim\limits_{h\to 0^+}\dfrac{f(0+h)-f(0)}{h}=\lim\limits_{h\to 0^+}\dfrac{h}{h}=1$，

$$f'_-(0)=\lim_{h\to 0^-}\frac{f(0+h)-f(0)}{h}=\lim_{h\to 0^-}\frac{-h}{h}=-1,$$

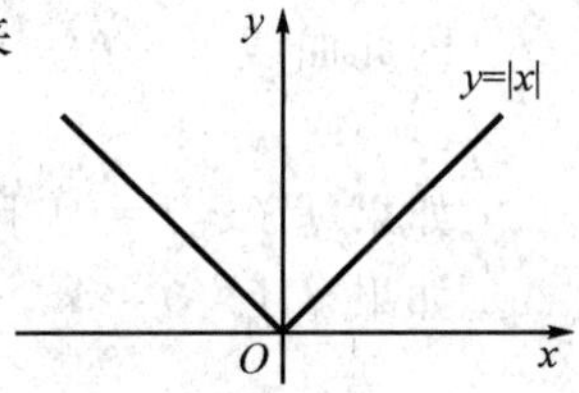

图 2-1-4

即 $f'_+(0)\neq f'_-(0)$，

所以函数 $f(x)$在点 $x=0$ 处不可导(见图 2-1-4).

注：一般地，若曲线 $y=f(x)$的图像在点 x_0 处出现尖点，则它在该点不可导；不出现尖点的，也有不可导点. 例如，$y=\sqrt[3]{x}$，在点 $x=0$ 处不可导，在点 $x=0$ 处并没有出现尖点. 因此，如果函数在一个区间内可导，则其图像一定不会出现尖点，或者说是一条连续的光滑曲线.

例 2.1.10 设函数 $f(x)=\begin{cases}a, & x<0,\\ x^2+1, & 0\leqslant x<1,\end{cases}$ 问 a 取何值时 $f(x)$为可导函数?

解 只须讨论在 $x=0$ 处 $f(x)$为可导时 a 的取值情况. 在 $x=0$ 处，因为

$$f'_+(0)=\lim_{x\to 0^+}\frac{\Delta y}{\Delta x}=\lim_{x\to 0^+}\frac{f(0+\Delta x)-f(0)}{\Delta x}=\lim_{x\to 0^+}\frac{(\Delta x)^2+1-1}{\Delta x}=0,$$

$$f'_-(0)=\lim_{x\to 0^-}\frac{\Delta y}{\Delta x}=\lim_{x\to 0^-}\frac{f(0+\Delta x)-f(0)}{\Delta x}=\lim_{x\to 0^-}\frac{a-1}{\Delta x},$$

要使 $f(x)$在 $x=0$ 处可导，必须$\lim\limits_{x\to 0^-}\dfrac{a-1}{\Delta x}=0$，则 $a=1$.

所以当 $a=1$ 时 $f(x)$为可导函数.

例 2.1.11 讨论函数 $f(x)=\begin{cases}x\sin\dfrac{1}{x}, & x\neq 0,\\ 0, & x=0\end{cases}$ 在 $x=0$ 处的连续性与可导性.

解 因为 $\sin\dfrac{1}{x}$是有界函数，所以$\lim\limits_{x\to 0}x\sin\dfrac{1}{x}=0$.

由$\lim\limits_{x\to 0}f(x)=0=f(0)$知，函数$f(x)$在$x=0$处连续. 但在$x=0$处

$$f'(0)=\lim_{x\to 0}\frac{f(x)-f(0)}{x-0}=\lim_{x\to 0}\frac{x\sin\frac{1}{x}-0}{x-0}=\lim_{x\to 0}\sin\frac{1}{x}$$

不存在，故$f(x)$在$x=0$处不可导.

由上面讨论可知，函数在某点连续是函数在该点可导的必要条件，但不是充分条件.

习题 2-1

(A)

1. 设$f'(x_0)=-2$，求下列各式的值：

(1) $\lim\limits_{\Delta x\to 0^+}\dfrac{f(x_0+\Delta x)-f(x_0)}{3\Delta x}$；

(2) $\lim\limits_{\Delta x\to 0}\dfrac{f(x_0-\Delta x)-f(x_0)}{3\Delta x}$；

(3) $\lim\limits_{h\to 0}\dfrac{f(x_0+h)-f(x_0-h)}{h}$.

2. 如果$f(x)$在点a处可导，求$\lim\limits_{n\to\infty}n\left[f\left(a+\dfrac{1}{n}\right)-f(a)\right]$.

3. 设$f(0)=0$，$f'(0)=1$存在，求$\lim\limits_{x\to 0}\dfrac{f(x)}{x}$.

4. 求下列曲线在指定点的切线方程和法线方程：

(1) $y=\sqrt{x}$在点(1, 1)；(2) $y=\ln x$在点(e, 1).

5. 问a，b取何值时，才能使函数

$$f(x)=\begin{cases}x^2, & x\leqslant 2,\\ ax+b, & x>2\end{cases}$$

在$x=2$处连续且可导？

6. 证明：函数$f(x)=\begin{cases}x^2\sin\dfrac{1}{x}, & x\neq 0,\\ 0, & x=0\end{cases}$在$x=0$处连续且可导.

(B)

1. 设函数$f(x)$在点x_0处连续，则$f(x)$在x_0处(　　).

A. 极限不存在，但可导　　B. 极限不一定存在

C. 极限存在，且可导　　D. 极限存在，但不一定可导

2. 设函数$f(x)=\begin{cases}\sin x, & x<0,\\ x, & x\geqslant 0,\end{cases}$则$f(x)$在$x=0$处(　　).

A. 不连续　　B. 连续，但不可导　　C. 可导　　D. 无定义

3. 已知函数 $f(x)=\begin{cases}\dfrac{2x}{4+e^{\frac{1}{x}}}, & x\neq 0,\\ 0, & x=0,\end{cases}$ 则 $f(x)$ 在 $x=0$ 处(　　).

A. $f'_-(0)$ 不存在　　B. $f'_+(0)$ 不存在

C. 不可导　　D. $f'(0)=0$

4. 设 $f(x)$ 可导且下列各极限均存在，则不成立的是(　　).

A. $\lim\limits_{h\to 0}\dfrac{f(a+2h)-f(a)}{h}=f'(a)$　　B. $\lim\limits_{\Delta x\to 0}\dfrac{f(x_0)-f(x_0-\Delta x)}{\Delta x}=f'(x_0)$

C. $\lim\limits_{x\to 0}\dfrac{f(x)-f(0)}{x}=f'(0)$　　D. $\lim\limits_{\Delta x\to 0}\dfrac{f(x_0+\Delta x)-f(x_0-\Delta x)}{2\Delta x}=f'(x_0)$

5. 过曲线 $y=f(x)$ 上点 $\left(2,\dfrac{1}{2}\right)$ 的法线方程为 $y-\dfrac{1}{2}=-\dfrac{1}{3}(x-2)$，则 $f'(2)=$(　　).

A. $-\dfrac{1}{3}$　　B. -3　　C. $\dfrac{1}{3}$　　D. 3

2.2 函数求导法则

一、导数的四则运算法则

定理 2.2.1 设函数 $u(x)$ 与 $v(x)$ 在点 x 处可导，则函数 $u\pm v$，uv，$\dfrac{u}{v}(v\neq 0)$ 在点 x 处也可导，并且有

(1) $[u(x)\pm v(x)]'=u'(x)\pm v'(x)$；

(2) $[u(x)\cdot v(x)]'=u'(x)v(x)+u(x)v'(x)$；

(3) $\left[\dfrac{u(x)}{v(x)}\right]'=\dfrac{u'(x)v(x)-u(x)v'(x)}{v^2(x)}$.

推广： 设 $u(x)$、$v(x)$、$w(x)$ 都在点 x 处可导，则

$$(u+v+w)'=u'+v'+w',$$
$$(uvw)'=u'vw+uv'w+uvw',$$
$$(Cu)'=Cu',$$
$$\left(\frac{C}{v}\right)'=-C\,\frac{v'}{v^2}.$$

例 2.2.1 求 $y=x^3-2x^2+\sin x$ 的导数.

解 $y'=(x^3)'-(2x^2)'+(\sin x)'=3x^2-4x+\cos x$.

例 2.2.2 求 $y=2\sqrt{x}\sin x$ 的导数.

解
$$y'=(2\sqrt{x}\sin x)'=2(\sqrt{x}\sin x)'=2[(\sqrt{x})'\sin x+\sqrt{x}(\sin x)']$$
$$=2\left(\frac{1}{2\sqrt{x}}\sin x+\sqrt{x}\cos x\right)=\frac{1}{\sqrt{x}}\sin x+2\sqrt{x}\cos x.$$

例 2.2.3　求 $y=\tan x$ 的导数.

解　$y'=(\tan x)'=\left(\dfrac{\sin x}{\cos x}\right)'=\dfrac{(\sin x)'\cos x-\sin x(\cos x)'}{\cos^2 x}$

$=\dfrac{\cos^2 x+\sin^2 x}{\cos^2 x}=\dfrac{1}{\cos^2 x}=\sec^2 x$，即

$$(\tan x)'=\sec^2 x.$$

同理可得

$$(\cot x)'=-\csc^2 x.$$

例 2.2.4　求 $y=\sec x$ 的导数.

解　$y'=(\sec x)'=\left(\dfrac{1}{\cos x}\right)'=\dfrac{-(\cos x)'}{\cos^2 x}=\dfrac{\sin x}{\cos^2 x}=\sec x\tan x.$

即

$$(\sec x)'=\sec x\tan x.$$

同理可得

$$(\csc x)'=-\csc x\cot x.$$

二、反函数的求导法则

定理 2.2.2　如果函数 $x=\varphi(y)$在区间 I_y 内单调、可导，且 $\varphi'(y)\neq 0$，则它的反函数 $y=f(x)$在对应区间 I_x 内也可导，且

$$f'(x)=\frac{1}{\varphi'(y)}\quad \text{或}\quad \frac{\mathrm{d}y}{\mathrm{d}x}=\frac{1}{\dfrac{\mathrm{d}x}{\mathrm{d}y}}.$$

定理 2.2.2 也可简单叙述为：**反函数的导数等于直接函数导数的倒数.**

例 2.2.5　求函数 $y=\arcsin x$ 的导数.

解　因为 $x=\sin y$ 在 $I_y=\left(-\dfrac{\pi}{2},\dfrac{\pi}{2}\right)$内单调、可导，且$(\sin y)'=\cos y>0$，所以在对应区间 $I_x=(-1,1)$内有

$$(\arcsin x)'=\frac{1}{(\sin y)'}=\frac{1}{\cos y}=\frac{1}{\sqrt{1-\sin^2 y}}=\frac{1}{\sqrt{1-x^2}}.$$

同理可得

$$(\arccos x)'=-\frac{1}{\sqrt{1-x^2}},\ (\arctan x)'=\frac{1}{1+x^2},\ (\mathrm{arccot}\, x)'=-\frac{1}{1+x^2}.$$

例 2.2.6　求函数 $y=\log_a x$ 的导数.

解　因为 $x=a^y$ 在 $I_y=(-\infty,+\infty)$内单调、可导，且$(a^y)'=a^y\ln a\neq 0$，所以在对应区间 $I_x=(0,+\infty)$内有

$$(\log_a x)'=\frac{1}{(a^y)'}=\frac{1}{a^y\ln a}=\frac{1}{x\ln a}.$$

特别地

$$(\ln x)'=\frac{1}{x}.$$

三、基本初等函数的求导公式

基本初等函数的求导公式如下：

(1) $(C)'=0$； (2) $(x^{\mu})'=\mu x^{\mu-1}$；

(3) $(\log_a x)'=x\ln a$； (4) $(\ln x)'=\frac{1}{x}$；

(5) $(a^x)'=a^x\ln a$； (6) $(\mathrm{e}^x)'=\mathrm{e}^x$；

(7) $(\sin x)'=\cos x$； (8) $(\cos x)'=-\sin x$；

(9) $(\tan x)'=\sec^2 x$； (10) $(\cot x)'=-\csc^2 x$；

(11) $(\sec x)'=\sec x\tan x$； (12) $(\csc x)'=-\csc x\cot x$；

(13) $(\arcsin x)'=\frac{1}{\sqrt{1-x^2}}$； (14) $(\arccos x)'=-\frac{1}{\sqrt{1-x^2}}$；

(15) $(\arctan x)'=\frac{1}{1+x^2}$； (16) $(\mathrm{arccot} x)'=-\frac{1}{1+x^2}$.

四、复合函数的求导法则

一个复杂的函数通常可以看作若干简单函数的复合，所以我们还必须学会求复合函数的导数.

定理 2.2.3 设函数 $u=\varphi(x)$ 在点 x 处可导，函数 $y=f(u)$ 在对应点 $u=\varphi(x)$ 处可导，则复合函数 $y=f[\varphi(x)]$ 在点 x 处也可导，且有

$$\frac{\mathrm{d}y}{\mathrm{d}x}=\frac{\mathrm{d}y}{\mathrm{d}u}\cdot\frac{\mathrm{d}u}{\mathrm{d}x} \quad 或 \quad \frac{\mathrm{d}y}{\mathrm{d}x}=f'(u)\cdot\varphi'(x).$$

即因变量对自变量求导，等于因变量对中间变量求导,乘以中间变量对自变量求导(俗称链式法则).

推广：定理 2.2.3 也可用于多次复合的情形，例如：

设 $y=f(u)$，$u=\varphi(v)$，$v=\psi(x)$ 都可导，则 $y=f\{\varphi[\psi(x)]\}$ 的导数为

$$\frac{\mathrm{d}y}{\mathrm{d}x}=\frac{\mathrm{d}y}{\mathrm{d}u}\cdot\frac{\mathrm{d}u}{\mathrm{d}v}\cdot\frac{\mathrm{d}v}{\mathrm{d}x} \quad 或 \quad \frac{\mathrm{d}y}{\mathrm{d}x}=f'(u)\cdot\varphi'(v)\cdot\psi'(x).$$

例 2.2.7 求函数 $y=\ln\sin x$ 的导数.

解 设 $y=\ln u$，$u=\sin x$，则

$$\frac{\mathrm{d}y}{\mathrm{d}x}=\frac{\mathrm{d}y}{\mathrm{d}u}\cdot\frac{\mathrm{d}u}{\mathrm{d}x}=\frac{1}{u}\cos x=\frac{\cos x}{\sin x}=\cot x.$$

例 2.2.8 求函数 $y=(x^2+1)^{10}$ 的导数.

解 设 $y=u^{10}$，$u=x^2+1$，则

$$\frac{\mathrm{d}y}{\mathrm{d}x}=\frac{\mathrm{d}y}{\mathrm{d}u}\cdot\frac{\mathrm{d}u}{\mathrm{d}x}=10u^9\cdot 2x=10(x^2+1)^9\cdot 2x=20x(x^2+1)^9.$$

注：复合函数求导既是重点又是难点. 在求复合函数 $y=f\{\varphi[\psi(x)]\}$ 的导数时，要从

外层，逐层推进. 先求 f 对大括号内的变量 u 的导数($u=\varphi[\psi(x)]$)，再求 φ 对中括号内的变量 v 的导数($v=\psi(x)$)，最后求 ψ 对小括号内的变量 x 的导数. 在这里，首先要始终明确所求的导数是哪个函数对哪个变量(不管是自变量还是中间变量)的导数；其次，在逐层求导时，不要遗漏，也不要重复. 熟练之后可以不设中间变量的字母，心中记住，一气呵成.

例 2.2.9　求函数 $y=(x+\sin^2 x)^3$ 的导数.

解　$$\begin{aligned} y'&=[(x+\sin^2 x)^3]'=3(x+\sin^2 x)^2(x+\sin^2 x)' \\ &=3(x+\sin^2 x)^2[1+2\sin x\cdot(\sin x)'] \\ &=3(x+\sin^2 x)^2(1+\sin 2x). \end{aligned}$$

例 2.2.10　设 $x>0$，证明幂函数的导数公式

$$(x^\mu)'=\mu x^{\mu-1}(\mu\in R).$$

证明　因为 $x^\mu=(\mathrm{e}^{\ln x})^\mu=\mathrm{e}^{\mu\ln x}$，所以

$$(x^\mu)'=(\mathrm{e}^{\mu\ln x})'=\mathrm{e}^{\mu\ln x}(\mu\ln x)'=x^\mu\cdot\mu\cdot\frac{1}{x}=\mu x^{\mu-1}.$$

例 2.2.11　求函数 $y=\ln\dfrac{\sqrt{x^2+1}}{\sqrt[3]{x-2}}(x>2)$的导数.

解　因为 $y=\dfrac{1}{2}\ln(x^2+1)-\dfrac{1}{3}\ln(x-2)$，所以

$$\begin{aligned} y'&=\frac{1}{2}\cdot\frac{1}{x^2+1}\cdot(x^2+1)'-\frac{1}{3}\cdot\frac{1}{x-2}\cdot(x-2)' \\ &=\frac{1}{2}\cdot\frac{1}{r^2+1}\cdot 2x-\frac{1}{3(x-2)} \\ &=\frac{x}{x^2+1}-\frac{1}{3(x-2)}. \end{aligned}$$

例 2.2.12　求函数 $y=x^{a^a}+a^{x^a}+a^{a^x}(a>0)$的导数.

解　$$\begin{aligned} y'&=a^a x^{a^a-1}+a^{x^a}\ln a\cdot(x^a)'+a^{a^x}\cdot\ln a\cdot(a^x)' \\ &=a^a x^{a^a-1}+a x^{a-1}a^{x^a}\ln a+a^x a^{a^x}\cdot\ln^2 a. \end{aligned}$$

例 2.2.13　设 $f(x)=\begin{cases} x, & x<0, \\ \ln(1+x), & x\geqslant 0, \end{cases}$ 求 $f'(x)$.

解　当 $x<0$ 时，$f'(x)=x'=1$；

当 $x>0$ 时，$f'(x)=[\ln(1+x)]'=\dfrac{1}{1+x}\cdot(1+x)'=\dfrac{1}{1+x}$；

当 $x=0$ 时，$f'_-(0)=\lim\limits_{x\to 0^-}\dfrac{x-0}{x-0}=1$，$f'_+(0)=\lim\limits_{x\to 0^+}\dfrac{\ln(1+x)-0}{x-0}=1$，

即 $f'(0)=1$.

所以 $f'(x)=\begin{cases} 1, & x\leqslant 0, \\ \dfrac{1}{1+x}, & x>0. \end{cases}$

例 2.2.14　已知 $f(u)$可导，求函数 $y=f(\sec x)$的导数.

解　$y'=[f(\sec x)]'=f'(\sec x)\cdot(\sec x)'=f'(\sec x)\cdot\sec x\cdot\tan x.$

注：求此类含抽象函数的导数时，应特别注意记号表示的真实含义，此例中，$f'(\sec x)$表示对 $\sec x$ 求导，而$[f(\sec x)]'$表示对 x 求导.

习题 2-2

(A)

1. 求下列函数的导数：

(1) $y=4x^2+3x+1$；　(2) $y=\dfrac{x^2+3x+1}{\sqrt{x}}$；

(3) $y=3\tan x+\arccos x-3^x+\ln 2$；(4) $y=2e^x\sin x$；

(5) $y=\dfrac{1-\cos x}{1+\sin x}$；　(6) $y=\ln x-\lg x+\mathrm{lb}x$；

(7) $y=\sqrt{x\sqrt{x\sqrt{x}}}$；　(8) $y=\dfrac{x^2}{2^x}$；

(9) $y=(x-1)(x-2)(x-3)$.

2. 求下列函数的导数：

(1) $y=\cos^2 3x$；　(2) $y=\sqrt{x+\sqrt{x}}$；

(3) $y=\ln(x+\sqrt{1+x^2})$；　(4) $y=e^{2x}\cos 3x$；

(5) $y=\ln\ln\ln x$；　(6) $y=\ln(\sec x+\tan x)$；

(7) $y=e^{-3x^2}$；　(8) $y=\ln(\csc x-\cot x)$；

(9) $y=\dfrac{x}{2}\sqrt{a^2-x^2}+\dfrac{a^2}{2}\arcsin\dfrac{x}{a}\ (a>0)$.

3. 已知 $f(x)$可导，求下列函数的导数$\dfrac{dy}{dx}$：

(1) $y=f(x^3)$；　(2) $y=f(\sin^2 x)+f(\cos^2 x)$.

4. 设函数 $f(x)=\begin{cases}2x, & 0<x\leqslant 1,\\ x^2+1, & 1<x<2,\end{cases}$ 求 $f'(x)$.

(B)

1. 已知 $y=\arccos(x^2)$，则 $y'=($　　$)$.

A. $\dfrac{2x}{\sqrt{1-x^4}}$　B. $\dfrac{-2x}{\sqrt{1-x^4}}$　C. $\dfrac{2x}{\sqrt{1-x^2}}$　D. $\dfrac{-2x}{\sqrt{1-x^2}}$

2. 设 $f(x)=(x-2)(x+1)(x-1)$，则 $f'(1)=($　　$)$.

A. 2　B. 0　C. -2　D. 1

3. 设 $f(x)=\sin\left(3x+\dfrac{\pi}{4}\right)$，则 $f'\left(\dfrac{\pi}{4}\right)=($　　$)$.

A. -3　B. 3　C. 0　D. -1

4. 设 $f(x)=e^{x+2}$，则 $f'(x+2)=($　　$)$.

A. e^{x+2}　　B. e^{x+4}　　C. $2e^{x+2}$　　D. $2e^{x+4}$

5. 设 $f(x)=\dfrac{e^x}{1+e^x}$，则$[f(0)]'=($　　$)$.

A. 1　　B. $\dfrac{1}{4}$　　C. 0　　D. -1

2.3 高阶导数

一、高阶导数的概念

定义 2.3.1　如果函数 $f(x)$的导数 $f'(x)$在点 x 处可导，即

$$[f'(x)]'=\lim_{\Delta x\to 0}\frac{f'(x+\Delta x)-f'(x)}{\Delta x}$$

存在，则称$(f'(x))'$为函数 $f(x)$在点 x 处的**二阶导数**，记为

$$y'',\ f''(x),\ \frac{d^2y}{dx^2}\ 或\ \frac{d^2f}{dx^2}.$$

类似地，二阶导数的导数称为**三阶导数**，记为

$$y''',\ f'''(x),\ \frac{d^3y}{dx^3}\ 或\ \frac{d^3f}{dx^3}.$$

一般地，$f(x)$的$(n-1)$阶导数的导数称为 $f(x)$的 n **阶导数**，记为

$$y^{(n)},\ f^{(n)}(x),\ \frac{d^ny}{dx^n}\ 或\ \frac{d^nf}{dx^n}.$$

二阶和二阶以上的导数统称为**高阶导数**. 相应地，$f(x)$称为**零阶导数**；$f'(x)$称为**一阶导数**.

物体作变速直线运动，其瞬时速度 $v(t)$就是路程函数 $s=s(t)$对时间 t 的导数，即

$$v(t)=s'(t).$$

根据物理学知识，速度函数 $v(t)$对于时间 t 的变化率就是加速度$\alpha(t)$，即$\alpha(t)$是 $v(t)$对于时间 t 的导数，

$$\alpha(t)=v'(t)=[s'(t)]'.$$

于是，加速度 $\alpha(t)$就是路程函数 $s(t)$对时间 t 的导数的导数，称为 $s(t)$对 t 的二阶导数，记为 $s''(t)$. 因此，变速直线运动的加速度就是路程函数 $s(t)$对 t 的二阶导数，即

$$\alpha(t)=s''(t).$$

例 2.3.1　设 $y=\arctan x$，求 $f'''(0)$.

解

$$y'=\frac{1}{1+x^2},\ y''=\left(\frac{1}{1+x^2}\right)'=\frac{-2x}{(1+x^2)^2},$$

$$y'''=\left(\frac{-2x}{(1+x^2)^2}\right)'=\frac{2(3x^2-1)}{(1+x^2)^3},$$

$$f'''(0)=\frac{2(3x^2-1)}{(1+x^2)^3}\bigg|_{x=0}=-2.$$

二、几个初等函数的高阶导数

求函数的高阶导数时，除直接按定义逐阶求出指定的高阶导数外(**直接法**)，还常常利用已知的高阶导数公式，通过导数的四则运算，变量代换等方法，间接求出指定的高阶导数(**间接法**).

例 2.3.2 求幂函数 $y=x^a(a\in\mathbf{R})$的 n 阶导数.

解 $y'=ax^{a-1}$，$y''=(ax^{a-1})'=a(a-1)x^{a-2}$，$y'''=[a(a-1)\ x^{a-2}]'=a(a-1)(a-2)x^{a-3}$，一般地，可得

$$y^{(n)}=a(a-1)\cdots(a-n+1)x^{a-n}(n\geqslant1),$$

即

$$(x^a)^{(n)}=a(a-1)\ \cdots(a-n+1)x^{a-n}(n\geqslant1).$$

若 a 为自然数 n，则

$$y^{(n)}=(x^n)^{(n)}=n!,\ y^{(n+1)}=(n!)'=0.$$

注：求 n 阶导数时，求出 1～3 阶或 4 阶后，不要急于合并，分析结果的规律性，写出 n 阶导数(利用数学归纳法).

例 2.2.3 求指数函数 $y=a^x(a>0,\ a\neq1)$的 n 阶导数.

解 $y'=a^x\ln a$，$y''=a^x\ \ln^2 a$，$y'''=a^x\ \ln^3 a$，

一般地，可得

$$y^{(n)}=a^x\ \ln^n a.$$

即

$$(a^x)^{(n)}=a^x\ \ln^n a.$$

当 $a=\mathrm{e}$ 时，

$$(\mathrm{e}^x)^{(n)}=\mathrm{e}^x.$$

例 2.3.4 求对数函数 $y=\ln(+x)$的 n 阶导数.

解 $y'=\dfrac{1}{1+x}$，$y''=-\dfrac{1}{(1+x)^2}$，$y'''=\dfrac{2!}{(1+x)^3}$，$y^{(4)}=-\dfrac{3!}{(1+x)^4}$，

一般地，可得

$$y^{(n)}=(-1)^{n-1}\frac{(n-1)!}{(1+x)^n}\quad(n\geqslant1,\ 0!=1).$$

即

$$[\ln(1+x)]^{(n)}=(-1)^{n-1}\frac{(n-1)!}{(1+x)^n}\quad(n\geqslant1,\ 0!=1).$$

例 2.3.5 设 $y=\sin kx$，求 $y^{(n)}$.

解 $y'=k\cos kx=k\sin\left(kx+\dfrac{\pi}{2}\right)$，

$$y''=(y')'=k^2\cos\left(kx+\frac{\pi}{2}\right)=k^2\sin\left(kx+\frac{\pi}{2}+\frac{\pi}{2}\right)=k^2\sin\left(kx+2\cdot\frac{\pi}{2}\right),$$

$$y'''=(y'')'=k^3\cos\left(kx+2\cdot\frac{\pi}{2}\right)=k^3\sin\left(kx+3\cdot\frac{\pi}{2}\right),$$

一般地，可得

$$y^{(n)}=k^n\sin\left(kx+n\cdot\frac{\pi}{2}\right),$$

即

$$(\sin kx)^{(n)}=k^n\sin\left(kx+n\cdot\frac{\pi}{2}\right).$$

同理可得

$$(\cos kx)^{(n)}=k^n\cos\left(kx+n\cdot\frac{\pi}{2}\right).$$

三、高阶导数的求导法则

如果函数 $u(x)$及 $v(x)$都在点 x 处具有 n 阶导数，那么显然 $u(x)\pm v(x)$也在点 x 具有 n 阶导数，且

$$(u\pm v)^{(n)}=u^{(n)}\pm v^{(n)},$$
$$(Cu)^{(n)}=Cu^{(n)}.$$

但 $u(x)\cdot v(x)$的 n 阶导数比较复杂，由

$$(uv)'=u'v+uv',$$

得出

$$(uv)''=u''v+2u'v'+uv'',$$
$$(uv)'''=u'''v+3u''v'+3u'v''+uv'''.$$

用数学归纳法可以证明

$$(uv)^{(n)}=u^{(n)}v+nu^{(n-1)}v'+\frac{n(n-1)}{2!}u^{(n-2)}v''+\cdots$$
$$+\frac{n(n-1)\cdots(n-k+1)}{k!}u^{(n-k)}v^{(k)}+\cdots+uv^{(n)}.$$

上式称为**莱布尼茨公式**.

例 2.3.6　设函数 $y=\dfrac{1}{x^2-1}$，求 $y^{(100)}$.

解　因为 $y=\dfrac{1}{x^2-1}=\dfrac{1}{(x-1)(x+1)}=\dfrac{1}{2}\left(\dfrac{1}{x-1}-\dfrac{1}{x+1}\right)$，

所以

$$y^{(100)}=\frac{1}{2}\left[\frac{100!}{(x-1)^{101}}-\frac{100!}{(x+1)^{101}}\right]=\frac{100!}{2}\left[\frac{1}{(x-1)^{101}}-\frac{1}{(x+1)^{101}}\right].$$

例 2.3.7　设 $y=\ln(1+2x-3x^2)$，求 $y^{(n)}$.

解　因为 $y=\ln(1+2x-3x^2)=\ln(1-x)+\ln(1+3x)$，

所以

$$y^{(n)}=[\ln(1-x)]^{(n)}+[\ln(1+3x)]^{(n)}.$$

于是，利用高阶导数运算法则和已知高阶导数公式，得

$$y^{(n)}=(-1)^{n-1}\cdot(-1)^n\cdot\frac{(n-1)!}{(1-x)^n}+(-1)^{n-1}\cdot 3^n\cdot\frac{(n-1)!}{(1+3x)^n}$$

$$=(n-1)!\left[\frac{(-1)^{n-1}\cdot 3^n}{(1+3x)^n}-\frac{1}{(1-x)^n}\right].$$

例 2.3.8 设 $y=\sin^6 x+\cos^6 x$，求 $y^{(n)}$.

解 因为
$$\begin{aligned} y&=(\sin^2 x)^3+(\cos^2 x)^3\\ &=(\sin^2 x+\cos^2 x)\cdot(\sin^4 x-\sin^2 x\cos^2 x+\cos^4 x)\\ &=(\sin^2 x+\cos^2 x)^2-3\sin^2 x\cos^2 x\\ &=1-\frac{3}{4}\sin^2 2x\\ &=1-\frac{3}{4}\cdot\frac{1-\cos 4x}{2}\\ &=\frac{5}{8}+\frac{3}{8}\cos 4x,\end{aligned}$$

所以

$$y^{(n)}=\frac{3}{8}\cdot 4^n\cdot\cos\left(4x+n\cdot\frac{\pi}{2}\right).$$

习题 2-3

(A)

1. 已知一质点作变速直线运动，其运动规律为 $s=e^t-e^{-t}$，求它的速度和加速度，并求 $s'(0)$，$s''(0)$.

2. 求下列函数的二阶导数：

(1) $y=\ln(1+x^2)$； (2) $y=x\ln x$；

(3) $y=(1+x^2)\arctan x$； (4) $y=xe^{x^2}$.

3. (1) 已知 $f(x)=\ln(x+\sqrt{1+x^2})$，求 $f''(0)$；

(2) 已知 $f(x)=(3x+1)^{10}$，求 $f'''(0)$.

4. 求下列函数的 n 阶导数：

(1) $y=\sin^2 x$； (2) $y=\dfrac{1}{1+x}$；

(3) $y=e^{ax}$； (4) $y=x\ln x$.

(B)

1. 设 $y=x^n+e^x$，则 $y^{(n+1)}=$( ).

A. $(n+1)!$ B. $(n+1)!+e^x$

C. e^x D. $n!+e^x$

2. 设 $y=\sin 2x$，则 $y^{(n)}=$( ).

A. $2^n\cos\left(2x+n\cdot\frac{\pi}{2}\right)$ B. $(-1)^n 2^n\cos\left(2x+n\cdot\frac{\pi}{2}\right)$

C. $2^n\sin\left(2x+n\cdot\frac{\pi}{2}\right)$ D. $(-1)^n 2^n\sin\left(2x+n\cdot\frac{\pi}{2}\right)$

3. 已知 $f(x)$具有任意阶导数，且 $f'(x)=[f(x)]^2$，则当 n 为大于 2 的正整数时，$f(x)$的 n 阶导数 $f^{(n)}(x)$是(　　).

A. $n![f(x)]^{n+1}$　　B. $n[f(x)]^{n+1}$

C. $[f(x)]^{2n}$　　D. $n![f(x)]^{2n}$

4. 设 $y=x\ln x$，则 $y^{(n)}=$(　　).

A. $(-1)^{n-1}\dfrac{(n-1)!}{x^n}$　　B. $(-1)^{n-1}\dfrac{(n-3)!}{x^{n-2}}$

C. $(-1)^n\dfrac{(n-2)!}{x^{n-1}}$　　D. $(-1)^n\dfrac{(n-1)!}{x^n}$

5. 设 $y=x^n+a_1x^{n-1}+a_2x^{n-2}+\cdots+a_n$($a_1$，$a_2$，…，$a_n$ 均为常数)，则 $y^{(n)}=$(　　).

A. 0　　B. a_n　　C. n　　D. $n!$

2.4　隐函数及由参数方程所确定的函数的导数

一、隐函数求导法

由方程 $F(x, y)=0$ 所确定的函数 $y=y(x)$为**隐函数**，$y=f(x)$形式称为**显函数**.

问题：隐函数不易显化或不能显化如何求导？

利用复合函数求导法则，在方程 $F(x, y)=0$ 两边同时对自变量 x 求导，再解出所求导数$\dfrac{dy}{dx}$，这就是**隐函数求导法**.

例 2.4.1　求由方程 $y\sin x-\cos(x-y)=0$ 所确定的函数的导数.

解　在题设方程两边同时对自变量 x 求导，得

$$y\cos x+\sin x\cdot\frac{dy}{dx}+\sin(x-y)\cdot\left(1-\frac{dy}{dx}\right)=0,$$

整理得

$$[\sin(x-y)-\sin x]\frac{dy}{dx}=\sin(x-y)+y\cos x.$$

解得

$$\frac{dy}{dx}=\frac{\sin(x-y)+y\cos x}{\sin(x-y)-\sin x}.$$

例 2.4.2　求由方程 $xy-e^x+e^y=0$ 所确定的隐函数 y 的导数$\dfrac{dy}{dx}$，$\left.\dfrac{dy}{dx}\right|_{x=0}$.

解　在题设方程两边同时对自变量 x 求导，得

$$y+x\frac{dy}{dx}-e^x+e^y\frac{dy}{dx}=0,$$

解得

$$\frac{dy}{dx}=\frac{e^x-y}{x+e^y},$$

由原方程知 $x=0$，$y=0$，所以

$$\left.\frac{\mathrm{d}y}{\mathrm{d}x}\right|_{x=0}=\left.\frac{\mathrm{e}^x-y}{x+\mathrm{e}^y}\right|_{\substack{x=0\\y=0}}=1.$$

例 2.4.3 求由方程 $xy+\ln y=1$ 所确定的函数 $y=f(x)$ 在点 $M(1, 1)$ 处的切线方程.

解 在题设方程两边同时对自变量 x 求导，得

$$y+xy'+\frac{1}{y}y'=0,$$

解得

$$y'=-\frac{y^2}{xy+1}.$$

在点 $M(1, 1)$ 处，$y'|_{x=1}=-\dfrac{1^2}{1\times1+1}=-\dfrac{1}{2}$，

于是，在点 $M(1, 1)$ 处的切线方程为

$$y-1=-\frac{1}{2}(x-1),$$

即

$$x+2y-3=0.$$

例 2.4.4 设 $x^4-xy+y^4=1$，求 y'' 在点 $(0, 1)$ 处的值.

解 在题设方程两边同时对自变量 x 求导，得

$$4x^3-y-xy'+4y^3y'=0, \tag{2-4-1}$$

代入 $x=0$，$y=1$，得 $y'\Big|_{x=0}=\dfrac{1}{4}$.

将方程(2-4-1)两边再同时对 x 求导，得

$$12x^2-2y'-xy''+12y^2(y')^2+4y^3y''=0,$$

代入 $x=0$，$y=1$，$y'\Big|_{x=0}=\dfrac{1}{4}$，得 $y''\Big|_{x=0}=-\dfrac{1}{16}$.

二、对数求导法

形如 $y=u(x)^{v(x)}$ 的函数称为**幂指函数**. 直接使用前面介绍的求导法则不能求出幂指函数的导数，对于这类函数，可以先在函数两边取对数，然后在等式两边同时对自变量 x 求导，最后解出所求导数. 我们把这种方法称为**对数求导法**.

例 2.4.5 设 $y=x^{\sin x}(x>0)$，求 y'.

解 在题设等式两边同时取对数，得

$$\ln y=\sin x\cdot\ln x,$$

上式两边对 x 求导，得

$$\frac{1}{y}y'=\cos x\cdot\ln x+\sin x\cdot\frac{1}{x},$$

于是

$$y'=y\left(\cos x\cdot\ln x+\sin x\cdot\frac{1}{x}\right)=x^{\sin x}\left(\cos x\cdot\ln x+\frac{\sin x}{x}\right).$$

例 2.4.6　求 $y=x+x^x+x^{x^x}$ 的导数.

解　因为 $y=x+e^{x\ln x}+e^{x^x\ln x}$，

所以

$$\begin{aligned}y'&=1+e^{x\ln x}\cdot(x\ln x)'+e^{x^x\ln x}\cdot(x^x\ln x)'\\&=1+x^x(\ln x+1)+x^{x^x}[(x^x)'\cdot\ln x+x^x\cdot(\ln x)']\\&=1+x^x(\ln x+1)+x^{x^x}[x^x(\ln x+1)\ln x+x^{x-1}].\end{aligned}$$

此外，对数求导法还常用于求多个函数乘积的导数.

例 2.4.7　设 $y=\dfrac{(x+1)\sqrt[3]{x-1}}{(x+4)^2e^x}$，求 y'.

解　在题设等式两边同时取对数，得

$$\ln y=\ln(x+1)+\frac{1}{3}\ln(x-1)-2\ln(x+4)-x,$$

上式两边对 x 求导，得

$$\frac{y'}{y}=\frac{1}{x+1}+\frac{1}{3(x-1)}-\frac{2}{x+4}-1,$$

于是

$$y'=\frac{(x+1)\sqrt[3]{x-1}}{(x+4)^2e^x}\left[\frac{1}{x+1}+\frac{1}{3(x-1)}-\frac{2}{x+4}-1\right].$$

三、由参数方程所确定的函数的求导法

若由参数方程

$$\begin{cases}x=\varphi(t),\\y=\psi(t)\end{cases}\tag{2-4-2}$$

确定 y 与 x 之间的关系函数，则称此函数关系所表示的函数为**参数方程表示的函数**. 下面讨论这种函数的求导方法.

在式(2-4-2)中，如果 $x=\varphi(t)$ 存在反函数 $t=\varphi^{-1}(x)$，则参数方程所确定的函数 y 可视为由 $y=\psi(t)$，$t=\varphi^{-1}(x)$ 复合而成的函数，即 $y=\psi[\varphi^{-1}(x)]$. 如果 $x=\varphi(t)$ 与 $y=\psi(t)$ 均可导，且 $\psi'(t)\neq0$，于是由复合函数与反函数的求导法则，得

$$\frac{dy}{dx}=\frac{dy}{dt}\cdot\frac{dt}{dx}=\psi'(t)\cdot\frac{1}{\varphi'(t)}=\frac{\psi'(t)}{\varphi'(t)},$$

即

$$\frac{dy}{dx}=\frac{\psi'(t)}{\varphi'(t)}\quad 或\quad \frac{dy}{dx}=\frac{\frac{dy}{dt}}{\frac{dx}{dt}}.$$

这就是由参数方程所确定的函数的求导公式.

如果 $x=\varphi(t)$，$y=\psi(t)$具有二阶导数，那么从上式又可得

$$\frac{d^2y}{dx^2}=\frac{d}{dx}\left(\frac{dy}{dx}\right)=\frac{d}{dx}\left(\frac{\psi'(t)}{\varphi'(t)}\right)=\frac{d}{dt}\left(\frac{\psi'(t)}{\varphi'(t)}\right)\cdot\frac{dt}{dx}=\frac{\psi''(t)\varphi'(t)-\psi'(t)\varphi''(t)}{\varphi'^2(t)}\cdot\frac{1}{\varphi'(t)}.$$

例 2.4.8 求由参数方程$\begin{cases}x=\arctan t,\\ y=\ln(1+t^2)\end{cases}$所确定的函数的一阶导数$\frac{dy}{dx}$及二阶导数$\frac{d^2y}{dx^2}$.

解

$$\frac{dy}{dx}=\frac{\frac{dy}{dt}}{\frac{dx}{dt}}=\frac{\frac{2t}{1+t^2}}{\frac{1}{1+t^2}}=2t,$$

$$\frac{d^2y}{dx^2}=\frac{d}{dx}\left(\frac{dy}{dx}\right)=\frac{d}{dx}(2t)\frac{1}{\frac{dx}{dt}}=\frac{2}{\frac{1}{1+t^2}}=2(1+t^2).$$

例 2.4.9 已知椭圆的参数方程为

$$\begin{cases}x=a\cos t,\\ y=b\sin t,\end{cases}$$

其中 $0\leqslant t\leqslant 2\pi$，求椭圆在 $t=\frac{\pi}{4}$处的切线方程.

解 当 $t=\frac{\pi}{4}$时，椭圆上的相应点 M_0 的坐标是

$$x_0=a\cos\frac{\pi}{4}=\frac{a}{\sqrt{2}},\ y_0=b\sin\frac{\pi}{4}=\frac{b}{\sqrt{2}},$$

则曲线在 M_0 处的切线斜率为

$$\left.\frac{dy}{dx}\right|_{t=\frac{\pi}{4}}=\left.\frac{(b\sin t)'}{(a\cos t)'}\right|_{t=\frac{\pi}{4}}=-\left.\frac{b\cos t}{a\sin t}\right|_{t=\frac{\pi}{4}}=-\frac{b}{a}.$$

故所求切线方程为

$$y-\frac{b}{\sqrt{2}}=-\frac{b}{a}\left(x-\frac{a}{\sqrt{2}}\right),$$

化简为

$$bx+ay-\sqrt{2}ab=0.$$

习题 2 - 4

(A)

1. 求由下列方程确定的隐函数 y 的导数$\frac{dy}{dx}$：

(1) $y^2-2xy+3=0$； (2) $y=1-xe^y$；

(3) $e^{x+y}-xy=1$； (4) $\cos(x^2+y)=x$.

2. 用对数求导法求下列函数的导数：

(1) $y=(\tan x)^x\ (\tan x>0)$；

(2) $y=\dfrac{\sqrt{x+2}(3-x)^4}{(x+1)^5}$；

(3) $(\cos y)^x=(\sin x)^y$；

(4) $y=\left(\dfrac{1}{x}\right)^x+x^{\frac{1}{x}}$.

3. 求由摆线的参数方程 $\begin{cases}x=a(t-\sin t),\\ y=a(1-\cos t)\end{cases}$ 所确定的函数的一阶导数 $\dfrac{dy}{dx}$ 及二阶导数 $\dfrac{d^2y}{dx^2}$.

4. (1) 已知 $xy+e^y=e$，求 $f''(0)$；

(2) 已知 $x^2+y^2-xy=7$，求 $y'\Big|_{\substack{x=2\\y=-1}}$，$y''\Big|_{\substack{x=2\\y=-1}}$.

(B)

1. 设 $y=x^x$，则 $y'=($　　$)$.

A. x^{x-1}　　B. $x^x\ln x$　　C. xx^{x-1}　　D. $x^x(\ln x+1)$

2. 设 $\sqrt{x}+\sqrt{y}=\sqrt{a}$，则 $\dfrac{dy}{dx}=($　　$)$.

A. $\sqrt{\dfrac{y}{x}}$　　B. $-\sqrt{\dfrac{y}{x}}$　　C. $\sqrt{\dfrac{x}{y}}$　　D. $-\sqrt{\dfrac{x}{y}}$

3. 设 $y=x+\arctan y$，则 $\dfrac{dy}{dx}=($　　$)$.

A. $1-\dfrac{1}{y^2}$　　B. $1+\dfrac{1}{y^2}$　　C. $1-\dfrac{1}{y}$　　D. $1+\dfrac{1}{y}$

4. 设 $xy-e^x+e^y=0$，则 $\dfrac{dy}{dx}\Big|_{x=0}=($　　$)$.

A. -1　　B. 0　　C. 1　　D. 2

5. 由方程 $xy+\ln y=1$ 所确定的函数 $y=f(x)$ 在点 $M(1, 1)$ 处的切线方程为(　　).

A. $y-1=2(x-1)$　　B. $y-1=-2(x-1)$

C. $y-1=\dfrac{1}{2}(x-1)$　　D. $y-1=-\dfrac{1}{2}(x-1)$

2.5　函数的微分

在理论研究和实际应用中，常常会遇到这样的问题：当自变量 x 有微小变化时，求函数 $y=f(x)$ 的微小改变量

$$\Delta y=f(x+\Delta x)-f(x).$$

这个问题初看起来似乎只要做减法运算就可以了，然而，对于较复杂的函数 $f(x)$，差值

$f(x+\Delta x)-f(x)$却是一个更复杂的表达式，不易求出其值. 一个想法是：我们设法将 Δy 表示成 Δx 的线性函数，即**线性化**，从而把复杂问题化为简单问题. 微分就是实现这种线性化的一种数学模型.

一、微分的定义

先看一个例子.

例 2.5.1 设有一块正方形金属薄片，当受冷热影响时，其边长由 x_0 变到 $x_0+\Delta x$ ($|\Delta x|$很小)，求其面积 A 的改变量的近似值(见图 2-5-1).

解 边长为 x 的正方形薄片的面积 $A=x^2$，当边长从 x_0 变到 $x_0+\Delta x$ 时，面积 A 有相应的改变量

$$\Delta A=(x_0+\Delta x)^2-x_0^2=2x_0\Delta x+(\Delta x)^2.$$

这个 ΔA 由两部分组成：

第一部分 $2x_0\Delta x$ 是 Δx 的线性函数；

第二部分$(\Delta x)^2$ 是比 Δx 高阶的无穷小(当 $\Delta x\to 0$ 时).

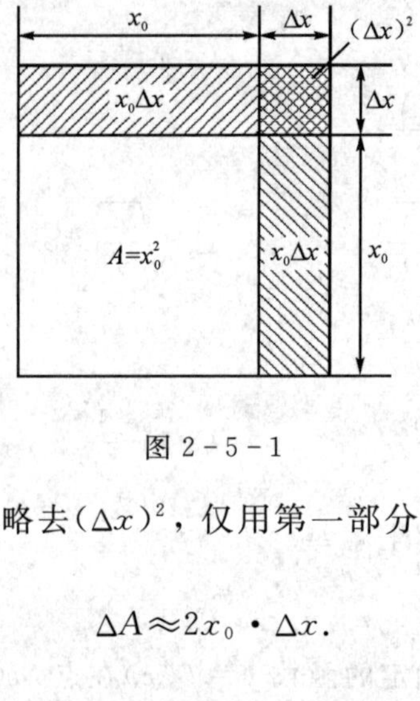

图 2-5-1

所以当$|\Delta x|$很小时，可以略去$(\Delta x)^2$，仅用第一部分 Δx 的线性函数 $2x_0\cdot\Delta x$ 作为 ΔA 的近似值，即

$$\Delta A\approx 2x_0\cdot\Delta x.$$

由此我们引入微分概念.

定义 2.5.1 设函数 $y=f(x)$在某区间内有定义，x_0 及 $x_0+\Delta x$ 在此区间内，如果函数的增量 $\Delta y=f(x_0+\Delta x)-f(x_0)$可表示为

$$\Delta y=A\cdot\Delta x+o(\Delta x),$$

其中 A 是与 Δx 无关的常数，则称函数 $y=f(x)$在点 x_0 处**可微**，并且称 $A\cdot\Delta x$ 为函数 $y=f(x)$在点 x_0 处相应于自变量改变量 Δx 的**微分**，记作 $\mathrm{d}y$，即

$$\mathrm{d}y=A\cdot\Delta x.$$

函数的微分 $A\cdot\Delta x$ 是 Δx 的线性函数，且与函数的改变量 Δy 相差一个比 Δx 高阶的无穷小，当 $A\neq 0$ 时，它是 Δy 的主要部分，所以也称微分 $\mathrm{d}y$ 是改变量 Δy 的**线性主部**. 当$|\Delta x|$很小时，就可以用微分 $\mathrm{d}y$ 作为改变量 Δy 的近似值.

二、函数可微的条件

下面讨论函数 $f(x)$ 在点 x_0 处可导与可微的关系：

如果函数 $f(x)$ 在点 x_0 处可微，则按定义有

$$\Delta y = A \cdot \Delta x + o(\Delta x),$$

上式两端除以 Δx，取 $\Delta x \to 0$ 时的极限，得

$$\lim_{\Delta x \to 0}\frac{\Delta y}{\Delta x} = \lim_{\Delta x \to 0}\left[A + \frac{o(\Delta x)}{\Delta x}\right] = A,$$

即

$$A = f'(x_0).$$

这说明，若函数 $f(x)$ 在点 x_0 处可微，则 $f(x)$ 在点 x_0 处也一定可导，且 $f'(x_0)=A$. 反之，如果 $f(x)$ 在点 x_0 处可导，即

$$\lim_{\Delta x \to 0}\frac{\Delta y}{\Delta x} = f'(x_0)$$

存在，根据极限与无穷小的关系，上式可写成

$$\frac{\Delta y}{\Delta x} = f'(x_0) + \alpha,$$

其中 α 在 $\Delta x \to 0$ 时为无穷小，从而

$$\Delta y = f'(x_0)\,\Delta x + \alpha \Delta x.$$

这里 $f'(x_0)$ 是不依赖于 Δx 的常数，$\alpha \Delta x$ 是当 $\Delta x \to 0$ 时比 Δx 高阶的无穷小. 所以按微分的定义，$f(x)$ 在点 x_0 处是可微的.

由此可见，函数 $f(x)$ 在点 x_0 处可导与可微是等价的，且函数 $f(x)$ 在点 x_0 处的微分可写为

$$\mathrm{d}y\Big|_{x=x_0} = f'(x_0)\,\Delta x.$$

因为自变量 x 的微分 $\mathrm{d}x = x'\Delta x = \Delta x$，所以 $f(x)$ 在点 x_0 处的微分又可记为

$$\mathrm{d}y\Big|_{x=x_0} = f'(x_0)\,\mathrm{d}x.$$

若函数 $f(x)$ 在某区间内每一点都可微，则称 $f(x)$ 是该区间内的**可微函数**，函数在区间内任一点 x 处的微分记为

$$\mathrm{d}y = f'(x)\mathrm{d}x.$$

由上式可得 $f'(x)=\dfrac{\mathrm{d}y}{\mathrm{d}x}$，因此导数 $\dfrac{\mathrm{d}y}{\mathrm{d}x}$ 可以看作函数的微分 $\mathrm{d}y$ 与自变量的微分 $\mathrm{d}x$ 的商，故导数也称为**微商**.

例 2.5.2　求函数 $y=x^2$ 当 x 由 1 改变到 1.01 的微分.

解　因为 $\mathrm{d}y = y'\mathrm{d}x = 2x\mathrm{d}x$，由题设条件知

$$x=1,\ \mathrm{d}x = \Delta x = 1.01 - 1 = 0.01,$$

所以

$$dy=2\times 1\times 0.01=0.02.$$

例 2.5.3 求函数 $y=x^3$ 在 $x=2$ 处的微分.

解 函数 $y=x^3$ 在 $x=2$ 处的微分为

$$dy=y'dx=(x^3)'\Big|_{x=2}dx=12dx.$$

三、基本初等函数的微分公式与微分运算法则

根据微分的定义，要计算函数 $y=f(x)$ 的微分，只需求出它的导数 $f'(x)$，然后再乘以 dx 即可. 根据导数公式和导数运算法则，就能得到相应的微分公式和微分运算法则.

1. 基本初等函数的微分公式

常见基本初等函数的微分公式如下：

(1) $d(C)=0$；

(2) $d(x^\mu)=\mu x^{\mu-1}dx$；

(3) $d(\log_a x)=x\ln a\,dx$；

(4) $d(\ln x)=\frac{1}{x}dx$；

(5) $d(a^x)=a^x\ln a\,dx$；

(6) $d(e^x)=e^x dx$；

(7) $d(\sin x)=\cos x\,dx$；

(8) $d(\cos x)=-\sin x\,dx$；

(9) $d(\tan x)=\sec^2 x\,dx$；

(10) $d(\cot x)=-\csc^2 x\,dx$；

(11) $d(\sec x)=\sec x\tan x\,dx$；

(12) $d(\csc x)=-\csc x\cot x\,dx$；

(13) $d(\arcsin x)=\frac{1}{\sqrt{1-x^2}}dx$；

(14) $d(\arccos x)=-\frac{1}{\sqrt{1-x^2}}dx$；

(15) $d(\arctan x)=\frac{1}{1+x^2}dx$；

(16) $d(\text{arccot}\,x)=-\frac{1}{1+x^2}dx$.

2. 函数的和、差、积、商的微分法则

函数的和、差、积、商的微分法则如下：

(1) $d[u(x)\pm v(x)]=du(x)\pm dv(x)$；

(2) $d[u(x)v(x)]=v(x)du(x)+u(x)dv(x)$；

(3) $d[Cu(x)]=Cdu(x)$ (C 为常数)；

(4) $d\left[\frac{u(x)}{v(x)}\right]=\frac{v(x)du(x)-u(x)dv(x)}{v^2(x)}$ $(v(x)\neq 0)$.

3. 微分形式不变性

无论 u 是自变量还是复合函数的中间变量，函数 $y=f(u)$ 的微分形式总是可以按微分定义的形式来写，即有

$$dy=f'(u)\,du.$$

这一性质称为**微分形式不变性**. 利用这一特性，可以简化微分的有关运算.

例 2.5.4 求函数 $y=x^3e^{2x}$ 的微分.

解 因为

$$y'=(x^3e^{2x})'=3x^2e^{2x}+2x^3e^{2x}=x^2e^{2x}(3+2x),$$

所以

$$dy=y'dx=x^2e^{2x}(3+2x)\,dx.$$

或利用微分形式不变性得

$$dy=e^{2x}d(x^3)+x^3d(e^{2x})=e^{2x}\cdot 3x^2dx+x^3\cdot 2e^{2x}dx=x^2e^{2x}(3+2x)\,dx.$$

例 2.5.5　求函数 $y=\dfrac{\sin x}{x}$ 的微分.

解　因为

$$y'=\left(\frac{\sin x}{x}\right)'=\frac{x\cos x-\sin x}{x^2},$$

所以

$$dy=y'dx=\frac{x\cos x-\sin x}{x^2}dx.$$

例 2.5.6　设 $y=\sin(2x+1)$，求 dy.

解　设 $y=\sin u$，$u=2x+1$，则

$$\begin{aligned}dy&=d(\sin u)=\cos u\,du=\cos(2x+1)d(2x+1)\\&=\cos(2x+1)\cdot 2dx=2\cos(2x+1)dx.\end{aligned}$$

注：与复合函数求导类似，求复合函数的微分也可不写出中间变量，这样更加直接和方便.

例 2.5.7　设 $y=e^{\sin^2 x}$ 求 dy.

解　应用微分形式不变性，有

$$\begin{aligned}dy&=e^{\sin^2 x}d\sin^2 x=e^{\sin^2 x}\cdot 2\sin x\,d\sin x\\&=e^{\sin^2 x}\cdot 2\sin x\cos x\,dx=\sin 2x\,e^{\sin^2 x}dx.\end{aligned}$$

例 2.5.8　求由方程 $e^{xy}=2x+y^3$ 所确定的隐函数 $y=f(x)$ 的微分 dy.

解　对已知方程两边求微分，得

$$d(e^{xy})=d(2x+y^3),$$

$$e^{xy}d(xy)=d(2x)+d(y^3),$$

$$e^{xy}(y\,dx+x\,dy)=2dx+3y^2dy,$$

于是

$$dy=\frac{2-ye^{xy}}{xe^{xy}-3y^2}dx.$$

注：利用微分形式不变性求隐函数的微分更方便.

四、利用微分进行近似计算

我们知道，当函数 $f(x)$ 在点 x_0 处的导数 $f'(x_0)\neq 0$ 且 $|\Delta x|$ 很小时，有

$$\Delta y\Big|_{x=x_0}\approx dy\Big|_{x=x_0}=f'(x_0)\,dx, \tag{2-5-1}$$

式(2-5-1)可用于近似计算 Δy，该式也可表示为

$$\Delta y=f(x_0+\Delta x)-f(x_0)\approx f'(x_0)\,\Delta x,$$

或

$$f(x_0+\Delta x)\approx f(x_0)+f'(x_0)\Delta x. \tag{2-5-2}$$

若令 $x_0+\Delta x=x$，则有

$$f(x)\approx f(x_0)+f'(x_0)\cdot(x-x_0) \tag{2-5-3}$$

可用来求 $f(x_0+\Delta x)$ 或 $f(x)$的近似值.

若 $x_0=0$，$\Delta x=x$，则

$$f(x)\approx f(0)+f'(0)\cdot x. \tag{2-5-4}$$

由式(2-5-4)我们可推导出以下几个常用的近似计算公式.

常用函数的近似计算公式(假定$|x|$是较小的数值)：

(1) $\sqrt[n]{1+x}\approx 1+\dfrac{x}{n}$ (n 为正整数)；　(2) $\sin x\approx x$ (x 为弧度)；

(3) $\tan x\approx x$ (x 为弧度)；　(4) $e^x\approx 1+x$；

(5) $\ln(1+x)\approx x$.

例 2.5.9　半径为 10 厘米的金属圆片加热后，半径伸长了 0.05 厘米，问面积增大了多少?

解　设 $A=\pi r^2$，$r=10$(厘米)，$\Delta r=0.05$(厘米)，

所以

$$\Delta A\approx dA=2\pi r\cdot\Delta r=2\pi\times 10\times 0.05=\pi\ (\text{厘米}^2).$$

例 2.5.10　计算 $\cos 60°30'$的近似值.

解　设 $f(x)=\cos x$，则 $f'(x)=-\sin x$(x 为弧度)，取 $x_0=\dfrac{\pi}{3}$，$\Delta x=\dfrac{\pi}{360}$，得

$$f\left(\frac{\pi}{3}\right)=\frac{1}{2},\ f'\left(\frac{\pi}{3}\right)=-\frac{\sqrt{3}}{2}.$$

所以

$$\cos 60°30'=\cos\left(\frac{\pi}{3}+\frac{\pi}{360}\right)\approx\cos\frac{\pi}{3}-\sin\frac{\pi}{3}\cdot\frac{\pi}{360}=\frac{1}{2}-\frac{\sqrt{3}}{2}\cdot\frac{\pi}{360}\approx 0.4924.$$

例 2.5.11　计算下列各数的近似值：

(1) $\sqrt[3]{998.5}$；　(2) $e^{-0.03}$.

解　(1) $\sqrt[3]{998.5}=\sqrt[3]{1000-1.5}=\sqrt[3]{1000\left(1-\dfrac{1.5}{1000}\right)}$

$$=10\sqrt[3]{1-0.0015}\approx 10\left(1-\frac{1}{3}\times 0.0015\right)=9.995.$$

(2) $e^{-0.03}\approx 1-0.03=0.97$.

习题 2-5

(A)

1. 设函数 $y=x^2-1$，当自变量从 1 改变到 1.02 时，求函数的增量与微分.

2. 求下列函数的微分：

(1) $y=\frac{1}{x}+2\sqrt{x}$;

(2) $y=e^x \sin^2 x$;

(3) $y=\ln^2(1-x)$;

(4) $y=\frac{\ln x}{\sqrt{x}}$.

3. 在下列括号内填入合适的式子，使等式成立：

(1) $d(\quad)=\frac{1}{x}dx$;

(2) $dx=(\quad)d(1-x)$;

(3) $d(\quad)=\sec^2 x dx$;

(4) $d(\quad)=e^{-x}dx$.

4. 利用微分求下列各数的近似值：

(1) $\sin 0.01$;

(2) $\ln 1.03$;

(3) $\sqrt[4]{1.02}$;

(4) $e^{-0.01}$.

(B)

1. 设函数 $y=f(x)$可微，则当 $\Delta x \to 0$ 时，$\Delta y - dy$ 与 Δx 相比是(　　).

A. 与 Δx 是等价无穷小　　B. 与 Δx 是同阶无穷小

C. 比 Δx 是更低阶的无穷小　　D. 比 Δx 是更高阶的无穷小

2. 当$|\Delta x|$很小且 $f'(x_0)=0$ 时，函数在 $x=x_0$ 处改变量 Δy 和微分 dy 的关系是(　　).

A. $\Delta y < dy$　　B. $\Delta y > dy$　　C. $\Delta y = dy$　　D. $\Delta y \approx dy$

3. $e^{0.1} \approx$(　　).

A. 0.1　　B. 1.1　　C. 1.05　　D. 0.05

4. 函数 $f(x)$在点 x_0 处可微，则它在点 x_0 处(　　).

A. 不可导　　B. 无极限　　C. 连续　　D. 不连续

5. 函数 $y=f(x)$在某点 x 处有改变量 $\Delta x=0.2$，对应的函数改变量 Δy 的主部等于 0.8，则 $f'(x)=$(　　).

A. 0.4　　B. 0.16　　C. 4　　D. 1.6

章节测试二

一、填空题：

1. 已知 $f'(2)=2$，则 $\lim\limits_{\Delta x \to 0}\frac{f(2-\Delta x)-f(2)}{2\Delta x}=$________；

2. 函数 $y=\arcsin x$ 在 $x=\frac{\sqrt{3}}{2}$，$\Delta x=0.01$ 时的微分 $dy=$________；

3. 若 $f(t)=\lim\limits_{x\to\infty} t\left(1+\frac{1}{x}\right)^{2tx}$，则 $f'(t)=$________；

4. 设方程 $x=y^y$ 确定 y 是 x 的函数，则 $y'=$________；

5. 曲线$\begin{cases} x=e^t \sin 2t, \\ y=e^t \cos t \end{cases}$ 在 $t=0$ 处的切线方程为________，法线方程为________.

二、判断下列结论是否正确：

1. $f'(x_0)=[f(x_0)]'$；

2. $f'(x_0)=f'(x)\Big|_{x=x_0}$；

3. 设 $y=f(x)$ 在 $x=0$ 处可导，且 $f(0)=0$，则 $f'(0)=0$；

4. 设 $f(x)$，$g(x)$ 在区间 (a,b) 内可导，且 $f(x)>g(x)$，则 $f'(x)>g'(x)$.

三、解答题：

1. 讨论函数 $f(x)=\begin{cases} x\arctan\dfrac{1}{x}, & x\neq 0, \\ 0, & x=0 \end{cases}$ 在 $x=0$ 的连续性和可导性；

2. 求 $y=\begin{cases} \ln x, & x\geqslant 1, \\ x-1, & x<1 \end{cases}$ 在任意点 x 处的切线斜率；

3. 问 a，b 为何值时，才能使函数 $f(x)=\begin{cases} x^2, & x\leqslant 2, \\ ax+b, & x>2 \end{cases}$ 在 $x=2$ 处连续且可导？

四、求下列函数的导数：

1. $y=\sqrt{x\sqrt{x\sqrt{x}}}$；

2. $y=\ln(x+\sqrt{x^2+1})$；

3. $y=(\ln x)^x\ (x>1)$；

4. $y=\sqrt{x+\sqrt{x+\sqrt{x}}}$；

5. $y=\left(\dfrac{a}{b}\right)^x\left(\dfrac{b}{x}\right)^a\left(\dfrac{x}{a}\right)^b\ (a>0,\ b>0,\ x>0)$；

6. $y=2^{\frac{x}{\ln x}}$；

7. $y=\dfrac{1+\cos^2 x}{\cos x^2}$，求 $y'(0)$；

8. $y=\ln\sqrt{\dfrac{(1-x)e^x}{\arccos x}}$，求 $y'(0)$.

五、求下列函数的微分：

1. $x+y=\arctan y$；

2. $y=\tan(x+y)$；

3. $y=x\sqrt{a^2-x^2}+a^2\arcsin\dfrac{x}{a}$；

4. $y=\ln\tan\sqrt{x}$.

第 3 章　中值定理与导数的应用

本章的主要内容是微分中值定理，它不仅是研究函数性质的有力工具，更在后续课程中有着非常重要的作用，可以说，它是微分学的核心. 本章以研究导函数性质为主线，围绕微分中值定理及其应用展开讨论.

3.1　中 值 定 理

一、罗尔定理

观察图 3-1-1，设函数 $y=f(x)$在区间$[a, b]$上的图形是一条光滑曲线弧，这条曲线在区间(a, b)内每一点都存在不垂直于 x 轴的切线，且区间$[a, b]$的两个端点的函数值相等，即 $f(a)=f(b)$，则可以发现在曲线弧上的最高点或最低点处，曲线有水平切线，即有 $f'(\xi)=0$，如果用数学语言来描述这种几何现象，就可得到下面的罗尔定理.

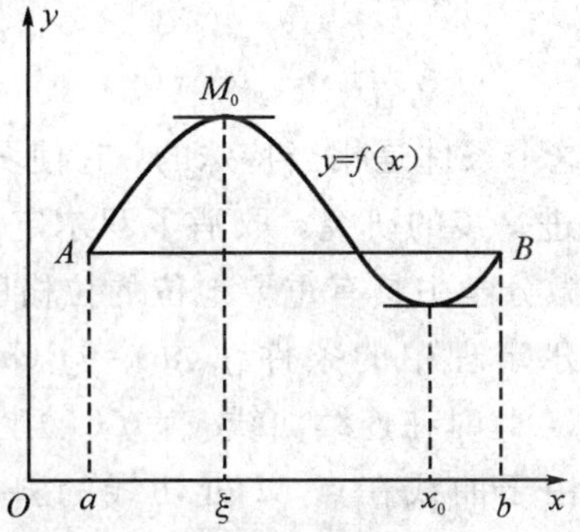

图 3-1-1

罗尔定理　设函数 $f(x)$满足：(1) 在闭区间$[a, b]$上连续；(2) 在开区间(a, b)内可导；(3) $f(a)=f(b)$，则至少存在一点 $\xi\in(a, b)$，使得 $f'(\xi)=0$.

罗尔定理的几何意义是：如果连续曲线 $y=f(x)$在区间的两个端点上的纵坐标相等，且除端点外处处有不垂直于 x 轴的切线，则在此曲线弧上至少有一点，曲线在该点处的切线平行于 x 轴(见图 3-1-1).

注：罗尔定理的三个条件是十分重要的，如果有一个不满足，定理的结论就可能不成立.

例 3.1.1　对函数 $f(x)=\sin^2 x$ 在区间$[0, \pi]$上验证罗尔定理的正确性.

解　显然 $f(x)$在$[0, \pi]$上连续，在$(0, \pi)$ 内可导，且 $f(0)=f(\pi)=0$，而在$(0, \pi)$ 内

存在一点 $\xi=\dfrac{\pi}{2}$ 使

$$f'\left(\frac{\pi}{2}\right)=(2\sin x\cos x)\Big|_{x=\frac{\pi}{2}}=0.$$

例 3.1.2 不求导数，判断函数 $f(x)=(x-1)(x-2)(x-3)$ 的导数有几个零点及这些零点所在的范围.

解 因为 $f(1)=f(2)=f(3)=0$，所以 $f(x)$ 在闭区间 $[1, 2]$，$[2, 3]$ 上满足罗尔定理的三个条件，从而，在 $(1, 2)$ 内至少存在一点 ξ_1，使 $f'(\xi_1)=0$，即 ξ_1 是 $f'(x)$ 的一个零点；又在 $(2, 3)$ 内至少存在一点 ξ_2，使 $f'(\xi_2)=0$，即 ξ_2 是 $f'(x)$ 的一个零点.

又因为 $f'(x)$ 为二次多项式，最多只能有两个零点，故 $f'(x)$ 恰好有两个零点，分别在区间 $(1, 2)$ 和 $(2, 3)$ 内.

例 3.1.3 证明：方程 $x^5-5x+1=0$ 有且仅有一个小于 1 的正实根.

证明 设 $f(x)=x^5-5x+1$，则 $f(x)$ 在 $[0, 1]$ 上连续，且 $f(0)=1>0$，$f(1)=-3<0$.

由零点定理知，存在 $x_0\in(0, 1)$，使 $f(x_0)=0$，即为方程的小于 1 的正实根.

设另有 $x_1\in(0, 1)$，$x_1\neq x_0$，使 $f(x_1)=0$. 因为 $f(x)$ 在 x_0，x_1 之间满足罗尔定理的条件，所以至少存在一点 $\xi\in(x_0, x_1)$，使得

$$f'(\xi)=0.$$

但 $f'(x)=5(x^4-1)<0(x\in(0, 1))$，导致矛盾，故 x_0 为唯一实根.

二、拉格朗日中值定理

罗尔定理中 $f(a)=f(b)$ 这个条件是相当特殊的，它使罗尔定理的应用受到限制. 拉格朗日在罗尔定理的基础上作了进一步的研究，取消了罗尔定理中这个条件的限制，但仍保留了其余两个条件，得到了在微分学中具有重要地位的拉格朗日中值定理.

如果函数 $f(x)$ 不满足罗尔定理中的条件 $f(a)=f(b)$，那么(见图 3-1-2)，当 $f(a)\neq f(b)$ 时，弦 AB 是斜线，此时在连续曲线 $y=f(x)$ 上存在点 $M(\xi, f'(\xi))$，曲线在 M 点处的切线平行于弦 AB，由于曲线在点 M 处切线的斜率为 $f'(\xi)$，弦 AB 的斜率为 $\dfrac{f(b)-f(a)}{b-a}$，因此

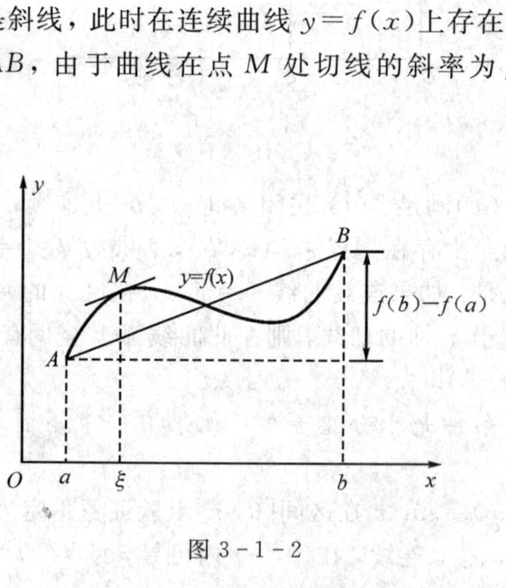

图 3-1-2

$$f'(\xi)=\frac{f(b)-f(a)}{b-a}.$$

我们有下面的定理：

拉格朗日中值定理　设函数 $f(x)$满足条件：(1) 在闭区间$[a, b]$上连续；(2) 在开区间(a, b)内可导，则至少存在一点 $\xi\in(a, b)$，使得

$$f'(\xi)=\frac{f(b)-f(a)}{b-a}. \tag{3-1-1}$$

证明　利用罗尔定理来证明.

如图 3-1-2，记 $k=\frac{f(b)-f(a)}{b-a}$，则弦 AB 的方程为 $y=f(a)+k(x-a)$，由于弦 AB 的端点与曲线 $y=f(x)$的端点相重合，因此 $f(x)$与 $f(a)+k(x-a)$ 之差

$$F(x)=f(x)-[f(a)+k(x-a)]$$

满足 $F(a)=F(b)=0$，根据罗尔定理，至少存在一点 $\xi\in(a, b)$，使得

$$F'(\xi)=f'(\xi)-k=0 \text{ 即 } f'(\xi)=\frac{f(b)-f(a)}{b-a}.$$

公式(3-1-1) 对 $a>b$ 也成立，我们把

$$f(b)-f(a)=f'(\xi)(b-a) \quad (\xi\in(a, b)) \tag{3-1-2}$$

称为**拉格朗日中值公式**，它具有下面几种不同的变形：

令 $a=x$，$b=x+\Delta x$，则公式(3-1-2) 可改写为

$$\Delta y=f(x+\Delta x)-f(x)=f'(\xi)\Delta x \quad (\xi\in(x, x+\Delta x)).$$

若将 ξ 表示为$\xi=x+\theta\Delta x(0<\theta<1)$，则上式又可写成

$$\Delta y=f'(x+\theta\Delta x)\Delta x \quad (0<\theta<1). \tag{3-1-3}$$

式(3-1-3)精确的表达了函数在一个区间上的增量与函数在该区间内某点处的导数之间的关系，这个公式又称为**有限增量公式**.

拉格朗日中值公式反映了可导函数在$[a, b]$上整体平均变化率与在(a, b)内某点 ξ 处函数的局部变化率的关系. 若从力学角度看，公式表示整体上的平均速度等于某一内点处的瞬时速度. 因此，拉格朗日中值定理是联结局部与整体的纽带.

拉格朗日中值定理在微分学中占有重要地位，有时也称这个定理为微分中值定理. 在某些问题中，当自变量 x 取得有限增量 Δx 而需要函数增量的准确表达式时，拉格朗日中值定理就突显出其重要价值.

显然，如果在拉格朗日中值定理中加上条件 $f(a)=f(b)$，那么就成为罗尔定理，故拉格朗日中值定理是罗尔定理的推广.

我们知道，常数的导数等于零；但反过来，导数为零的函数是否为常数呢？回答是肯定的，现在我们用拉格朗日中值定理来证明其正确性.

推论 3.1.1　如果函数 $f(x)$在区间(a, b)上的导数恒为零，那么 $f(x)$在区间(a, b)上是一个常数.

证明　在区间(a, b)上任取两点 x_1，$x_2(x_1<x_2)$，在区间$[x_1, x_2]$上应用拉格朗日中值定理，由式(3-1-2)得

$$f(x_2)-f(x_1)=f'(\xi)(x_2-x_1) \quad (x_1<\xi<x_2).$$

由假设 $f'(\xi)=0$，得 $f(x_2)=f(x_1)$. 由 x_1，x_2 的任意性知，$f(x)$在(a,b)内为一常数.

推论 3.1.2 若函数 $f(x)$及 $g(x)$在(a,b)内满足条件：$f'(x)=g'(x)$，则在(a,b)内，

$$f(x)=g(x)+C \quad (C\text{ 为一常数}).$$

令 $F(x)=f(x)-g(x)$，对函数 $F(x)$应用推论 3.1.1，便可得推论 3.1.2 的证明(读者自己完成).

例 3.1.4 验证函数 $f(x)=\arctan x$ 在$[0,1]$上满足拉格朗日中值定理，并由结论求 ξ 值.

解 $f(x)=\arctan x$ 在$[0,1]$上连续，在$(0,1)$ 内可导，故满足拉格朗日中值定理的条件，则

$$f(1)-f(0)=f'(\xi)(1-0) \quad (0<\xi<1),$$

即

$$\arctan 1-\arctan 0=\left.\frac{1}{1+x^2}\right|_{x=\xi}=\frac{1}{1+\xi^2}.$$

故

$$\frac{1}{1+\xi^2}=\frac{\pi}{4}\Rightarrow\xi=\sqrt{\frac{4-\pi}{\pi}} \quad (0<\xi<1).$$

例 3.1.5 设 $f(x)$在$[a,b]$上连续，在(a,b)内可导，且 $f(a)=f(b)=0$. 证明：存在 $\xi\in(a,b)$，使 $f'(\xi)=f(\xi)$ 成立.

证明 从结论倒推分析知，可引进辅助函数 $\varphi(x)=f(x)\mathrm{e}^{-x}$，由于 $\varphi(a)=\varphi(b)=0$，易知 $\varphi(x)$在$[a,b]$上满足罗尔定理条件，且 $\varphi'(x)=f'(x)\mathrm{e}^{-x}-f(x)\mathrm{e}^{-x}$，因此，在$(a,b)$内至少存在一点 $\xi\in(a,b)$，使 $\varphi'(\xi)=0$，即 $f'(\xi)\mathrm{e}^{-\xi}-f(\xi)\mathrm{e}^{-\xi}=0$，因为 $\mathrm{e}^{-\xi}\neq0$，所以 $f'(\xi)=f(\xi)$.

例 3.1.6 证明：$\arcsin x+\arccos x=\dfrac{\pi}{2} \quad (-1\leqslant x\leqslant1)$.

证明 设 $f(x)=\arcsin x+\arccos x$，$x\in[-1,1]$，$f(-1)=f(1)=\dfrac{\pi}{2}$.

当 $x\in(-1,1)$ 时 $f'(x)=\dfrac{1}{\sqrt{1-x^2}}+\left(-\dfrac{1}{\sqrt{1-x^2}}\right)=0$，所以 $f(x)\equiv C$，又因为 $f(0)=\arcsin 0+\arccos 0=0+\dfrac{\pi}{2}=\dfrac{\pi}{2}$，即 $C=\dfrac{\pi}{2}$. 从而当 $x\in[-1,1]$时，$\arcsin x+\arccos x=\dfrac{\pi}{2}$.

例 3.1.7 证明：当 $x>0$ 时，$\dfrac{x}{1+x}<\ln(1+x)<x$.

证明 设 $f(x)=\ln(1+x)$，则 $f(x)$在$[0,x]$上满足拉格朗日定理的条件，故

$$f(x)-f(0)=f'(\xi)(x-0) \quad (0<\xi<x),$$

所以 $f(0)=0$，$f'(x)=\dfrac{1}{1+x}$，因此上式即为

$$\ln(1+x)=\frac{x}{1+\xi}\quad(0<\xi<x),$$

又由 $0<\xi<x$，有

$$\frac{x}{1+x}<\frac{x}{1+\xi}<x,$$

即

$$\frac{x}{1+x}<\ln(1+x)<x.$$

三、柯西中值定理

作为拉格朗日中值定理的推广，有如下定理：

柯西中值定理　设函数 $f(x)$ 及 $g(x)$ 满足条件：(1) 在闭区间 $[a, b]$ 上连续；(2) 在开区间 (a, b) 内可导，且 $g'(x)\neq 0$，则至少存在一点 $\xi\in(a, b)$，使得

$$\frac{f'(\xi)}{g'(\xi)}=\frac{f(b)-f(a)}{g(b)-g(a)}.$$

柯西中值定理的证法与拉格朗日中值定理的证法类同，这里从略.

在柯西中值定理中，若取 $g(x)=x$，即得拉格朗日中值公式.

总结：进一步分析其几何意义，可以看到它们的联系和区别：罗尔定理(Rolle 定理)：在可微曲线上，如果曲线两端点高度相同，则至少存在水平切线；拉格朗日中值定理(Lagrange 定理)：可微曲线上存在一点，使其切线平行于端点的连线；柯西中值定理(Cauchy 定理)：给定曲线的参数方程为：$x\in f(t)$，$y=g(t)$，$t\in[a, b]$，则可微曲线上存在一点，使其切线平行于端点的连线. 而从代数角度看，三个定理关系如下：

$$\text{Cauchy 定理}\xrightarrow{g(x)=x}\text{Lagrang 定理}\xrightarrow{f(a)=f(b)}\text{Rolle 定理}$$

另外，三个定理中的条件都是充分的而不是必要的，即若条件全部满足，则结论一定成立；若条件不满足，结论不一定不成立. 如对 Rolle 定理，考察函数 $f(x)=|x|$，$x\in[-1, 1]$，不满足可导性条件，可以验证此时定理不成立，即不存在 $x\in(-1, 1)$，使得 $f'(x)=0$.

例 3.1.8　验证柯西中值定理对函数 $f(x)=x^3+1$，$g(x)=x^2$ 在区间 $[1, 2]$ 上的正确性.

解　函数 $f(x)=x^3+1$，$g(x)=x^2$ 在闭区间 $[1, 2]$ 上连续，在开区间 $(1, 2)$ 内可导，且 $g'(x)=2x\neq 0$，于是 $f(x)$，$g(x)$ 满足柯西中值定理的条件. 由于

$$\frac{f(2)-f(1)}{g(2)-g(1)}=\frac{(2^3+1)-(1^3+1)}{2^2-1}=\frac{7}{3},\quad \frac{f'(x)}{g'(x)}=\frac{3}{2}x,$$

令 $\frac{3}{2}x=\frac{7}{3}$，得 $x=\frac{14}{9}$. 取 $\xi=\frac{14}{9}\in(1, 2)$，则等式

$$\frac{f(2)-f(1)}{g(2)-g(1)}=\frac{f'(x)}{g'(x)}$$

成立. 这就验证了柯西中值定理对所给函数在所给区间上的正确性.

例 3.1.9　设函数 $f(x)$ 在 $[0, 1]$ 上连续，在 $(0, 1)$ 内可导. 试证明至少存在一点

$\xi \in (0, 1)$，使

$$f'(\xi)=2\xi[f(1)-f(0)].$$

证明 作辅助函数 $g(x)=x^2$，则 $f(x)$，$g(x)$在$[0, 1]$上满足柯西中值定理的条件，故在$(0, 1)$内至少存在一点ξ，使

$$\frac{f(1)-f(0)}{1-0}=\frac{f'(\xi)}{2\xi},$$

即

$$f'(\xi)=2\xi[f(1)-f(0)].$$

习题 3-1

(A)

1. 下列函数在给定区间上是否满足罗尔定理的所有条件？如满足，求出满足定理的数值ξ.

(1) $f(x)=2x^2-x-3$，$x\in[-1, 1.5]$； (2) $f(x)=x\sqrt{3-x}$，$x\in[0, 3]$.

2. 不用求出函数$f(x)=(x-1)(x-2)(x-3)(x-4)$的导数，说明方程$f'(x)=0$有几个实根，并指出它们所在的区间.

3. 一位司机在收费亭处拿到一张罚款单，说他在限速为65公里/小时的收费道路上在两小时内走了160公里，罚款单列出的违章理由为该司机超速行驶，为什么？

4. 已知函数$f(x)=x^4$在区间$[1, 2]$上满足拉格朗日中值定理的条件，试求满足定理的ξ.

5. 函数$f(x)=x^3$与$g(x)=x^2+1$在区间$[1, 2]$上是否满足柯西中值定理的所有条件？如满足，请求出满足定理的数值ξ.

6. 若函数$f(x)$在(a, b)内具有二阶导函数，且$f(x_1)=f(x_2)=f(x_3)$ $(a<x_1<x_2<x_3<b)$，证明：在(x_1, x_3)内至少有一点ξ，使得$f''(\xi)=0$.

7. 证明：等式$2\arctan x+\arcsin\frac{2x}{1+x^2}=\pi \quad (x\geqslant 1)$.

8. 证明：方程$x^5+x-1=0$只有一个正根.

9. 设$f(x)$在$[0, 1]$上连续，在$(0, 1)$内可导，且$f(1)=0$，证明：存在$\xi\in(0, 1)$使

$$f'(\xi)=-\frac{f(\xi)}{\xi}.$$

10. 证明下列不等式：

(1) $|\arctan a-\arctan b|\leqslant|a-b|$； (2) 当$x>1$时，$e^x>ex$；

(3) 当$0<a<b$时，$\frac{b-a}{b}<\ln\frac{b}{a}<\frac{b-a}{a}$； (4) 当$x>0$时，$\ln\left(1+\frac{1}{x}\right)>\frac{1}{1+x}$.

(B)

1. 在区间$[0, 4]$上，下列函数中满足罗尔定理条件的是(　　).

A. $f(x)=(x-4)^3$　　B. $f(x)=\ln(x+4)$

C. $f(x)=x^2\sqrt{x-4}$　　D. $f(x)=x\sin x$

2. 在下列区间中，函数 $f(x)=x^2+\dfrac{1}{x}$ 满足拉格朗日中值定理条件的区间是(　　).

A. $[-1,2]$　　B. $[2,4]$　　C. $[0,2]$　　D. $[-1,0]$

3. 函数 $f(x)=x^2+x$ 在$[0,4]$上满足拉格朗日中值定理的条件，定理结论中的$\xi=$(　　).

A. -1　　B. 3　　C. 2　　D. 0

4. 在下列符号中选用一个不等号，连接表达式$|\sin x-\sin y|$和$|x-y|$(　　).

A. $\geqslant$　　B. $\leqslant$　　C. $>$　　D. $<$

5. 不求导数，判断函数 $f(x)=3(x+1)(x-1)(x-2)(x-3)$的导数有(　　)个零点.

A. 1　　B. 3　　C. 2　　D. 0

3.2　洛必达法则

本节将用导数作为工具，给出计算未定式极限的一般方法，即洛必达法则.

如果当 $x\to x_0$ 或 $x\to\infty$时，两个函数 $f(x)$、$g(x)$都趋向于零或趋向于无穷大，这时极限$\lim\dfrac{f(x)}{g(x)}$可能存在也可能不存在，通常把上述极限叫作**未定式**，并分别用记号$\dfrac{0}{0}$或$\dfrac{\infty}{\infty}$表示. 例如，$\lim\limits_{x\to 0}\dfrac{x-\sin x}{x^3}$，$\lim\limits_{x\to+\infty}\dfrac{\operatorname{arccot}x}{e^{-x}}$都是$\dfrac{0}{0}$型的未定式；$\lim\limits_{x\to\infty}\dfrac{\ln(1+x^2)}{x}$，$\lim\limits_{x\to 0+}\dfrac{\csc x}{\ln x}$都是$\dfrac{\infty}{\infty}$型的未定式. 显然，用第 1 章所学的方法很难求出极限值来. 下面介绍求这类极限的一种简便而有效的方法——**洛必达(L'Hospital)法则**.

一、$\dfrac{0}{0}$和$\dfrac{\infty}{\infty}$型未定式的洛必达法则

下面先给出当 $x\to x_0$ 时计算$\dfrac{0}{0}$型未定式的洛必达法则.

定理 3.2.1　如果函数 $f(x)$和 $g(x)$满足下列条件：

(1) $\lim\limits_{x\to x_0}f(x)=0$，$\lim\limits_{x\to x_0}g(x)=0$；

(2) 在点 x_0 的去心邻域内(点 x_0 本身可以除外) $f'(x)$及 $g'(x)$都存在，且 $g'(x)\neq 0$；

(3) $\lim\limits_{x\to x_0}\dfrac{f'(x)}{g'(x)}=A$(或$\infty$)，

那么$\lim\limits_{x\to x_0}\dfrac{f(x)}{g(x)}=\lim\limits_{x\to x_0}\dfrac{f'(x)}{g'(x)}=A$(或$\infty$).

这个定理说明了当 $x\to x_0$ 时，$\dfrac{0}{0}$型未定式的极限在符合定理条件时，可以通过对分子、分母分别求导，再求极限来确定.

例 2.2.1　求$\lim\limits_{x\to 0}\dfrac{e^x-e^{-x}}{\sin x}$.

解 这是$\frac{0}{0}$型未定式，由洛必达法则得

$$\lim_{x\to 0}\frac{e^x-e^{-x}}{\sin x}=\lim_{x\to 0}\frac{e^x+e^{-x}}{\cos x}=2.$$

例 3.2.2 求$\lim\limits_{x\to 1}\frac{\ln x}{(x-1)^2}$.

解 这是$\frac{0}{0}$型未定式，由洛必达法则得

$$\lim_{x\to 1}\frac{\ln x}{(x-1)^2}=\lim_{x\to 1}\frac{\frac{1}{x}}{2(x-1)}=\lim_{x\to 1}\frac{1}{2x(x-1)}=\infty.$$

如果$\lim\limits_{x\to x_0}\frac{f'(x)}{g'(x)}$仍属于$\frac{0}{0}$型，且$f'(x)$，$g'(x)$仍满足洛必达法则中的条件，那么可以继续使用该法则进行计算，并可依次类推. 但应注意，如果所求的极限已不是未定式，则不能再用洛必达法则，否则会产生错误的结果. 此外在用洛必达法则时，最好能结合求极限的其他方法，如恒等变形、等价无穷小替换、重要极限等，那样效果会更好.

例 3.2.3 求$\lim\limits_{x\to 0}\frac{x-\sin x}{x^3}\left(\frac{0}{0}\right)$.

解 $\lim\limits_{x\to 0}\frac{x-\sin x}{x^3}=\lim\limits_{x\to 0}\frac{1-\cos x}{3x^2}=\lim\limits_{x\to 0}\frac{\sin x}{6x}=\frac{1}{6}$.

例 3.2.4 求 $\lim\limits_{x\to 0}\frac{\tan x-x}{x^2\tan x}$.

解 注意到 $\tan x\sim x$，则有

$$\lim_{x\to 0}\frac{\tan x-x}{x^2\tan x}=\lim_{x\to 0}\frac{\tan x-x}{x^3}=\lim_{x\to 0}\frac{\sec^2 x-1}{3x^2}=\lim_{x\to 0}\frac{\tan^2 x}{3x^2}=\frac{1}{3}.$$

例 3.2.5 求$\lim\limits_{x\to x_0}\frac{3x-\sin 3x}{(1-\cos x)\ln(1+2x)}$.

解 当 $x\to 0$ 时，$1-\cos x\sim\frac{1}{2}x^2$，$\ln(1+2x)\sim 2x$，故

$$\lim_{x\to 0}\frac{3x-\sin 3x}{(1-\cos x)\ln(1+2x)}=\lim_{x\to 0}\frac{3x-\sin 3x}{x^3}=\lim_{x\to 0}\frac{3-3\cos 3x}{3x^2}=\lim_{x\to 0}\frac{3\sin 3x}{2x}=\frac{9}{2}.$$

定理 3.2.1 是关于 $x\to x_0$ 时未定式$\frac{0}{0}$的洛必达法则，对于 $x\to\infty$时的未定式$\frac{0}{0}$，以及对于 $x\to x_0$ 或 $x\to\infty$时的未定式$\frac{\infty}{\infty}$，也有相应的洛必达法则. 例如，对于 $x\to\infty$时的未定式$\frac{0}{0}$，有以下定理.

定理 3.2.2 如果函数 $f(x)$和 $g(x)$满足下列条件：

(1) $\lim\limits_{x\to\infty}f(x)=0$，$\lim\limits_{x\to\infty}g(x)=0$；

(2) 存在 $M>0$，当$|x|>M$ 时，$f'(x)$及 $g'(x)$都存在，且 $g'(x)\neq 0$；

(3) $\lim\limits_{x\to\infty}\dfrac{f'(x)}{g'(x)}=A$（或$\infty$），

那么 $\lim\limits_{x\to\infty}\dfrac{f(x)}{g(x)}=\lim\limits_{x\to\infty}\dfrac{f'(x)}{g'(x)}=A$（或$\infty$）.

例 3.2.6　求 $\lim\limits_{x\to+\infty}\dfrac{\dfrac{\pi}{2}-\arctan x}{\dfrac{1}{x}}\left(\dfrac{0}{0}\right)$.

解　$\lim\limits_{x\to+\infty}\dfrac{\dfrac{\pi}{2}-\arctan x}{\dfrac{1}{x}}=\lim\limits_{x\to+\infty}\dfrac{-\dfrac{1}{1+x^2}}{-\dfrac{1}{x^2}}=\lim\limits_{x\to+\infty}\dfrac{x^2}{1+x^2}=1.$

例 3.2.7　求 $\lim\limits_{x\to0^+}\dfrac{\ln\cot x}{\ln x}\left(\dfrac{\infty}{\infty}\right)$.

解　$\lim\limits_{x\to0^+}\dfrac{\ln\cot x}{\ln x}=\lim\limits_{x\to0^+}\dfrac{\dfrac{1}{\cot x}\cdot\left(-\dfrac{1}{\sin^2 x}\right)}{\dfrac{1}{x}}=-\lim\limits_{x\to0^+}\dfrac{x}{\sin x\cos x}$

$$=-\lim_{x\to0^+}\frac{x}{\sin x\cos x}\cdot\lim_{x\to0^+}\frac{1}{\cos x}=-1.$$

例 3.2.8　求 $\lim\limits_{x\to+\infty}\dfrac{\ln x}{x^n}\left(\dfrac{\infty}{\infty}\right)$.

解　$\lim\limits_{x\to+\infty}\dfrac{\ln x}{x^n}=\lim\limits_{x\to+\infty}\dfrac{\dfrac{1}{x}}{nx^{n-1}}=\lim\limits_{x\to+\infty}\dfrac{1}{nx^n}=0.$

二、其他类型极限求法

除$\dfrac{0}{0}$型与$\dfrac{\infty}{\infty}$型的未定式之外，还有 $0\cdot\infty$，$\infty-\infty$，0^0，1^∞，∞^0 等未定式，对这类未定式求极限，通常是利用代数恒等变形转化为$\dfrac{0}{0}$或$\dfrac{\infty}{\infty}$型，然后用洛必达法则进行计算.

例 3.2.9　求 $\lim\limits_{x\to0^+}x\ln x\,(0\cdot\infty)$.

解　$\lim\limits_{x\to0^+}x\ln x=\lim\limits_{x\to0^+}\dfrac{\ln x}{\dfrac{1}{x}}=\lim\limits_{x\to0^+}\dfrac{\dfrac{1}{x}}{-\dfrac{1}{x^2}}=\lim\limits_{x\to0^+}\dfrac{-x^2}{x}=0.$

例 3.2.10　求 $\lim\limits_{x\to0}\left(\dfrac{1}{\sin x}-\dfrac{1}{x}\right)(\infty-\infty)$.

解　$\lim\limits_{x\to0}\left(\dfrac{1}{\sin x}-\dfrac{1}{x}\right)=\lim\limits_{x\to0}\dfrac{x-\sin x}{x\sin x}=\lim\limits_{x\to0}\dfrac{x-\sin x}{x^2}=\lim\limits_{x\to0}\dfrac{1-\cos x}{2x}=\lim\limits_{x\to0}\dfrac{\sin x}{2}=0.$

例 3.2.11　求 $\lim\limits_{x\to\frac{\pi}{4}^+}(\tan x)^{\tan 2x}(1^\infty)$.

解　这是 1^∞ 型，因此

$$\lim_{x\to\frac{\pi}{4}^+}(\tan x)^{\tan 2x}=\lim_{x\to\frac{\pi}{4}^+}\mathrm{e}^{\tan 2x\cdot\ln\tan x}=\mathrm{e}^{\lim\limits_{x\to\frac{\pi}{4}^+}\frac{\ln\tan x}{\cot 2x}}=\mathrm{e}^{\lim\limits_{x\to\frac{\pi}{4}^+}\left(-\frac{\sin 2x}{2\sin x\cos x}\right)}=\mathrm{e}^{-1}=\frac{1}{\mathrm{e}}.$$

洛必达法则不是万能的，有时我们还会碰到某些特殊情形.

例 3.2.12　求 $\lim\limits_{x\to0}\dfrac{x^2\sin\frac{1}{x}}{\sin x}$.

解　所求极限属于 $\frac{0}{0}$ 型未定式，但分子分母分别求导数后，将化为 $\lim\limits_{x\to0}\dfrac{2x\sin\frac{1}{x}-\cos\frac{1}{x}}{\cos x}$，此式振荡无极限，故洛必达法则失效，不能使用. 但原极限是存在的，可用下法求得：

$$\lim_{x\to0}\frac{x^2\sin\frac{1}{x}}{\sin x}=\lim_{x\to0}\left(\frac{x}{\sin x}\cdot x\sin\frac{1}{x}\right)=\frac{\lim\limits_{x\to0}x\sin\frac{1}{x}}{\lim\limits_{x\to0}\frac{\sin x}{x}}=\frac{0}{1}=0.$$

例 3.2.13　求 $\lim\limits_{x\to\infty}\dfrac{x+\sin x}{x}$.

解　所求极限属于 $\frac{\infty}{\infty}$ 型，但因为 $\lim\limits_{x\to\infty}\dfrac{x+\sin x}{x}=\lim\limits_{x\to\infty}\dfrac{1+\cos x}{1}$ 不存在，所以不能用洛必达法则求此极限，事实上

$$\lim_{x\to\infty}\frac{x+\sin x}{x}=\lim_{x\to\infty}\left(1+\frac{1}{x}\sin x\right)=1+0=1.$$

例 3.2.14　求 $\lim\limits_{x\to+\infty}\dfrac{\sqrt{1+x^2}}{x}$.

解　$$\lim_{x\to+\infty}\frac{\sqrt{1+x^2}}{x}=\lim_{x\to+\infty}\frac{\frac{2x}{2\sqrt{1+x^2}}}{1}=\lim_{x\to+\infty}\frac{x}{\sqrt{1+x^2}}=\lim_{x\to+\infty}\frac{1}{\frac{2x}{2\sqrt{1+x^2}}}=\lim_{x\to+\infty}\frac{\sqrt{1+x^2}}{x}.$$

两次运用洛必达法则后，又还原为原来的问题，因此洛必达法则失效. 事实上

$$\lim_{x\to+\infty}\frac{\sqrt{1+x^2}}{x}=\lim_{x\to+\infty}\sqrt{\frac{1}{x^2}+1}=1.$$

习题 3－2

(A)

1. 求下列极限：

(1) $\lim\limits_{x\to0}\dfrac{\mathrm{e}^x-\mathrm{e}^{-x}-2x}{x-\sin x}$；　　(2) $\lim\limits_{x\to a}\dfrac{\sin x-\sin a}{x-a}$；

(3) $\lim\limits_{x\to\frac{\pi}{2}}\dfrac{\ln\sin x}{(\pi-2x)^2}$；(4) $\lim\limits_{x\to+\infty}\dfrac{\ln\left(1+\dfrac{1}{x}\right)}{\operatorname{arccot}x}$；

(5) $\lim\limits_{x\to0^+}\dfrac{\ln\tan7x}{\ln\tan2x}$；(6) $\lim\limits_{x\to1}\dfrac{x^3-1+\ln x}{e^x-e}$；

(7) $\lim\limits_{x\to0}\dfrac{\tan x-x}{x-\sin x}$；(8) $\lim\limits_{x\to0}x\cot2x$；

(9) $\lim\limits_{x\to0}x^2e^{\frac{1}{x^2}}$；(10) $\lim\limits_{x\to\infty}x(e^{\frac{1}{x}}-1)$；

(11) $\lim\limits_{x\to0}\left(\dfrac{1}{x}-\dfrac{1}{e^x-1}\right)$；(12) $\lim\limits_{x\to1}\left(\dfrac{x}{x-1}-\dfrac{1}{\ln x}\right)$；

(13) $\lim\limits_{x\to\infty}\left(1+\dfrac{a}{x}\right)^x$；(14) $\lim\limits_{x\to0^+}x^{\sin x}$；

(15) $\lim\limits_{x\to0^+}\left(\dfrac{1}{x}\right)^{\tan x}$；(16) $\lim\limits_{x\to0}\dfrac{e^x+\ln(1-x)-1}{x-\arctan x}$；

(17) $\lim\limits_{x\to0}(1+\sin x)^{\frac{1}{x}}$；(18) $\lim\limits_{x\to0^+}\left(\ln\dfrac{1}{x}\right)^x$；

(19) $\lim\limits_{x\to+\infty}(x+\sqrt{1+x^2})^{\frac{1}{x}}$；(20) $\lim\limits_{n\to+\infty}\left(n\tan\dfrac{1}{n}\right)^{n^2}$.

2. 验证极限$\lim\limits_{x\to0}\dfrac{x^2\sin\dfrac{1}{x}}{\sin x}$存在，但不能用洛必达法则求出.

(B)

1. 下列函数极限问题中，不能用洛必达法则进行求解的是(　　).

A. $\lim\limits_{x\to0}\dfrac{\tan2x}{\sin3x}$　B. $\lim\limits_{x\to\infty}\dfrac{x^3-1}{3x^3+2x^2}$　C. $\lim\limits_{x\to1}\dfrac{x^2\sin x}{(x-1)^2}$　D. $\lim\limits_{x\to+\infty}\dfrac{\ln x}{e^x}$

2. 下列极限中能使用洛必达法则的是(　　).

A. $\lim\limits_{x\to0}\dfrac{x^2\sin\dfrac{1}{x}}{\sin x}$　B. $\lim\limits_{x\to\infty}\dfrac{x\sin x}{x^2}$

C. $\lim\limits_{x\to\infty}\dfrac{x+\sin x}{x-\sin x}$　D. $\lim\limits_{x\to+\infty}x\left(\dfrac{\pi}{2}-\arctan x\right)$

3. $\lim\limits_{x\to0}x^x=$(　　).

A. 0　B. 1　C. ∞　D. 不存在

4. $\lim\limits_{x\to0}\dfrac{x-\sin x}{x^3}=$(　　).

A. $\dfrac{1}{6}$　B. $\dfrac{1}{2}$　C. $\dfrac{1}{3}$　D. 1

5. $\lim\limits_{x\to0^+}\left(\dfrac{1}{x}\right)^{\tan x}=$(　　).

A. e　B. ∞　C. e^{-1}　D. 1

3.3 函数的单调性与极值、曲线的凹凸性与拐点

我们已经会用初等数学的方法研究一些函数的单调性和某些简单函数的性质，但这些方法使用范围狭窄，并且有些需要借助某些特殊的技巧，因而不具有一般性. 本节将以导数为工具，介绍判断函数单调性、极值及曲线凸凹性、拐点的简便且具有一般性的方法.

一、函数的单调性与极值

1. 函数单调性的判别法

在图 3－3－1 中，作曲线在各点处的切线，不难观察到：

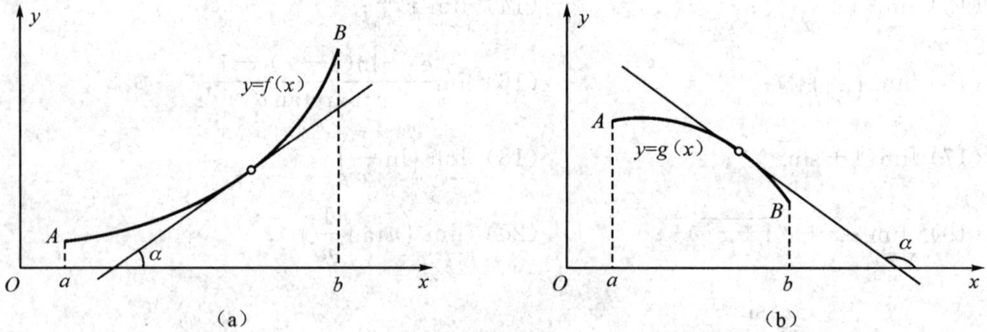

图 3－1－1

函数 $f(x)$在区间(a, b)上单调增加，它的图形是一条沿 x 轴正向上升的曲线，其上各点处的切线对于 x 轴的倾角 α 均是锐角，故

$$f'(x)=\tan\alpha>0,$$

函数 $g(x)$在区间(a, b)上单调减少，它的图形是一条沿 x 轴正向下降的曲线，其上各点处的切线对于 x 轴的倾角 α 均是钝角，故

$$g'(x)=\tan\alpha<0.$$

由此可见，可导函数的单调性与导数的正、负符号有着密切的联系，反过来，能否用导数的符号来判定函数的单调性呢？下面我们给出判定可导函数单调性的充分条件.

定理 3.3.1 设函数 $y=f(x)$在$[a, b]$上连续，在(a, b)内可导.

(1) 若在(a, b)内 $f'(x)>0$，则函数 $y=f(x)$在$[a, b]$上单调增加；

(2) 若在(a, b)内 $f'(x)<0$，则函数 $y=f(x)$在$[a, b]$上单调减少.

例 3.3.1 讨论函数 $f(x)=x^3-3x$ 的单调性.

解 函数的定义域为$(-\infty,+\infty)$，$f'(x)=3x^2-3$，

令 $f'(x)=0$ 得 $x_1=-1$，$x_2=1$.

用 $x_1=-1$ 及 $x_2=1$ 将 $f(x)$的定义域分成三个区间，在每个区间内确定$f'(x)$的符号，判定函数的单调性，列表讨论如下：

x	$(-\infty,-1)$	-1	$(-1,1)$	1	$(1,+\infty)$
$f'(x)$	+	0	−	0	+
$f(x)$	↗		↘		↗

所以，函数 $f(x)$在区间$(-\infty,-1]$及$[1,+\infty)$上单调增加(简记为↗)，在区间$[-1,1]$上单调减少(简记为↘).

由于函数 $f(x)$在区间$(-\infty,-1]$，$[-1,1]$，$[1,+\infty)$内保持单调，故称这些区间为 $f(x)$的**单调区间**.

注：从例 3.3.1 可见，函数 $f(x)=x^3-3x$ 在其定义域上并不具有单调性，但是将定义域适当划分后，在各个部分区间上函数是单调的，导数等于零的点可能是单调区间的分界点.

例 3.3.2　讨论函数 $y=\sqrt[3]{x^2}$ 的单调性.

解　函数的定义域为$(-\infty,+\infty)$，

当 $x\neq 0$ 时，$y'=\dfrac{2}{3\sqrt[3]{x}}$；当 $x=0$ 时，导数不存在.

当$-\infty<x<0$ 时，$y'<0$，　所以函数 $y=\sqrt[3]{x^2}$ 在$(-\infty,0]$上单调减少；

当 $0<x<+\infty$时，$y'>0$，　所以函数 $y=\sqrt[3]{x^2}$ 在$[0,+\infty)$上单调增加.

由此可以看出，在讨论函数在定义区间上的单调性时，导数不存在的点也可能是单调区间的分界点.

注：区间内个别点导数为零不影响区间的单调性. 例如，$y=x^3$，$y'|_{x=0}=0$，但是 $y=x^3$ 在$(-\infty,+\infty)$上单调增加.

例 3.3.3　证明：当 $x>0$ 时，$\ln(1+x)>x-\dfrac{1}{2}x^2$.

证明　作辅助函数 $f(x)=\ln(1+x)-x+\dfrac{1}{2}x^2$，

因为 $f(x)$在$[0,+\infty)$上连续，在$(0,+\infty)$内可导，且 $f'(x)=\dfrac{1}{1+x}-1+x=\dfrac{x^2}{1+x}$，当 $x>0$时，$f'(x)>0$，又 $f(0)=0$，故当 $x>0$ 时，$f(x)>f(0)=0$，所以 $\ln(1+x)>x-\dfrac{1}{2}x^2$.

例 3.3.4　证明：方程 $x^5+x+1=0$ 在区间$(-1,0)$内有且只有一个实根.

证明　令 $f(x)=x^5+x+1$，因为 $f(x)$在闭区间$[-1,0]$连续，且 $f(-1)=-1<0$，$f(0)=1>0$，所以根据零点定理知 $f(x)$在$(-1,0)$内至少有一个零点.

另一方面，对于任意实数 x，有 $f'(x)=5x^4+1>0$，所以 $f(x)$在$(-\infty,+\infty)$内单调增加，因此曲线 $y=f(x)$与 x 轴至多只有一个交点.

综上可知，方程 $x^5+x+1=0$ 在区间$(-1,0)$内有且只有一个实根.

2. 函数的极值

定义 3.3.1　设函数 $f(x)$在点 x_0 的某邻域内有定义，若对该邻域内任意一点 $x(x\neq x_0)$恒有

$$f(x)<f(x_0)\ (\text{或 } f(x)>f(x_0))\,,$$

则称 $f(x)$在点 x_0 处取得**极大值**(或**极小值**)，而点 x_0 称为 $f(x)$的**极大值点**(或**极小值点**).

极大值与极小值统称为函数的**极值**，极大值点与极小值点统称为函数的**极值点**.

函数的极值概念是局部性的. 例如 $f(x)$在点 x_0 处取得极大值(或极小值)，那只是就点 x_0 附近的一个局部范围内而言，$f(x_0)$ 是 $f(x)$的一个最大值(或最小值)；如果就$f(x)$的整个定义域而言，$f(x_0)$ 不见得是最大值(或最小值).

由图 3-3-2 可见，$f(x_2)$，$f(x_5)$ 是函数 $f(x)$的极大值，$f(x_1)$，$f(x_4)$，$f(x_6)$是 $f(x)$的极小值，其中极大值 $f(x_2)$ 比极小值 $f(x_6)$ 还小，而在整个定义域$[a,b]$上，最小值是 $f(x_1)$，最大值是 $f(b)$. 从图 3-3-2 还可以看出，在函数的极值点处，曲线上的切线是水平的，即 $f'(x_1)=f'(x_2)=f'(x_4)=f'(x_5)=f'(x_6)=0$，由此得到下面的定理.

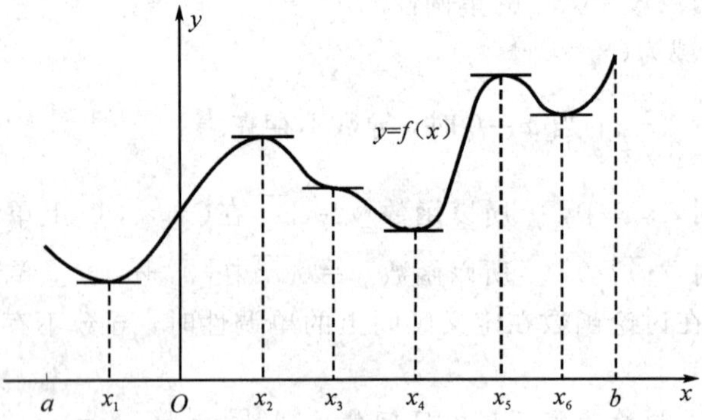

图 3-3-2

定理 3.3.2 (必要条件) 如果函数 $f(x)$在点 x_0 处可导，且在点 x_0 处取得极值，则 $f'(x)=0$.

逆定理不一定成立，即对于可导函数 $f(x)$，若 $f'(x)=0$，我们未必能推出点 x_0 是极值点，例如图 3-3-2 中在 $x=x_3$ 处 $f'(x_3)=0$，但 x_3 不是极值点；又如函数 $y=x^3$ 在 $x=0$ 处有 $y'(0)=0$，但 $x=0$ 不是函数 $y=x^3$ 的极值点.

另一方面，如果函数 $f(x)$在点 x_0 处不可导，也有可能在点 x_0 处取得极值，如函数 $f(x)=|x|$在 $x=0$ 处有极小值，但在 $x=0$ 处不可导，因此，对于连续函数来说导数不存在的点也可能是函数的极值点.

通常把使得 $f'(x)=0$ 的点 x_0 称为**驻点**，根据定理 3.3.2 知，可导函数 $f(x)$的极值点必定是它的驻点，但函数的驻点却不一定是极值点.

下面我们介绍如何求函数 $f(x)$在区间上的极值.

由图 3-3-3 可以看到，x_1，x_2 是 $f(x)$的驻点，函数 $f(x)$在点 x_3 处的导数不存在，点 A 是曲线 $y=f(x)$单调减少与单调增加的分界点，则函数 $f(x)$在 $x=x_1$ 处取得极小值；点 B 是曲线 $y=f(x)$单调增加与单调减少的分界点，则函数 $f(x)$在 $x=x_2$ 处取得极大值. 同样函数 $f(x)$在 $x=x_3$ 处取得极大值. 所以，如果函数在点 x_0 的左右两侧具有不同的单调性，则点 x_0 是极值点. 由单调性与导数符号的关系，可得下面的定理.

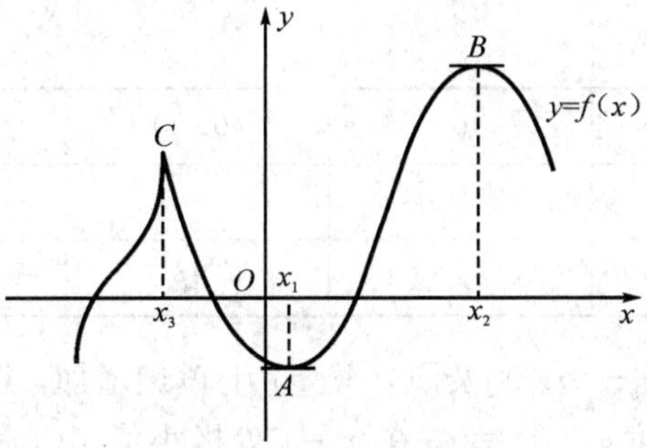

图 3-3-3

定理 3.3.3(第一充分条件)　设函数 $f(x)$ 在点 x_0 处连续，且在点 x_0 的某去心邻域 $\mathring{U}(a, \delta)$ 内可导.

(1) 若 $x\in(x_0-\delta, x_0)$ 时，$f'(x)>0$，而 $x\in(x_0, x_0+\delta)$ 时，$f'(x)<0$，则函数 $f(x)$ 在点 x_0 处取得极大值；

(2) 若 $x\in(x_0-\delta, x_0)$ 时，$f'(x)<0$，而 $x\in(x_0, x_0+\delta)$ 时，$f'(x)>0$，则函数 $f(x)$ 在点 x_0 处取得极小值；

(3) 若 $x\in\mathring{U}(a, \delta)$ 时，$f'(x)$ 的符号保持不变，则函数 $f(x)$ 在点 x_0 处没有极值.

求函数的单调区间与极值的步骤：

(1) 确定函数 $f(x)$ 的定义域，并求其导数 $f'(x)$；

(2) 解方程 $f'(x)=0$，求出 $f(x)$ 的全部驻点与不可导点；

(3) 讨论这些点的两侧 $f'(x)$ 的符号；

(4) 确定极值点，求出各极值.

例 3.3.5　求函数 $f(x)=2x^3-9x^2+12x-3$ 的单调区间与极值.

解　(1) 函数 $f(x)$ 在 $(-\infty,+\infty)$ 内连续，且 $f'(x)=6x^2-18x+12=6(x-1)(x-2)$；

(2) 令 $f'(x)=0$ 得驻点 $x_1=1$，$x_2=2$；

(3) 列表讨论如下：

x	$(-\infty, 1)$	1	$(1, 2)$	2	$(2,+\infty)$
$f'(x)$	+	0	−	0	+
$f(x)$	↗	极大值 $f(1)=2$	↘	极小值 $f(2)=1$	↗

(4) 函数 $f(x)$ 在区间 $(-\infty, 1]$ 及 $[2, +\infty)$ 上单调增加，在区间 $[1, 2]$ 上单调减少. 函数 $f(x)$ 在 $x=1$ 处有极大值 $f(1)=2$，在 $x=2$ 处有极小值 $f(2)=1$.

例 3.5.6　求函数 $f(x)=(2x-5)\sqrt[3]{x^2}$ 的单调区间与极值.

解　(1) 函数 $f(x)$ 在 $(-\infty,+\infty)$ 内连续，且

$$f'(x)=(2x^{\frac{5}{3}}-5x^{\frac{2}{3}})'=\frac{10}{3}x^{-\frac{2}{3}}-\frac{10}{3}x^{-\frac{1}{3}}=\frac{10}{3}\left(\frac{1-\sqrt[3]{x}}{\sqrt[3]{x^2}}\right);$$

(2) 令 $f'(x)=0$ 得驻点 $x=1$；当 $x=0$ 时函数不可导；

(3) 列表讨论如下：

x	$(-\infty, 0)$	0	$(0, 1)$	1	$(1, +\infty)$
$f'(x)$	+	不存在	−	0	+
$f(x)$	↗	极大值	↘	极小值	↗

(4) 函数 $f(x)$在区间$(-\infty, 0]$及$[1, +\infty)$上单调增加，在区间$[0, 1]$上单调减少. 函数在 $x=0$ 处有极大值 $f(0)=0$，在 $x=1$ 处极小值 $f(1)=-3$.

当函数 $f(x)$在驻点处的二阶导数存在且不为零时，有如下判定极值的第二充分条件：

定理 3.3.4(第二充分条件)　设 $f(x)$在点 x_0 处具有二阶导数且 $f'(x_0)=0$，$f''(x_0)\neq 0$，那么

(1) 当 $f''(x_0)>0$ 时，函数 $f(x)$在点 x_0 处取得极小值；

(2) 当 $f''(x_0)<0$ 时，函数 $f(x)$在点 x_0 处取得极大值.

例 3.3.7　求函数 $f(x)=\frac{1}{2}\cos 2x+\sin x(0\leqslant x\leqslant \pi)$的极值.

解　$f'(x)=-\sin 2x+\cos x=\cos x(1-2\sin x)$，

$f''(x)=-2\cos 2x-\sin x$.

令 $f'(x)=0$ 得驻点 $x_1=\frac{\pi}{6}$，$x_2=\frac{\pi}{2}$，$x_3=\frac{5\pi}{6}$. 因为

$$f''\left(\frac{\pi}{6}\right)=f''\left(\frac{5\pi}{6}\right)=-\frac{3}{2}<0,\ f''\left(\frac{\pi}{2}\right)=1>0,$$

由极值的第二充分条件得，$f\left(\frac{\pi}{6}\right)=\frac{3}{4}$和 $f\left(\frac{5\pi}{6}\right)=\frac{3}{4}$是函数的极大值，$f\left(\frac{\pi}{2}\right)=\frac{1}{2}$是函数的极小值.

注： 当 $f''(x_0)=0$ 时，$f(x)$在点 x_0 处不一定取得极值，则仍用第一充分条件进行判断. 例如，函数 $f(x)=x^3$，$f(x)=x^4$，这两个函数在驻点 $x=0$ 处 $f''(0)=0$，就不能用第二充分条件来判定驻点 $x=0$ 是否为极值点，还得用一阶导数在驻点左右临近的符号来判定.

二、曲线的凹凸性与拐点

当 $x>0$ 时，函数 $y=x^2$ 和 $y=\sqrt{x}$ 都是单调增加函数，但是它们的图形是两条弯曲方向不同的沿 x 轴正向上升的曲线. 由此可以看出，要想比较准确地描绘函数的图形，仅仅知道函数的单调性是不够的，还必须讨论曲线的凹凸性(见图 3-3-4).

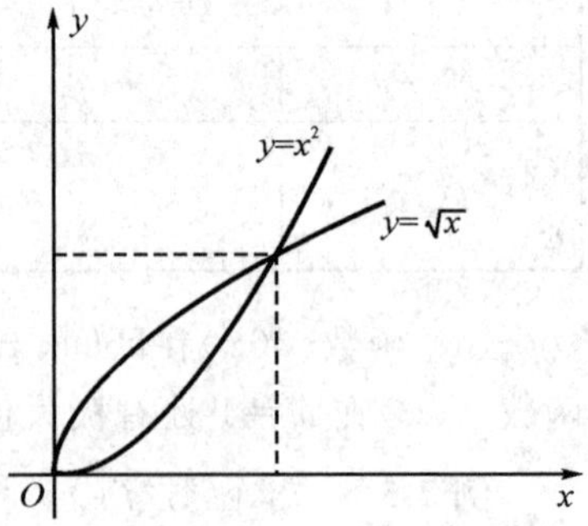

图 3-3-4

1. 曲线的凹凸性

观察函数 $y=x^2-2x+2$ 的图形(见图 3-3-5)，它是一条向上弯曲的曲线，且位于其上每一点处切线的上方. 曲线的切线斜率随 x 的增加而增加，即 $y'=2(x-1)$是单调增加函数.

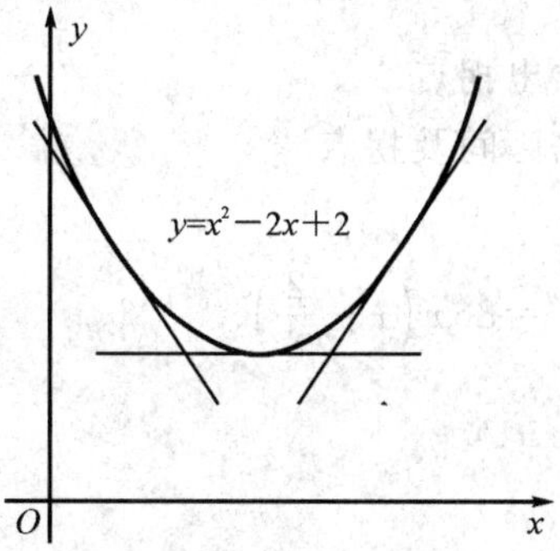

图 3-3-5

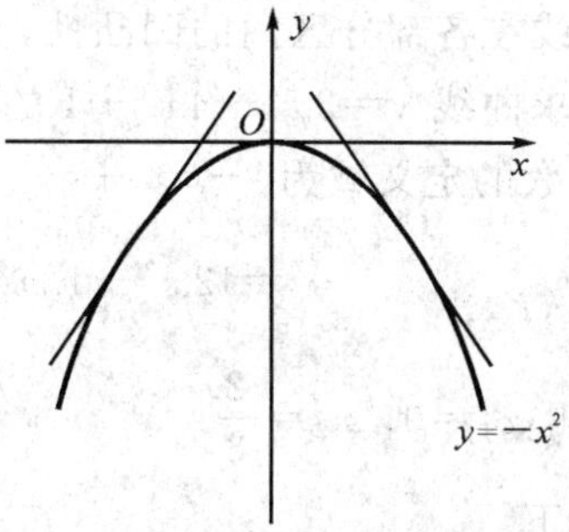

图 3-3-6

再观察函数 $y=-x^2$ 的图形(见图 3-3-6)，它是一条向下弯曲的曲线，且位于其上每一点处切线的下方. 曲线的切线斜率随 x 的增加而减少，即 $y'=-2x$ 是单调减少函数.

综合以上分析，我们给出曲线凹凸的定义：

定义 3.3.2　若曲线弧位于其上每一点处切线的上方，则称此曲线弧是**凹的**(简称**凹弧**)；若曲线弧位于其上每一点处切线的下方，则称此曲线弧是**凸的**(简称**凸弧**).

根据定义 3.3.2，我们称曲线 $y=x^2-2x+2$ 是凹的，曲线 $y=-x^2$ 是凸的.

由于函数 $f(x)$的导函数 $f'(x)$一般仍是 x 的函数，根据判别函数单调性的方法，我们可用二阶导数的符号来判别导函数 $f'(x)$的单调性，于是得到下面的曲线凹凸的判别定理：

定理 3.3.5　设函数 $f(x)$在$[a, b]$上连续，在(a, b)内具有一阶和二阶导数，那么

(1) 若在(a, b)内 $f''(x)>0$，则 $f(x)$在$[a, b]$上的图形是凹的；

(2) 若在(a, b)内 $f''(x)<0$，则 $f(x)$在$[a, b]$上的图形是凸的.

例 3.3.8　判定曲线 $y=x-\ln(1+x)$的凹凸性.

解　因为

$$y'=1-\frac{1}{1+x},\ y''=\frac{1}{(1+x)^2}>0,$$

所以题设函数在其定义域$(-1,+\infty)$ 内是凹的.

例 3.3.9　判断曲线 $y=x^3$ 的凹凸性.

解　易得 $y'=3x^2$，$y''=6x$.

当 $x<0$ 时，$y''<0$，曲线在$(-\infty, 0]$为凸的；

当 $x>0$ 时，$y''>0$，曲线在$[0,+\infty)$ 为凹的.

注意到点$(0, 0)$ 是曲线由凸变凹的分界点.

2. 曲线的拐点

定义 3.3.3　连续曲线上凹弧与凸弧的分界点称为曲线的**拐点**.

判定曲线 $y=f(x)$的凹凸性与拐点的步骤如下：

(1) 写出 $y=f(x)$的定义域，求 $f'(x)$，$f''(x)$；

(2) 求出所有二阶导数 $f''(x)$等于零的点及二阶导数不存在的点；

(3) 用(2) 中求得的点，把函数的定义域分成若干部分区间，列表讨论二阶导数在各部

分区间上的符号;

(4) 判定曲线在各部分区间的凹凸性，并求出拐点.

例 3.3.10 求曲线 $y=3x^4-4x^3+1$ 的凹凸区间及拐点.

解 易见函数的定义域为$(-\infty,+\infty)$,

$$y'=12x^3-12x^2,\ y''=36x\left(x-\frac{2}{3}\right).$$

令 $y''=0$，得 $x_1=0$，$x_2=\frac{2}{3}$.

列表讨论如下：

x	$(-\infty,0)$	0	$\left(0,\frac{2}{3}\right)$	$\frac{2}{3}$	$\left(\frac{2}{3},+\infty\right)$
$f''(x)$	+	0	−	0	+
$f(x)$	凹的	拐点$(0,1)$	凸的	拐点$\left(\frac{2}{3},\frac{11}{27}\right)$	凹的

所以曲线的凹区间为$(-\infty,0]$，$\left[\frac{2}{3},+\infty\right)$，凸区间为$\left[0,\frac{2}{3}\right]$，拐点为$(0,1)$和$\left(\frac{2}{3},\frac{11}{27}\right)$.

例 3.3.11 判定曲线 $f(x)=\ln(1+x^2)$的凹凸性与拐点.

解 (1) 函数 $f(x)$在$(-\infty,+\infty)$ 内连续，且

$$f'(x)=\frac{2x}{1+x^2},\ f''(x)=\frac{2(1-x^2)}{(1+x^2)^2};$$

(2) 令 $f''(x)=0$，得 $x=\pm1$，其把$(-\infty,+\infty)$ 分成三部分区间;

(3) 列表讨论如下：

x	$(-\infty,-1)$	-1	$(-1,1)$	1	$(1,+\infty)$
$f''(x)$	−	0	+	0	−
$f(x)$	凸的	拐点$(-1,\ln2)$	凹的	拐点$(1,\ln2)$	凸的

(4) 曲线的凸区间为$(-\infty,-1]$，$[1,+\infty)$，凹区间为$[-1,1]$，点$(-1,\ln2)$，$(1,\ln2)$ 为拐点.

习题 3-3

(A)

1. 确定下列函数的单调区间与极值：

(1) $f(x)=\frac{1}{5}x^5-\frac{1}{3}x^3$;　　　(2) $f(x)=2x^2-\ln x$.

2. 设函数 $f(x)=ax^3+bx^2+x$ 在 $x_1=1$ 和 $x_2=2$ 时都取得极值，试求出 a，b 的值.

3. 证明下列不等式：

(1) 当 $x>0$ 时，$1+\frac{1}{2}x>\sqrt{1+x}$；　　(2) 当 $0<x<\frac{\pi}{2}$时，$\tan x>x+\frac{1}{3}x^3$.

4. 求下列函数图形的凹凸区间与拐点：

(1) $y=x^4-6x^2+6$；　　(2) $y=e^{x^2}$.

5. 试确定 a，b，c 的值，使三次曲线 $f(x)=ax^3+bx^2+cx$ 有一拐点(1, 2)，且在该点处的切线斜率为-1.

(B)

1. 函数 $f(x)=x^2+x$ 在区间$[-1, 1]$上(　　).

A. 单调增加　　B. 单调减少　　C. 不增不减　　D. 有增有减

2. 函数 $f(x)=\frac{1}{2}(e^x-e^{-x})$ 在其定义域内的极小值(　　).

A. 等于$\frac{1}{2}$　　B. 不存在　　C. 等于 1　　D. 等于 0

3. 设 $f(x)$一阶可导，且$\lim\limits_{x\to 0}f'(x)=1$，则 $f(0)$(　　).

A. 一定是 $f(x)$的极大值　　B. 一定是 $f(x)$的极小值

C. 一定不是 $f(x)$的极值　　D. 不一定是 $f(x)$的极值

4. 下列函数中，在(0, 2) 内凹的是(　　).

A. $f(x)=e^x+e^{-x}$　　B. $f(x)=\sin x$　　C. $f(x)=\ln x$　　D. $f(x)=-x^3$

5. 曲线 $f(x)=e^{-x^2}+1$(　).

A. 有一个拐点　　B. 没有拐点　　C. 有三个拐点　　D. 有两个拐点

3.4　函数图形的描绘

一、曲线的渐近线

在解析几何中我们知道双曲线$\frac{x^2}{a^2}-\frac{y^2}{b^2}=1$有两条渐近线 $y=\frac{b}{a}x$，$y=-\frac{b}{a}x$. 当$|x|$无限增大时，该曲线与两条直线无限的接近，只要画出两条渐近线，就很容易画出双曲线. 下面我们讨论一般曲线的渐近线，有利于更好地画出一般曲线的图形.

渐近线可按其所处位置分为水平渐近线，铅直渐近线和斜渐近线，下面介绍渐近线的求法.

1. 水平渐近线

若函数 $y=f(x)$的定义域是无限区间，且

$$\lim_{x\to -\infty} f(x)=C，或 \lim_{x\to +\infty} f(x)=C，$$

则直线 $y=C$ 为曲线 $y=f(x)$的**水平渐近线**.

例 3.4.1 求曲线 $y=\dfrac{2x}{1+x^2}$ 的水平渐近线.

解 因为 $\lim\limits_{x\to\infty}\dfrac{2x}{1+x^2}=0$,

所以 $y=0$ 是所求曲线的水平渐近线.

例 3.4.2 求曲线 $y=\arctan x$ 的水平渐近线.

解 因为 $\lim\limits_{x\to+\infty}\arctan x=\dfrac{\pi}{2}$, $\lim\limits_{x\to-\infty}\arctan x=-\dfrac{\pi}{2}$,

所以 $y=\pm\dfrac{\pi}{2}$ 是曲线 $y=\arctan x$ 的两条水平渐近线.

2. 铅直渐近线

如果函数 $y=f(x)$ 在 x_0 处间断,且

$$\lim_{x\to x_0^-}f(x)=\infty,\text{ 或 }\lim_{x\to x_0^+}f(x)=\infty,$$

则直线 $x=x_0$ 为曲线 $y=f(x)$ 的**铅直渐近线**.

例 3.4.3 求曲线 $y=\ln x$ 的铅直渐近线.

解 因为 $\lim\limits_{x\to0^+}\ln x=-\infty$,

所以 $x=0$ 为所求曲线的铅直渐近线.

例 3.4.4 求曲线 $y=\dfrac{4x-1}{(x-2)^2}$ 的渐近线.

解 因为 $\lim\limits_{x\to\infty}\dfrac{4x-1}{(x-2)^2}=0$, $\lim\limits_{x\to2}\dfrac{4x-1}{(x-2)^2}=\infty$,

所以直线 $y=0$ 和 $x=2$ 分别为所求曲线的水平渐近线和铅直渐近线.

3. 斜渐近线

设函数 $y=f(x)$, 如果

$$\lim_{x\to\infty}[f(x)-(ax+b)]=0,$$

则称直线 $y=ax+b$ 为 $y=f(x)$ 的**斜渐近线**,其中

$$a=\lim_{x\to\infty}\frac{f(x)}{x}\ (a\neq0),\ \lim_{x\to\infty}[f(x)-ax]=b.$$

类似地可以定义 $x\to+\infty$ 或 $x\to-\infty$ 时的斜渐近线.

注: 如果 $\lim\limits_{x\to\infty}\dfrac{f(x)}{x}$ 不存在,或虽然它存在但 $\lim\limits_{x\to\infty}[f(x)-ax]$ 不存在,则可以断定 $y=f(x)$ 不存在斜渐近线.

例 3.4.5 求曲线 $f(x)=\dfrac{2(x-2)(x+3)}{x-1}$ 的渐近线.

解 因为 $\lim\limits_{x\to1^+}f(x)=-\infty$, $\lim\limits_{x\to1^-}f(x)=+\infty$, 所以 $x=1$ 是曲线的铅直渐近线. 又因为

$$a=\lim_{x\to\infty}\frac{f(x)}{x}=\lim_{x\to\infty}\frac{2(x-2)(x+3)}{x(x-1)}=2,$$

$$b=\lim_{x\to\infty}\left[\frac{2(x-2)(x+3)}{x-1}-2x\right]=\lim_{x\to\infty}\frac{2(x-2)(x+3)-2x(x-1)}{x-1}=4,$$

所以 $y=2x+4$ 是所求曲线的一条斜渐近线.

注： 若有理函数的分子比分母的次数高一次时，该有理函数一定存在斜渐近线.

二、函数图形的描绘

我们知道，借助一阶导数的符号，我们可以确定函数图形的单调区间和极值；借助二阶导数的符号，我们可以确定函数图形的凹凸区间和拐点. 当我们知道了函数图形的单调区间、凹凸区间以及极值点和拐点后，就掌握了函数的基本性态. 在此基础上，我们再确定函数的奇偶性、周期性，结合曲线的渐近线以及曲线上有利于决定图形变化趋势的关键点和特殊点(如与坐标轴的交点及间断点等)，这样就可以比较快速和准确地作出函数的图形.

函数作图的一般步骤如下：

第一步，确定函数的定义域，研究函数特性，如奇偶性、周期性、有界性等；

第二步，求出一阶导数 $f'(x)$ 和二阶导数 $f''(x)$ 在定义域内的全部零点，并求出函数 $f(x)$ 的间断点以及导数 $f'(x)$ 和 $f''(x)$ 不存在的点，用这些点把函数定义域划分成若干个部分区间；

第三步，确定在这些部分区间内一阶导数 $f'(x)$ 和二阶导数 $f''(x)$ 的符号，并由此确定函数的单调性和凹凸性，极值点和拐点；

第四步，确定函数的水平、铅直渐近线以及其他变化趋势；

第五步，算出 $f'(x)$ 和 $f''(x)$ 的零点以及不存在的点所对应的函数值，并在坐标平面上定出相应的点，有时还需适当补充一些辅助作图点(如与坐标轴的交点和曲线的端点等)；然后根据第三、四步中得到的结果，用平滑曲线连接得到的点即可画出函数的图形.

例 3.4.6　作函数 $f(x)=x^4-4x^3+10$ 的图形.

解　(1) 函数的定义域为 $(-\infty,+\infty)$；

(2) $f'(x)=4x^3-12x^2=4x^2(x-3)$，$f''(x)=12x^2-24x=12x(x-2)$.

令 $f'(x)=0$，得到 $x=0$ 和 $x=3$；

令 $f''(x)=0$，得到 $x=0$ 和 $x=2$；

(3) 列表确定函数单调区间、凹凸区间及极值和拐点如下：

x	$(-\infty,0)$	0	$(0,2)$	2	$(2,3)$	3	$(3,+\infty)$
$f'(x)$	$-$	0	$-$		$-$	0	$+$
$f''(x)$	$+$	0	$-$	0	$+$		$+$
$f(x)$	↘	拐点 $(0,10)$	↘	拐点 $(2,-6)$	↘	极小值 $f(3)=-17$	↗

(4) 算出 $x=0$，$x=2$，$x=3$ 处的函数值

$$f(0)=10,\ f(2)=-6,\ f(3)=-17.$$

根据以上结论，用平滑曲线连接这些点，就可以描绘所求函数的图形(见图 3-4-1).

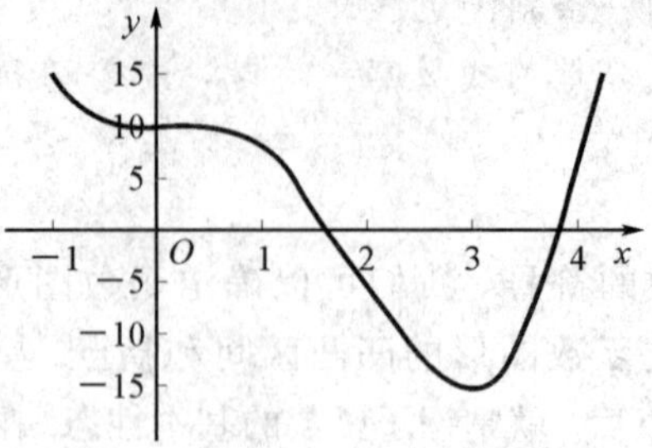

图 3-4-1

例 3.4.7 作函数 $f(x)=\dfrac{12}{3+x^2}$ 的图形.

解 (1) 函数的定义域为 $(-\infty,+\infty)$，函数为偶函数，曲线关于 y 轴对称，只需讨论 $[0,+\infty)$ 的情形；

(2) $f'(x)=-\dfrac{24x}{(3+x^2)^2}$，$f''(x)=\dfrac{72(x^2-1)}{(3+x^2)^3}$，

由 $f'(x)=0$，解得驻点 $x=0$；由 $f''(x)=0$，解得 $x=\pm 1$；

(3) 列表讨论如下：

x	0	(0, 1)	1	$(1,+\infty)$
$f(x)'$	0	−	−	−
$f(x)''$	−	−	0	+
$f(x)$	极大值 4	↓	拐点(1, 3)	↘

(4) 渐近线. 因为 $\lim\limits_{x\to\infty}\dfrac{12}{3+x^2}=0$，所以 $y=0$ 是曲线的水平渐近线.

(5) 取 $x=2$，$x=3$，$x=4$ 等处的值，作出图形(见图 3-4-2).

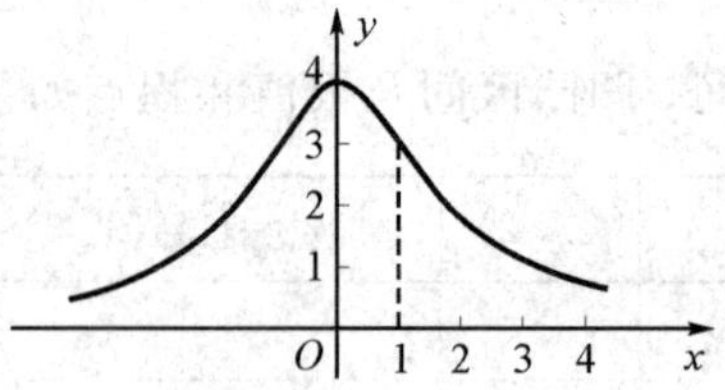

图 3-4-2

习题 3-4

(A)

1. 求下列曲线的渐近线：

(1) $y=e^{-\frac{1}{x}}$； (2) $y=\dfrac{e^x}{1+x}$； (3) $y=x+e^{-x}$； (4) $y=\dfrac{x^2}{x+1}$.

2. 作下列函数的图形：

(1) $y=3x-x^3$；　　(2) $y=\dfrac{2x}{1+x^2}$.

(B)

1. 若 $f(x)$在(a, b)内恒有 $f'(x)<0$，$f''(x)<0$，则 $f(x)$在(a, b)内(　　).

A. 一定有拐点　　B. 单调减少且凸的

C. 单调增加且凹的　　D. 一定有极值

2. 函数 $f(x)=x^3-6x^2-11x-6$ 在区间[2, 4]上是(　　).

A. 凸的　　B. 单调增加

C. 既有凸的又有凹的　　D. 凹的

3. 下列曲线有水平渐近线的是(　　).

A. $f(x)=e^x$　　B. $f(x)=x^3$

C. $f(x)=x^2$　　D. $y=\ln x$

4. 曲线 $f(x)=x-\ln(x+2)$(　　).

A. 有水平渐近线　　B. 有水平和铅直渐近线

C. 有铅直渐近线　　D. 无渐近线

5. 下列曲线有斜渐近线的是(　　).

A. $f(x)=e^{-x}$　　B. $f(x)=\dfrac{1}{x-1}$

C. $f(x)=\dfrac{x^2}{2x-1}$　　D. $f(x)=\arctan x$

3.5　函数的最大值和最小值及其应用

一、函数的最大值和最小值

在实际应用中，常常会遇到求最大值和最小值的问题. 如用料最省、容量最大、花钱最少、效率最高、利润最大等. 此类问题在数学上往往可归结为求某一函数(通常称为**目标函数**)的最大值或最小值问题.

1. 目标函数在闭区间上连续

如果函数 $y=f(x)$在闭区间$[a, b]$上连续，则 $f(x)$在$[a, b]$上必定能取得最大值和最小值. 求函数 $f(x)$在闭区间$[a, b]$上的最大值和最小值的一般步骤如下：

(1) 求出函数 $f(x)$在闭区间$[a, b]$上一切可能极值点的函数值；

(2) 求出函数 $f(x)$在闭区间$[a, b]$的端点函数值；

(3) 将前两步得到的函数值进行比较，其中最大的就是最大值，最小的就是最小值.

例 3.5.1　求函数 $y=2x^3+3x^2-12x+14$ 在$[-3, 4]$上的最大值与最小值.

解　$f'(x)=6x^2+6x-12=6(x+2)(x-1)$，

解方程 $f'(x)=0$，得 $x_1=-2$，$x_2=1$.

计算 $f(-3)=23$；$f(-2)=34$；$f(1)=7$；$f(4)=142$.

比较得最大值为 $f(4)=142$，最小值为 $f(1)=7$.

例 3.5.2 铁路线上 AB 段的距离为 100 km，工厂 C 距 A 处为 20 km，AC 垂直于 AB (见图 3-5-1). 今要在 AB 上选定一点 D 向工厂修筑一条公路，已知铁路每千米货运的运费与公路上每千米货运的运费之比为 3∶5，为了使货物从供应站 B 运到工厂 C 的运费最少，问 D 点应选在何处?

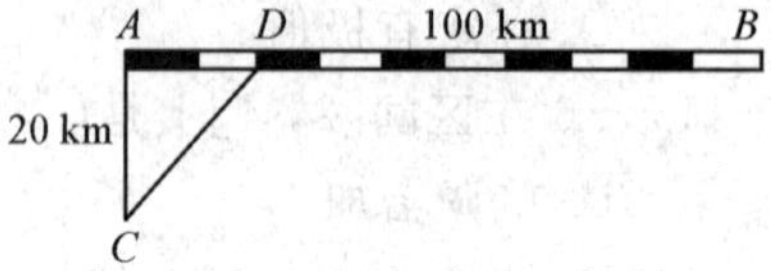

图 3-5-1

解 设 $AD=x$，则 $BD=100-x$，$CD=\sqrt{20^2+x^2}$.

设铁路每公里运费为 $3k$，公路每公里运费为 $5k$，记目标函数(总运费) y 的函数关系式为

$$y=5k\cdot CD+3k\cdot BD,$$

即

$$y=5k\cdot\sqrt{400+x^2}+3k(100-x)\quad(0\leqslant x\leqslant 100).$$

问题归结为 x 取何值时目标函数 y 最小.

求导得 $y'=k\left(\dfrac{5x}{\sqrt{400+x^2}}-3\right)$，令 $y'=0$ 得 $x=15(\text{km})$.

由于 $y(0)=400k$，$y(15)=380k$，$y(100)=100\sqrt{26}k$. 从而当 $AD=15(\text{km})$ 时，总运费最少.

2. 目标函数在开区间内连续

开区间的连续函数不一定有最大、最小值，即使有最大、最小值，也不能用上述方法求出. 若函数满足下列两个条件：

(1) $f(x)$在开区间只有一个可能取得极值的点；

(2) $f(x)$在开区间有且仅有最大(小)值，

那么就可断定这个极值点一定是函数的最大(小)值点.

例 3.3.5 将边长为 a 的一块正方形铁皮，四角各截去一个大小相同的小正方形，然后将其折起做成一个无盖的方盒. 问截掉的小正方形的边长为多大时，所得方盒的容积最大?

解 设小正方形的边长为 x，则盒底的边长为 $a-2x$(见图 3-5-2)，因此方盒的容积为

$$V=x\,(a-2x)^2,\ x\in\left(0,\ \frac{a}{2}\right).$$

显然，在开区间$\left(0,\ \dfrac{a}{2}\right)$ 内体积有最大值而没有最小值. 令

$$V'=(a-2x)(a-6x)=0,$$

得 $x=\frac{a}{6}$，$x=\frac{a}{2}$（舍去）. 从而当 $x=\frac{a}{6}$时，盒子体积最大.

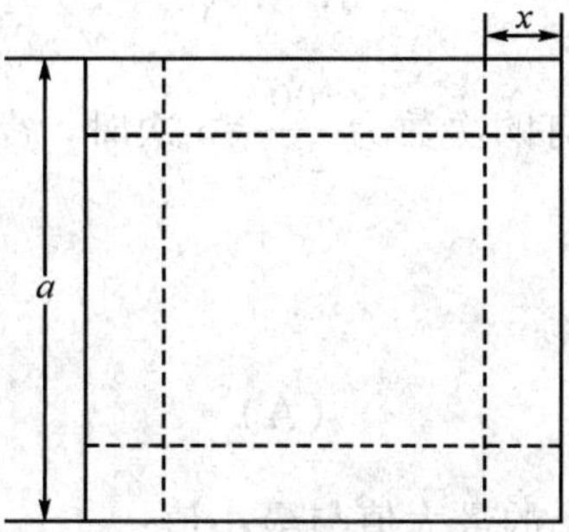

图 3-5-2

二、最大值和最小值应用举例

例 3.5.4　生产某产品的固定成本 60 000 元，变动成本为每件 20 元，价格函数 $p=60-\frac{Q}{1000}$（Q 为销售量），假设供销平衡，问产量为多少时，利润最大？最大利润是多少？

解　产品的总成本函数为

$$C(Q)=60\,000+20Q,$$

收益函数为

$$R(Q)=pQ=\left(60-\frac{Q}{1000}\right)Q=60Q-\frac{Q^2}{1000},$$

则利润函数为

$$L(Q)=R(Q)-C(Q)=-\frac{Q^2}{1000}+40Q-60\,000,$$

$$L'(Q)=-\frac{1}{500}Q+40.$$

令 $L'(Q)=0$ 得 $Q=20\,000$，又 $L''(Q)=-\frac{1}{500}<0$，

故 $Q=20\,000$ 时利润最大，最大利润 $L(Q)=340\,000$ 元.

所以生产 20 000 个产品时利润最大，最大利润为 340 000 元.

例 3.5.5　某工厂计划全年需要某种原料 100 万吨，并且其消耗是均匀的. 已知该原料分期分批均匀进货，每次进货手续费为 1000 元，而每吨原料全年库存费为 0.05 元，试求总费用最省的经济批量和相应的订货次数.

解　设每次订货批量为 x（万吨），则订货批数为$\frac{100}{x}$，总费用为 y 元，则进货手续费为 $1000\times\frac{100}{x}$，库存费为$\frac{x}{2}\times0.05\times10\,000$. 因此，

$$y=1000\times\frac{100}{x}+\frac{x}{2}\times0.05\times10\,000,$$

$$y'=-\frac{100\ 000}{x^2}+250,$$

令 $y'=0$，解得 $x=20$，又 $y''=\dfrac{200\ 000}{x^3}>0$，所以 $x=20$ 时总费用最小.

即经济批量为 20 万吨，相应的订购次数为 $\dfrac{100}{20}=5$ 次时，费用最省.

习题 3-5

(A)

1. 求下列函数在指定区间上的最大值与最小值：

(1) $y=x+\sqrt{x}$，$x\in[0,4]$；　(2) $y=x^3-5x^2+3x-6$，$x\in[-3,1]$.

2. 要做一个容积为 V 的圆柱罐头筒，问底半径 r 和高 h 各等于多少时，才能使罐头筒表面积最小？

3. 欲用围墙围成面积为 216 平方米的一块矩形土地，并在正中用一堵墙将其隔成两块. 问这块土地的长和宽选取多大的尺寸，才能使所用建筑材料最省？

4. 某企业每月生产 Q 吨产品的成本为 $C(Q)=\dfrac{1}{100}Q^2+30Q+900$(元)，求当产量为多少时，该产品的平均成本最小，并求最小平均成本.

5. 设某产品销售 Q 个单位的收入为 $R(Q)=400Q-Q^2-900$，求使平均收入最高的 Q 值，并求最高平均收入.

6. 某工厂生产的某种产品，固定成本为 400(万元)，多生产一个单位产品，成本增加 10(万元)，设产品产销平衡且产品的需求函数为 $Q=1000-50P$(Q 为产量，P 为价格). 问该厂生产多少单位产品时，所获利润最大？最大利润是多少？

(B)

1. 函数 $y=\sin x-x$ 在区间$[0,\pi]$上的最大值是(　　).

A. $\dfrac{\sqrt{2}}{2}$　　B. 0　　C. $-\pi$　　D. π

2. 函数 $f(x)=x^2+1$ 在区间$(-1,1)$ 上的最小值是(　　).

A. 0　　B. 1　　C. 2　　D. 不存在

3. 若 $f(x_0)$ 是连续函数 $f(x)$在区间$[a,b]$上的最小值，则(　　).

A. $f(x_0)$ 一定是 $f(x)$的极小值　　B. $f'(x_0)=0$

C. $f(x_0)$ 一定是区间端点的函数值　　D. x_0 或是极值点，或是区间端点

4. 函数 $f(x)=\dfrac{1}{2}(e^x-e^{-x})$ 在$[0,1]$内的最小值(　　).

A. 等于$\dfrac{1}{2}(e-e^{-1})$　　B. 不存在　　C. 等于 1　　D. 等于 0

5. 欲用围墙围成面积为 216 平方米的一块矩形土地，并在正中用一堵墙将其隔成两块.

要使所用建筑材料最省，这块土地的长 x 和宽 y 为(　　).

A. $x=18$，$y=12$　　B. $x=27$，$y=8$

C. $x=54$，$y=4$　　D. $x=24$，$y=9$

章节测试三

一、填空题：

1. 曲线 $y=\dfrac{x^3}{x^3-1}$ 的水平渐近线是________，铅直渐近线是________；

2. 若点(1，3) 为曲线 $f(x)=ax^3+bx^2$ 的拐点，则 $a=$________，$b=$________；

3. 设函数 $f(x)$在$[0,a]$上二次可导，且 $xf''(x)-f'(x)>0$，则$\dfrac{f'(x)}{x}$在区间$(0,a)$内是单调________；

4. 已知 $x=\dfrac{\pi}{3}$是 $f(x)=a\sin x+\dfrac{1}{3}\sin 3x$ 的极值点，则 $a=$________；

5. 曲线 $y=\mathrm{e}^{-x^2}$ 的凸区间是________.

二、求下列极限：

1. $\lim\limits_{x\to 0}\dfrac{\cos x-\mathrm{e}^{-\frac{x^3}{3}}}{x^2}$；

2. $\lim\limits_{x\to 0}\dfrac{1+\sin^2 x-\cos x}{\tan^2 x}$；

3. $\lim\limits_{x\to +\infty}\left(\dfrac{2}{\pi}\arctan x\right)^x$；

4. $\lim\limits_{x\to 0^+}x^{\frac{1}{\ln(\mathrm{e}^x-1)}}$.

三、试确定 a，b，c 的值，使曲线 $y=ax^3+bx^2+cx$ 上的拐点为(1，2)，并且该点处的切线斜率为-1.

四、已知函数 $y=\dfrac{x^3}{(x-1)^2}$，求：

1. 函数的单调区间与极值；

2. 曲线的凹凸区间与拐点.

五、证明下列不等式：

1. 当 $x>0$ 时，$\dfrac{x}{1+x^2}<\arctan x<x$；

2. 当 $x>0$ 时，$\ln(1+x)>\dfrac{\arctan x}{1+x}$.

六、制造一个容积为 32π 立方米的有盖圆柱形桶，已知桶的侧面每平方米的造价是上底面和下底面的一半，问该圆柱形桶的半径、高各为多少时，才能使总造价最低？

第4章 不定积分

数学发展的动力主要来源于社会发展的环境力量. 17 世纪，微积分的创立首先是为了解决当时数学面临的四类核心问题中的第四类问题，即求曲线的长度、曲线围成的面积、曲面围成的体积、物体的重心和引力等. 此类问题的研究具有久远的历史，例如，古希腊人曾用穷竭法求出了某些图形的面积和体积，我国南北朝时期的祖冲之、祖暅也曾推导出某些图形的面积和体积，而在欧洲，对此类问题的研究兴起于 17 世纪，先是穷竭法被逐渐修改，后来由于微积分的创立彻底改变了解决这一大类问题的方法.

由求运动速度、曲线的切线和极值等问题产生了导数和微分，构成了微积分学的微分学部分；同时由已知速度求路程、已知切线求曲线以及上述求面积与体积等问题，产生了不定积分和定积分，构成了微积分学的积分学部分.

4.1 不定积分的概念与性质

一、原函数与不定积分的概念

从微分学知道：若已知曲线方程 $y=f(x)$，则可求出该曲线在任意一点 x 处的切线的斜率 $k=f'(x)$.

例如，曲线 $y=x^2$ 在点 x 处的切线的斜率为 $2x$. 现在要解决其逆问题：已知曲线上任意一点 x 处切线的斜率，要求该曲线的方程，为此，我们引入原函数的概念.

定义 4.1.1 设 $f(x)$在某一区间内有定义，如果存在可导函数 $F(x)$，使得在该区间上有

$$F'(x)=f(x) \quad 或 \quad \mathrm{d}F(x)=f(x)\mathrm{d}x,$$

则称 $F(x)$是 $f(x)$在该区间内的一个原函数.

关于原函数，我们有如下几点说明：

(1) 如果函数 $f(x)$在某区间内连续，那么它的原函数一定存在；

(2) 如果函数 $f(x)$有一个原函数 $F(x)$，由于$[F(x)+C]'=F'(x)=f(x)$，因此 $F(x)+C$ 也是 $f(x)$的原函数(C 是任意常数)，故 $f(x)$有无穷多个原函数；

(3) 如果 $F(x)$与 $G(x)$都是 $f(x)$的原函数，即 $G'(x)=F'(x)=f(x)$，则由拉格朗日中值定理的推论 3.1.2 可知，$F(x)$与 $G(x)$至多相差一个常数，即 $G(x)=F(x)+C$.

定义 4.1.2 函数 $f(x)$ 的全体原函数 $F(x)+C$ 称为 $f(x)$ 的不定积分，记为 $\int f(x)\mathrm{d}x$，即

$$\int f(x)\mathrm{d}x=F(x)+C.$$

其中，记号$\int$称为积分号，$f(x)$ 称为被积函数，x 称为积分变量，$f(x)\mathrm{d}x$ 称为被积表达式，C 称为积分常数.

由定义 4.1.2 知，求函数 $f(x)$ 的不定积分，就是求 $f(x)$ 的全体原函数. 在$\int f(x)\mathrm{d}x$ 中，积分号$\int$表示对函数 $f(x)$ 实行求原函数的运算，故求不定积分的运算实质上就是求导（或求微分）运算的逆运算，只需先求出它的一个原函数，再加上任意常数 C 即可. 例如，x^2 是 $2x$ 的一个原函数，故$\int 2x\,\mathrm{d}x = x^2 + C$.

例 4.1.1　问$\frac{\mathrm{d}}{\mathrm{d}x}\left(\int f(x)\mathrm{d}x\right)$ 与$\int f'(x)\mathrm{d}x$ 是否相等?

解　不相等.

设 $F'(x)=f(x)$，则

$$\frac{\mathrm{d}}{\mathrm{d}x}\left(\int f(x)\mathrm{d}x\right)=\frac{\mathrm{d}}{\mathrm{d}x}(F(x)+C)=F'(x)+0=f(x).$$

而由不定积分定义知

$$\int f'(x)\mathrm{d}x=f(x)+C,$$

所以

$$\frac{\mathrm{d}}{\mathrm{d}x}\left(\int f(x)\mathrm{d}x\right)\neq\int f'(x)\mathrm{d}x.$$

例 4.1.2　求下列不定积分：

(1) $\int x^3\mathrm{d}x$；　(2) $\int \frac{1}{x^2}\mathrm{d}x$；　(3) $\int \frac{1}{1+x^2}\mathrm{d}x$.

解　(1) 因为$\left(\frac{x^4}{4}\right)'=x^3$，所以$\frac{x^4}{4}$是$x^3$的一个原函数，从而$\int x^3\mathrm{d}x=\frac{x^4}{4}+C$($C$为任意常数).

(2) 因为$\left(-\frac{1}{x}\right)'=\frac{1}{x^2}$，所以$-\frac{1}{x}$是$\frac{1}{x^2}$的一个原函数，从而$\int\frac{1}{x^2}\mathrm{d}x=-\frac{1}{x}+C$($C$ 为任意常数).

(3) 因为$(\arctan x)'\ \frac{1}{1+x^2}$，所以 $\arctan x$ 是$\frac{1}{1+x^2}$的一个原函数，从而$\int\frac{1}{1+x^2}\mathrm{d}x=\arctan x+C$($C$ 为任意常数).

例 4.1.3　求不定积分$\int\frac{1}{x}\mathrm{d}x$.

解　当 $x>0$ 时，$(\ln x)'=\frac{1}{x}$，从而

$$\int\frac{1}{x}\mathrm{d}x=\ln x+C;$$

当 $x<0$ 时，$[\ln(-x)]'=\frac{1}{x}$，从而

$$\int \frac{1}{x}\mathrm{d}x = \ln(-x) + C.$$

因此

$$\int \frac{1}{x}\mathrm{d}x = \ln|x| + C.$$

二、基本积分公式

因为求不定积分是求导数的逆运算，所以可由基本初等函数的导数公式得到相应的基本积分公式. 把这些基本的积分公式列成一个表，通常称为基本积分公式表.

(1) $\int k\,\mathrm{d}x = kx + C$（$k$ 是常数）；(2) $\int x^{\alpha}\,\mathrm{d}x = \frac{1}{\alpha+1}x^{\alpha+1} + C$（$\alpha \neq -1$，$x > 0$）；

(3) $\int \frac{1}{x}\mathrm{d}x = \ln|x| + C$（$x \neq 0$）；(4) $\int a^{x}\,\mathrm{d}x = \frac{1}{\ln a}a^{x} + C$（$a > 0$，$a \neq 1$）；

(5) $\int \mathrm{e}^{x}\,\mathrm{d}x = \mathrm{e}^{x} + C$；(6) $\int \cos x\,\mathrm{d}x = \sin x + C$；

(7) $\int \sin x\,\mathrm{d}x = -\cos x + C$；(8) $\int \sec^{2}x\,\mathrm{d}x = \tan x + C$；

(9) $\int \csc^{2}x\,\mathrm{d}x = -\cot x + C$；(10) $\int \sec x\tan x\,\mathrm{d}x = \sec x + C$；

(11) $\int \csc x\cot x\,\mathrm{d}x = -\csc x + C$；(12) $\int \frac{1}{\sqrt{1-x^{2}}}\mathrm{d}x = \arcsin x + C$；

(13) $\int \frac{1}{1+x^{2}}\mathrm{d}x = \arctan x + C$.

上述所列基本积分公式可以通过直接求导来验证，即对等式右端的函数求导后所得到的函数等于左端的被积函数.

利用基本积分公式和不定积分的性质可求出一些函数的不定积分.

例 4.1.4 求不定积分 $\int \frac{1}{x\sqrt[3]{x}}\mathrm{d}x$.

解 $\int \frac{1}{x\sqrt[3]{x}}\mathrm{d}x = \int x^{-\frac{4}{3}}\mathrm{d}x = \frac{1}{-\frac{4}{3}+1}x^{-\frac{4}{3}+1} + C = -3x^{-\frac{1}{3}} + C.$

例 4.1.5 求不定积分 $\int 2^{x}\mathrm{e}^{x}\,\mathrm{d}x$.

解 $\int 2^{x}\mathrm{e}^{x}\,\mathrm{d}x = \int (2\mathrm{e})^{x}\,\mathrm{d}x = \frac{(2\mathrm{e})^{x}}{\ln(2\mathrm{e})} + C = \frac{2^{x}\mathrm{e}^{x}}{1+\ln 2} + C.$

例 4.1.6 求经过点(1，3)，且切线的斜率为 x^{2} 的曲线方程.

解 设所求曲线方程为 $y = f(x)$，由题意知

$$f'(x) = x^{2},$$

从而

$$f(x)=\int x^2\mathrm{d}x=\frac{1}{3}x^3+C.$$

又因为曲线经过点(1，3)，将 $x=1$，$y=3$ 代入上式，得

$$C=\frac{8}{3}.$$

因此，所求曲线方程为

$$y=\frac{1}{3}x^3+\frac{8}{3}.$$

三、不定积分的性质

根据不定积分的定义，可以推得不定积分具有如下性质：

性质 4.1.1　如果将函数先求积分再求导，则结果等于被积函数，即

$$\frac{\mathrm{d}}{\mathrm{d}x}\left[\int f(x)\mathrm{d}x\right]=f(x).$$

与此等价的结果是

$$\mathrm{d}\left[\int f(x)\mathrm{d}x\right]=f(x)\mathrm{d}x.$$

性质 4.1.2　如果将函数先求导(或微分)，再求积分，则结果等于原来的函数再加上一个任意常数，即

$$\int f'(x)\mathrm{d}x=f(x)+C，或\int \mathrm{d}f(x)=f(x)+C.$$

从上面两个性质可以看出，如果不计相差一个常数的情况，则求导数和求不定积分互为逆运算.

性质 4.1.3　被积函数中不为零的常数因子可以提到积分号外，即

$$\int kf(x)\mathrm{d}x=k\int f(x)\mathrm{d}x\ (k\ 是常数，k\neq 0).$$

性质 4.1.4　两个函数的代数和的不定积分，等于各函数不定积分的代数和，即

$$\int[f(x)\pm g(x)]\mathrm{d}x=\int f(x)\mathrm{d}x\pm\int g(x)\mathrm{d}x.$$

性质 4.1.4 可以推广到有限个函数的代数和的情形.

例 4.1.7　求不定积分$\int\frac{1+x+x^2}{x(1+x^2)}\mathrm{d}x$.

解　$\int\frac{1+x+x^2}{x(1+x^2)}\mathrm{d}x=\int\frac{x+(1+x^2)}{x(1+x^2)}\mathrm{d}x=\int\left(\frac{1}{1+x^2}+\frac{1}{x}\right)\mathrm{d}x=\int\frac{1}{1+x^2}\mathrm{d}x+\int\frac{1}{x}\mathrm{d}x$

$=\arctan x+\ln|x|+C.$

例 4.1.8　求不定积分$\int\left(\frac{x}{2}+\frac{2}{x}\right)\mathrm{d}x$.

解　$\int\left(\frac{x}{2}+\frac{2}{x}\right)\mathrm{d}x=\int\frac{x}{2}\mathrm{d}x+\int\frac{2}{x}\mathrm{d}x=\frac{1}{2}\int x\mathrm{d}x+2\int\frac{1}{x}\mathrm{d}x=\frac{x^2}{4}+2\ln|x|+C.$

例 4.1.9 求不定积分$\int \frac{x^4}{1+x^2}dx$.

解 $$\int \frac{x^4}{1+x^2}dx=\int \frac{x^4-1+1}{1+x^2}dx=\int \frac{(x^2+1)(x^2-1)+1}{1+x^2}dx$$
$$=\int\left(x^2-1+\frac{1}{1+x^2}\right)dx$$
$$=\int x^2dx-\int 1dx+\int \frac{1}{1+x^2}dx$$
$$=\frac{x^3}{3}-x+\arctan x+C.$$

例 4.1.10 求不定积分$\int \frac{1}{\sin^2 x\cos^2 x}dx$.

解 $$\int \frac{1}{\sin^2 x\cos^2 x}dx=\int \frac{\sin^2 x+\cos^2 x}{\sin^2 x\cos^2 x}dx=\int \frac{1}{\cos^2 x}dx+\int \frac{1}{\sin^2 x}dx$$
$$=\tan x-\cot x+C.$$

例 4.1.11 求不定积分$\int \tan^2 x\,dx$.

解 $$\int \tan^2 x\,dx=\int(\sec^2 x-1)\,dx=\int \sec^2 x\,dx-\int 1dx=\tan x-x+C.$$

例 4.1.12 求不定积分$\int \sin^2\frac{x}{2}dx$.

解 $$\int \sin^2\frac{x}{2}dx=\int \frac{1}{2}(1-\cos x)\,dx=\frac{1}{2}\left(\int dx-\int \cos x\,dx\right)=\frac{1}{2}(x-\sin x)+C.$$

习题 4-1

(A)

1. 填空题:

(1) 若 $f(x)$ 的一个原函数为 x^3-e^x，则$\int f(x)dx=$__________;

(2) 若$\int f(x)dx=e^x+\sin x+C$，则 $f(x)=$__________;

(3) 若 $f(x)$ 的一个原函数为 $\sin x$，则$\int f'(x)dx=$__________;

(4) 若 $f(x)$ 的一个原函数为 $\sin x$，则$\left[\int f(x)dx\right]'=$__________;

(5) $\frac{d}{dx}\left(\int \sin x\,dx\right)=$__________.

2. 设曲线经过点(0，3)，且曲线上任一点$(x，y)$处的切线斜率为e^x. 试求该曲线方程.

3. 求下列函数的不定积分：

(1) $\int\left(\frac{2}{x}+\frac{x}{3}\right)\mathrm{d}x$；　(2) $\int\frac{(x-\sqrt{x})(1+\sqrt{x})}{\sqrt{x}}\mathrm{d}x$；

(3) $\int\frac{\sqrt{1+x^2}}{\sqrt{1-x^4}}\mathrm{d}x$；　(4) $\int\frac{1+2x^2}{x^2(1+x^2)}\mathrm{d}x$；

(5) $\int\frac{1+\cos^2 x}{1+\cos 2x}\mathrm{d}x$；　(6) $\int\frac{\cos 2x}{\sin^2 x\cos^2 x}\mathrm{d}x$；

(7) $\int\frac{1}{1+\cos 2x}\mathrm{d}x$；　(8) $\int\left(\sqrt{\frac{1+x}{1-x}}+\sqrt{\frac{1-x}{1+x}}\right)\mathrm{d}x$；

(9) $\int\left(1-\frac{1}{x^2}\right)\sqrt{x\sqrt{x}}\,\mathrm{d}x$；　(10) $\int\frac{2\cdot 3^x-5\cdot 2^x}{3^x}\mathrm{d}x$.

(B)

1. 函数 $\cos\frac{\pi}{2}x$ 的一个原函数为(　　).

A. $-\frac{\pi}{2}\sin\frac{\pi}{2}x$　B. $-\frac{2}{\pi}\sin\frac{\pi}{2}x$　C. $\frac{\pi}{2}\sin\frac{\pi}{2}x$　D. $\frac{2}{\pi}\sin\frac{\pi}{2}x$

2. 设 $f(x)=k\tan 2x$ 的一个原函数为 $\frac{1}{2}\ln\cos 2x$，则 $k=$(　　).

A. $\frac{1}{2}$　B. -1　C. 2　D. 1

3. 设 $f(x)$ 可积，则 $\int\mathrm{d}f(x)=$(　　).

A. $f'(x)+C$　B. $f'(x)\mathrm{d}x$　C. $f'(x)$　D. $f(x)+C$

4. 当 $0<x<\frac{\pi}{2}$ 时，下列各式中，除(　　)外都是同一函数的原函数.

A. $\ln\left(\tan\frac{x}{2}\right)$　B. $\ln\left(\cot\frac{x}{2}\right)$

C. $\ln\sqrt{\frac{1-\cos x}{1+\cos x}}+2$　D. $\ln(\csc x-\cot x)+1$

5. 设 $f(x)$ 在区间 I 内连续，则 $f(x)$ 在 I 内(　　).

A. 必存在导函数　B. 必有界　C. 必存在原函数　D. 必有极值

4.2　换元积分法

能用直接积分法计算的不定积分是十分有限的. 本节介绍的换元积分法，是将复合函数的求导法则反过来用于不定积分，即通过适当的变量代换(换元)，把某些不定积分化为基本积分公式表中所列的形式，再计算出所求的不定积分.

一、第一类换元积分法(凑微分法)

我们知道$(\sin 2x)'=2\cos 2x$，所以$\sin 2x$是$2\cos 2x$的一个原函数，故

$$\int 2\cos 2x\,\mathrm{d}x=\sin 2x+C.$$

一般地，如果所求的不定积分，其被积函数能写成$f[\varphi(x)]\varphi'(x)$的形式，则有下述定理：

定理 4.2.1(第一类换元积分法) 设$\int f(u)\mathrm{d}u=F(u)+C$，$u=\varphi(x)$具有连续的导数，则

$$\int f[\varphi(x)]\varphi'(x)\mathrm{d}x=\int f(u)\mathrm{d}u=F(u)+C=F[\varphi(x)]+C.$$

定理 4.2.1 表明，如果把基本积分公式中的自变量x换成中间变量u(设$u=\varphi(x)$，且有连续导数)，公式仍然成立.

例如，由$\int\cos x\,\mathrm{d}x=\sin x+C$可以推出$\int\cos 2x\,\mathrm{d}(2x)=\sin 2x+C$，$\int\cos(\ln x)\,\mathrm{d}(\ln x)=\sin(\ln x)+C$等.

应用还原积分法的思路：如果不定积分$\int g(x)\mathrm{d}x$不能应用基本积分公式表和性质求出结果，但可设法把$g(x)$改写成$f[\varphi(x)]\varphi'(x)$的形式，那么可用这个公式计算$\int g(x)\mathrm{d}x$. 整个过程形式上可写成如下的一串表达式：

$$\int g(x)\mathrm{d}x\xlongequal{\text{恒等变形}}\int f[\varphi(x)]\varphi'(x)\mathrm{d}x\xlongequal{\text{凑微分}}\int f[\varphi(x)]\mathrm{d}\varphi(x)$$

$$\xlongequal{\text{代换 }u=\varphi(x)}\int f(u)\,\mathrm{d}u=F(u)+C\xlongequal{\text{还原 }u=\varphi(x)}F[\varphi(x)]+C.$$

这一过程中关键一步在于将$g(x)\mathrm{d}x$“凑成”$f[\varphi(x)]\mathrm{d}\varphi(x)$，因而这种方法亦称为凑微分法. 方法熟练后，可不必设u.

例 4.2.1 求不定积分$\int(2x+1)^{10}\mathrm{d}x$.

解 $\int(2x+1)^{10}\mathrm{d}x=\dfrac{1}{2}\int(2x+1)^{10}(2x+1)'\mathrm{d}x=\dfrac{1}{2}\int(2x+1)^{10}\mathrm{d}(2x+1)$

$$\xlongequal[\text{换元}]{2x+1=u}\frac{1}{2}\int u^{10}\mathrm{d}u=\frac{1}{2}\cdot\frac{u^{11}}{11}+C\xlongequal[\text{回代}]{u=2x+1}\frac{1}{22}(2x+1)^{11}+C.$$

例 4.2.2 求不定积分$\int\dfrac{1}{3+2x}\mathrm{d}x$.

解 $\int\dfrac{1}{3+2x}\mathrm{d}x=\dfrac{1}{2}\int\dfrac{1}{3+2x}\cdot(3+2x)'\mathrm{d}x$

$$=\frac{1}{2}\int\frac{1}{3+2x}\mathrm{d}(3+2x)\xlongequal{3+2x=u}\frac{1}{2}\int\frac{1}{u}\mathrm{d}u$$

$$=\frac{1}{2}\ln|u|+C\xlongequal{u=3+2x}\frac{1}{2}\ln|3+2x|+C.$$

注：一般情形为

$$\int f(ax+b)\mathrm{d}x=\frac{1}{a}\int f(ax+b)\mathrm{d}(ax+b).$$

例 4.2.3 求不定积分$\int x\mathrm{e}^{x^2}\mathrm{d}x$.

解 $\int x\mathrm{e}^{x^2}\mathrm{d}x=\frac{1}{2}\int \mathrm{e}^{x^2}(x^2)'\mathrm{d}x=\frac{1}{2}\int \mathrm{e}^{x^2}\mathrm{d}(x^2)$

$$\xlongequal{x^2=u}\frac{1}{2}\int \mathrm{e}^{u}\mathrm{d}u=\frac{1}{2}\mathrm{e}^{u}+C\xlongequal{u=x^2}\frac{1}{2}\mathrm{e}^{x^2}+C.$$

注：一般情形为

$$\int xf(x^2)\,\mathrm{d}x=\frac{1}{2}\int f(x^2)\,\mathrm{d}x^2,$$

$$\int x^{\mu-1}f(x^{\mu})\,\mathrm{d}x=\frac{1}{\mu}\int f(x^{\mu})\,\mathrm{d}x^{\mu}.$$

例 4.2.4 求不定积分$\int x\sqrt{1-x^2}\,\mathrm{d}x$.

解 $\int x\sqrt{1-x^2}\,\mathrm{d}x=\int(1-x^2)^{\frac{1}{2}}\left[-\frac{1}{2}(1-x^2)\right]'\mathrm{d}x=-\frac{1}{2}\int(1-x^2)^{\frac{1}{2}}\mathrm{d}(1-x^2)$

$$=-\frac{1}{3}(1-x^2)^{\frac{3}{2}}+C.$$

注：对变量代换比较熟练后，可省去书写中间变量的换元和回代过程.

例 4.2.5 求不定积分$\int\frac{1}{x(1+2\ln x)}\mathrm{d}x$.

解 $\int\frac{1}{x(1+2\ln x)}\mathrm{d}x=\int\frac{1}{1+2\ln x}\mathrm{d}(\ln x)=\frac{1}{2}\int\frac{1}{1+2\ln x}\mathrm{d}(1+2\ln x)$

$$=\frac{1}{2}\ln|1+2\ln x|+C.$$

注：一般情形为

$$\int f(\ln x)\frac{1}{x}\mathrm{d}x=\int f(\ln x)\,\mathrm{d}(\ln x).$$

例 4.2.6 求不定积分$\int\frac{\mathrm{e}^{3\sqrt{x}}}{\sqrt{x}}\mathrm{d}x$.

解 $\int\frac{\mathrm{e}^{3\sqrt{x}}}{\sqrt{x}}\mathrm{d}x=2\int\mathrm{e}^{3\sqrt{x}}\mathrm{d}(\sqrt{x})=\frac{2}{3}\int\mathrm{e}^{3\sqrt{x}}\mathrm{d}(3\sqrt{x})=\frac{2}{3}\mathrm{e}^{3\sqrt{x}}+C.$

注：一般情形为

$$\int f(\sqrt{x})\frac{1}{\sqrt{x}}\mathrm{d}x=2\int f(\sqrt{x})\mathrm{d}(\sqrt{x}).$$

例 4.2.7 求不定积分$\int\frac{\sin\frac{1}{x}}{x^2}\mathrm{d}x$.

解 $\int \frac{\sin \frac{1}{x}}{x^2} dx = \int \sin\left(\frac{1}{x}\right) \cdot \left(-\frac{1}{x}\right)' dx = -\int \sin\left(\frac{1}{x}\right) d\left(\frac{1}{x}\right) = \cos\left(\frac{1}{x}\right) + C.$

注: 一般情形为

$$\int \frac{1}{x^2} f\left(\frac{1}{x}\right) dx = -\int f\left(\frac{1}{x}\right) d\left(\frac{1}{x}\right).$$

例 4.2.8　求不定积分$\int \sin 2x\, dx$.

解　方法一　$\int \sin 2x\, dx = \frac{1}{2}\int \sin 2x\, d(2x) = -\frac{1}{2}\cos 2x + C.$

方法二　$\int \sin 2x\, dx = 2\int \sin x \cos x\, dx = 2\int \sin x\, d(\sin x) = (\sin x)^2 + C.$

方法三　$\int \sin 2x\, dx = 2\int \sin x \cos x\, dx = -2\int \cos x\, d(\cos x) = -(\cos x)^2 + C.$

注: 一般情形为

$$\int f(\sin x) \cos x\, dx = \int f(\sin x) d(\sin x),$$

$$\int f(\cos x) \sin x\, dx = -\int f(\cos x) d(\cos x).$$

例 4.2.9　求不定积分$\int \tan x\, dx$.

解　$\int \tan x\, dx = \int \frac{\sin x}{\cos x} dx = -\int \frac{1}{\cos x} d(\cos x) = -\ln|\cos x| + C.$

同理，$\int \cot x\, dx = \ln|\sin x| + C.$

例 4.2.10　求下列不定积分：

(1) $\int \sin^3 x\, dx$；　(2) $\int \sin^2 x \cdot \cos^5 x\, dx$.

解　(1) $\int \sin^3 x\, dx = \int \sin^2 x \sin x\, dx = -\int (1-\cos^2 x) d(\cos x)$

$$= -\int d(\cos x) + \int \cos^2 x\, d(\cos x)$$

$$= -\cos x + \frac{1}{3}\cos^3 x + C;$$

(2) $\int \sin^2 x \cdot \cos^5 x\, dx = \int \sin^2 x \cdot \cos^4 x\, d(\sin x) = \int \sin^2 x \cdot (1-\sin^2 x)^2 d(\sin x)$

$$= \int (\sin^2 x - 2\sin^4 x + \sin^6 x) d(\sin x)$$

$$= \frac{1}{3}\sin^3 x - \frac{2}{5}\sin^5 x + \frac{1}{7}\sin^7 x + C.$$

注: 当被积函数是三角函数的奇数次幂时，拆开奇次项去凑微分；当被积函数是三角函数的偶数次幂时，常用半角公式通过降低次幂的方法来计算.

例 4.2.11　求下列不定积分：

(1) $\int \cos^2 x\,dx$；　(2) $\int \cos^4 x\,dx$.

解　(1) $$\int \cos^2 x\,dx = \int \frac{1+\cos 2x}{2}dx = \frac{1}{2}\left(\int dx + \int \cos 2x\,dx\right)$$
$$= \frac{1}{2}\left[\int dx + \frac{1}{2}\int \cos 2x\,d(2x)\right]$$
$$= \frac{x}{2} + \frac{\sin 2x}{4} + C;$$

(2) 因为

$$\cos^4 x = (\cos^2 x)^2 = \left(\frac{1+\cos 2x}{2}\right)^2 = \frac{1}{4}(1 + 2\cos 2x + \cos^2 2x)$$
$$= \frac{1}{4}\left(1 + 2\cos 2x + \frac{1+\cos 4x}{2}\right)$$
$$= \frac{1}{8}(3 + 4\cos 2x + \cos 4x),$$

所以

$$\int \cos^4 x\,dx = \frac{1}{8}\int (3 + 4\cos 2x + \cos 4x)\,dx = \frac{1}{8}\left(\int 3dx + \int 4\cos 2x\,dx + \int \cos 4x\,dx\right)$$
$$= \frac{1}{8}\left[3x + 2\int \cos 2x\,d(2x) + \frac{1}{4}\int \cos 4x\,d(4x)\right]$$
$$= \frac{3}{8}x + \frac{1}{4}\sin 2x + \frac{1}{32}\sin 4x + C.$$

例 4.2.12　求不定积分 $\int \frac{1}{a^2+x^2}dx$.

解　$$\int \frac{1}{a^2+x^2}dx = \int \frac{1}{a^2}\cdot\frac{1}{1+\left(\frac{x}{a}\right)^2}dx = \frac{1}{a}\int \frac{1}{1+\left(\frac{x}{a}\right)^2}d\left(\frac{x}{a}\right) = \frac{1}{a}\arctan\frac{x}{a} + C.$$

例 4.2.13　求不定积分 $\int \frac{1}{x^2-a^2}dx$.

解　因为 $\frac{1}{x^2-a^2} = \frac{1}{2a}\left(\frac{1}{x-a} - \frac{1}{x+a}\right)$，所以

$$\int \frac{1}{x^2-a^2}dx = \frac{1}{2a}\int\left(\frac{1}{x-a} - \frac{1}{x+a}\right)dx = \frac{1}{2a}\left(\int \frac{1}{x-a}dx - \int \frac{1}{x+a}dx\right)$$
$$= \frac{1}{2a}\left[\int \frac{1}{x-a}d(x-a) - \int \frac{1}{x+a}d(x+a)\right]$$
$$= \frac{1}{2a}(\ln|x-a| - \ln|x+a|) + C$$
$$= \frac{1}{2a}\ln\left|\frac{x-a}{x+a}\right| + C.$$

例 4.2.14 求不定积分$\int \frac{1}{\sqrt{2x+3}+\sqrt{2x-1}}\mathrm{d}x$.

解
$$\begin{aligned}\int \frac{1}{\sqrt{2x+3}+\sqrt{2x-1}}\mathrm{d}x &= \int \frac{\sqrt{2x+3}-\sqrt{2x-1}}{(\sqrt{2x+3}+\sqrt{2x-1})(\sqrt{2x+3}-\sqrt{2x-1})}\mathrm{d}x \\ &= \frac{1}{4}\int \sqrt{2x+3}\,\mathrm{d}x - \frac{1}{4}\int \sqrt{2x-1}\,\mathrm{d}x \\ &= \frac{1}{8}\int \sqrt{2x+3}\,\mathrm{d}(2x+3) - \frac{1}{8}\int \sqrt{2x-1}\,\mathrm{d}(2x-1) \\ &= \frac{1}{12}(\sqrt{2x+3})^3 - \frac{1}{12}(\sqrt{2x-1})^3 + C.\end{aligned}$$

注: 利用平方差公式进行根式有理化是化简积分计算的常用手段之一.

例 4.2.15 求下列不定积分:

(1) $\int \csc x\,\mathrm{d}x$; (2) $\int \sec x\,\mathrm{d}x$.

解 (1)
$$\begin{aligned}\int \csc x\,\mathrm{d}x &= \int \frac{\mathrm{d}x}{\sin x} = \int \frac{\mathrm{d}x}{2\sin\frac{x}{2}\cos\frac{x}{2}} = \int \frac{1}{\tan\frac{x}{2}\cos^2\frac{x}{2}}\mathrm{d}\left(\frac{x}{2}\right) \\ &= \int \frac{1}{\tan\frac{x}{2}}\mathrm{d}\left(\tan\frac{x}{2}\right) = \ln\left|\tan\frac{x}{2}\right| + C.\end{aligned}$$

因为

$$\tan\frac{x}{2} = \frac{\sin\frac{x}{2}}{\cos\frac{x}{2}} = \frac{2\sin^2\frac{x}{2}}{\sin x} = \frac{1-\cos x}{\sin x} = \csc x - \cot x,$$

所以

$$\int \csc x\,\mathrm{d}x = \ln|\csc x - \cot x| + C;$$

(2)
$$\begin{aligned}\int \sec x\,\mathrm{d}x &= \int \frac{\mathrm{d}x}{\cos x} = \int \frac{\mathrm{d}\left(x+\frac{\pi}{2}\right)}{\sin\left(x+\frac{\pi}{2}\right)} = \ln\left|\csc\left(x+\frac{\pi}{2}\right) - \cot\left(x+\frac{\pi}{2}\right)\right| + C \\ &= \ln|\sec x + \tan x| + C.\end{aligned}$$

例 4.2.16 求下列不定积分:

(1) $\int \sec^6 x\,\mathrm{d}x$; (2) $\int \tan^5 x \cdot \sec^3 x\,\mathrm{d}x$.

解 (1)
$$\begin{aligned}\int \sec^6 x\,\mathrm{d}x &= \int (\sec^2 x)^2 \sec^2 x\,\mathrm{d}x = \int (1+\tan^2 x)^2\,\mathrm{d}(\tan x) \\ &= \int (1+2\tan^2 x + \tan^4 x)\,\mathrm{d}(\tan x)\end{aligned}$$

$$=\tan x+\frac{2}{3}\tan^3 x+\frac{1}{5}\tan^5 x+C;$$

(2) $\int \tan^5 x \cdot \sec^3 x\,dx=\int \tan^4 x\ \sec^2 x\sec x\tan x\,dx$

$$=\int (\sec^2 x-1)^2\ \sec^2 x\,d(\sec x)$$

$$=\int (\sec^6 x-2\sec^4 x+\sec^2 x)\,d(\sec x)$$

$$=\frac{1}{7}\sec^7 x-\frac{2}{5}\sec^5 x+\frac{1}{3}\sec^3 x+C.$$

例 4.2.17　试用换元法求不定积分$\int \frac{1}{1+\sin x}dx$.

解　方法一　$\int \frac{1}{1+\sin x}dx=\int \frac{1-\sin x}{1-\sin^2 x}dx=\int \frac{1}{\cos^2 x}dx+\int \frac{d\cos x}{\cos^2 x}$

$$=\tan x-\frac{1}{\cos x}+C.$$

方法二　$\int \frac{1}{1+\sin x}dx=\int \frac{dx}{1+\cos\left(\frac{\pi}{2}-x\right)}=-\int \frac{d\left(\frac{\pi}{4}-\frac{x}{2}\right)}{\cos^2\left(\frac{\pi}{4}-\frac{x}{2}\right)}$

$$=-\tan\frac{1}{2}\left(\frac{\pi}{2}-x\right)+C.$$

例 4.2.18　求不定积分$\int \cos 3x\cos 2x\,dx$.

解　因为 $\cos A\cos B=\frac{1}{2}[\cos(A-B)+\cos(A+B)]$，所以

$$\cos 3x\cos 2x=\frac{1}{2}(\cos x+\cos 5x),$$

从而

$$\int \cos 3x\cos 2x\,dx=\frac{1}{2}\int (\cos x+\cos 5x)\,dx$$

$$=\frac{1}{2}\left[\int \cos x\,dx+\frac{1}{5}\int \cos 5x\,d(5x)\right]$$

$$=\frac{1}{2}\sin x+\frac{1}{10}\sin 5x+C.$$

例 4.2.19　用换元法求不定积分$\int \frac{\sin x+\cos x}{\sqrt[3]{\sin x-\cos x}}dx$.

解　$\int \frac{\sin x+\cos x}{\sqrt[3]{\sin x-\cos x}}dx=\int (\sin x-\cos x)^{-\frac{1}{3}}\,d(\sin x-\cos x)$

$$=\frac{3}{2}\sqrt[3]{(\sin x-\cos)^2}+C$$

$$=\frac{3}{2}\sqrt[3]{1-\sin 2x}+C.$$

例 4.2.20　求不定积分$\int\frac{x^2-1}{x^4+1}\mathrm{d}x$.

解　因为

$$\frac{x^2-1}{x^4+1}\mathrm{d}x=\frac{1-\frac{1}{x^2}}{x^2+\frac{1}{x^2}}\mathrm{d}x=\frac{\mathrm{d}\left(x+\frac{1}{x}\right)}{\left(x+\frac{1}{x}\right)^2-2},$$

所以

$$\int\frac{x^2-1}{x^4+1}\mathrm{d}x=\int\frac{\mathrm{d}\left(x+\frac{1}{x}\right)}{\left(x+\frac{1}{x}\right)^2-2}=\frac{1}{2\sqrt{2}}\ln\left|\frac{x+\frac{1}{x}-\sqrt{2}}{x+\frac{1}{x}+\sqrt{2}}\right|+C$$

$$=\frac{1}{2\sqrt{2}}\ln\left|\frac{x^2-\sqrt{2}x+1}{x^2+\sqrt{2}x+1}\right|+C.$$

常用凑微分公式见表 4-2-1.

表 4-2-1

	积分类型	换元公式
第一换元积分法	$\int f(ax+b)\mathrm{d}x=\frac{1}{a}\int f(ax+b)\mathrm{d}(ax+b)\ (a\neq 0)$	$u=ax+b$
	$\int f(x^\mu)x^{\mu-1}\mathrm{d}x=\frac{1}{\mu}\int f(x^\mu)\mathrm{d}(x^\mu)\ (\mu\neq 0)$	$u=x^\mu$
	$\int f(\ln x)\cdot\frac{1}{x}\mathrm{d}x=\int f(\ln x)\mathrm{d}(\ln x)$	$u=\ln x$
	$\int f(\mathrm{e}^x)\cdot\mathrm{e}^x\mathrm{d}x=\int f(\mathrm{e}^x)\mathrm{d}(\mathrm{e}^x)$	$u=\mathrm{e}^x$
	$\int f(a^x)\cdot a^x\mathrm{d}x=\frac{1}{\ln a}\int f(a^x)\mathrm{d}(a^x)$	$u=a^x$
	$\int f(\sin x)\cdot\cos x\mathrm{d}x=\int f(\sin x)\mathrm{d}(\sin x)$	$u=\sin x$
	$\int f(\cos x)\cdot\sin x\mathrm{d}x=-\int f(\cos x)\mathrm{d}(\cos x)$	$u=\cos x$
	$\int f(\tan x)\sec^2 x\mathrm{d}x=\int f(\tan x)\mathrm{d}(\tan x)$	$u=\tan x$
	$\int f(\cot x)\csc^2 x\mathrm{d}x=-\int f(\cot x)\mathrm{d}(\cot x)$	$u=\cot x$
	$\int f(\arctan x)\frac{1}{1+x^2}\mathrm{d}x=\int f(\arctan x)\mathrm{d}(\arctan x)$	$u=\arctan x$
	$\int f(\arcsin x)\frac{1}{\sqrt{1-x^2}}\mathrm{d}x=-\int f(\arcsin x)\mathrm{d}(\arcsin x)$	$u=\arcsin x$

二、第二类换元积分法(变量代换法)

第一类换元积分法是将所要求的不定积分$\int g(x)\mathrm{d}x$"凑成"$\int f[\varphi(x)]\varphi'(x)\mathrm{d}x$，通过变量代换$u=\varphi(x)$，化为易求的积分$\int f(u)\mathrm{d}u$. 有时我们也会遇到相反的情形，适当地选择变量代换$x=\psi(u)$，将不定积分$\int f(x)\mathrm{d}x$化为易求的积分$\int f[\psi(u)]\psi'(u)\mathrm{d}u$，这种方法称为第二类换元积分法.

定理 4.2.2(第二类换元积分法)　设$x=\psi(u)$具有连续的导数，且$\psi'(u)\neq 0$，若

$$\int f[\psi(u)]\psi'(u)\mathrm{d}u=\Phi(u)+C,$$

则

$$\int f(x)\mathrm{d}x=\Phi[\psi^{-1}(x)]+C,$$

其中，$u=\psi^{-1}(x)$是$x=\psi(u)$的反函数.

使用第二类换元积分法公式的关键是合理地选择变量代换$x=\psi(u)$，在具体计算时，形式上可写成

$$\int f(x)\mathrm{d}x \xlongequal{\text{令}x=\varphi(u)} \int f[\psi(u)]\psi'(u)\mathrm{d}u \xlongequal{\text{设可积出}} \Phi(u)+C$$

$$\xlongequal{\text{回代}u=\psi^{-1}(x)} \Phi[\psi^{-1}(x)]+C.$$

例 4.2.21　求不定积分$\int\sqrt{a^2-x^2}\,\mathrm{d}x\ (a>0)$.

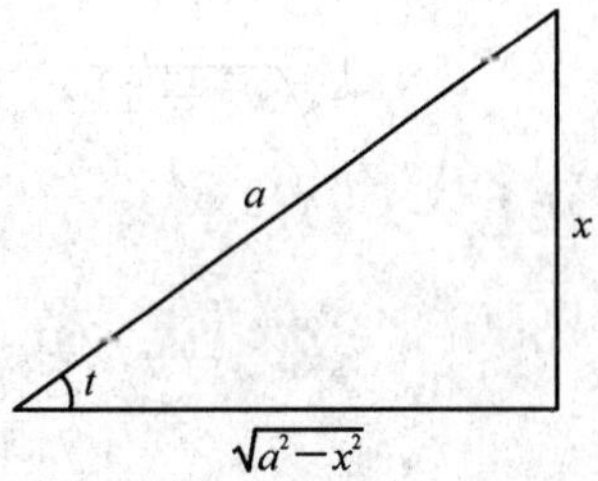

图 4-2-1

解　令$x=a\sin t$(见图 4-2-1)，$t\in\left(-\dfrac{\pi}{2},\dfrac{\pi}{2}\right)$，则$\mathrm{d}x=a\cos t\,\mathrm{d}t$，而

$$\sqrt{a^2-x^2}=\sqrt{a^2-a^2\sin^2 t}=a\cos t,$$

于是

$$\begin{aligned}\int\sqrt{a^2-x^2}\,\mathrm{d}x&=\int a\cos t\cdot a\cos t\,\mathrm{d}t=a^2\int\cos^2 t\,\mathrm{d}t\\&=a^2\int\frac{1+\cos 2t}{2}\mathrm{d}t\\&=\frac{a^2}{2}\left(t+\frac{1}{2}\sin 2t\right)+C\\&=\frac{a^2}{2}(t+\sin t\cdot\cos t)+C\\&=\frac{a^2}{2}(t+\sin t\cdot\sqrt{1-\sin^2 t})+C\\&=\frac{a^2}{2}\left[\frac{x}{a}\cdot\sqrt{1-\left(\frac{x}{a}\right)^2}+\arcsin\frac{x}{a}\right]+C\end{aligned}$$

$$=\frac{x}{2}\cdot\sqrt{a^2-x^2}+\frac{a^2}{2}\arcsin\frac{x}{a}+C.$$

例 4.2.22 求不定积分$\int\frac{1}{\sqrt{x^2+a^2}}\mathrm{d}x$ $(a>0)$.

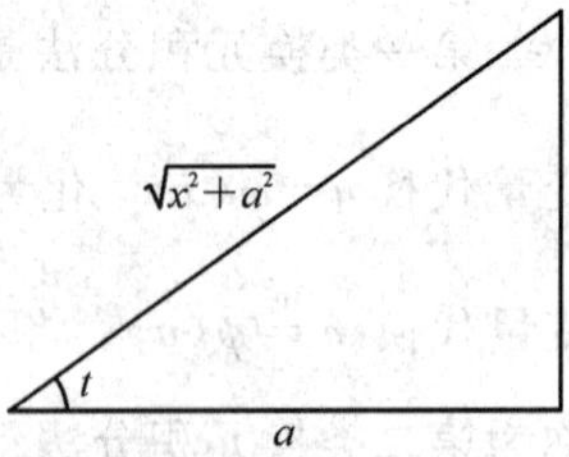

图 4-2-2

解 令 $x=a\tan t$(见图 4-2-2),$t\in\left(-\frac{\pi}{2},\frac{\pi}{2}\right)$,则 $\mathrm{d}x=a\sec^2 t\mathrm{d}t$,于是

$$\int\frac{1}{\sqrt{x^2+a^2}}\mathrm{d}x=\int\frac{1}{a\sec t}\cdot a\sec^2 t\mathrm{d}t$$

$$=\int\sec t\mathrm{d}t=\ln|\sec t+\tan t|+C_1$$

$$=\ln\left|\frac{x}{a}+\frac{\sqrt{x^2+a^2}}{a}\right|+C_1$$

$$=\ln\left|x+\sqrt{x^2+a^2}\right|+C.$$

例 4.2.23 求不定积分$\int\frac{1}{\sqrt{x^2-a^2}}\mathrm{d}x$ $(a>0)$.

解 令 $x=a\sec t$(见图 4-2-3),$t\in\left(0,\frac{\pi}{2}\right)$,则

$$\mathrm{d}x=a\sec t\cdot\tan t\mathrm{d}t,$$

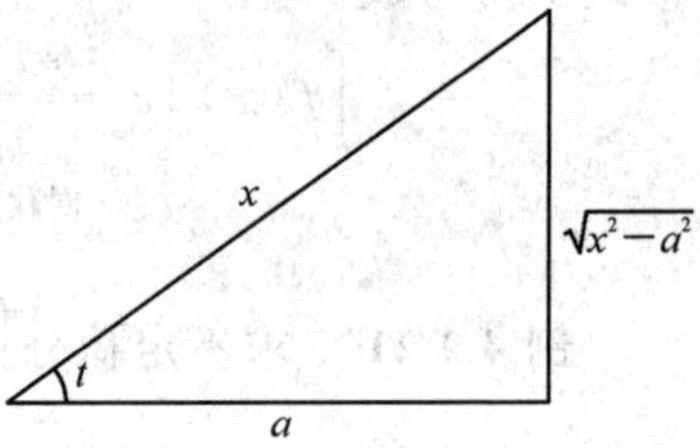

图 4-2-3

于是

$$\int\frac{1}{\sqrt{x^2-a^2}}\mathrm{d}x=\int\frac{a\sec t\cdot\tan t}{a\tan t}\mathrm{d}t=\int\sec t\mathrm{d}t$$

$$=\ln|\sec t+\tan t|+C_1$$

$$=\ln\left|\frac{x}{a}+\frac{\sqrt{x^2-a^2}}{a}\right|+C_1$$

$$=\ln\left|x+\sqrt{x^2-a^2}\right|+C.$$

注:例 4.2.21 ~ 4.2.23 所使用的均为三角代换,三角代换的目的是化掉根式,其一般规律如下:

当被积函数中含有 $\sqrt{a^2-x^2}$ 时,可令 $x=a\sin t$;含有$\sqrt{a^2+x^2}$ 时,可令 $x=a\tan t$;含有$\sqrt{x^2-a^2}$ 时,可令 $x=a\sec t$.

例 4.2.24 求不定积分$\int 2\mathrm{e}^x\sqrt{1-\mathrm{e}^{2x}}\mathrm{d}x$.

解 设 $\mathrm{e}^x=\sin t$,则 $\mathrm{e}^x\mathrm{d}x=\cos t\mathrm{d}t$,于是

$$\int 2\mathrm{e}^x\sqrt{1-\mathrm{e}^{2x}}\mathrm{d}x=2\int\cos^2 t\mathrm{d}t=\int(1+\cos 2t)\mathrm{d}t=t+\frac{1}{2}\sin 2t+C$$

$$=t+\cos t\cdot\sin t+C=\arcsin\mathrm{e}^x+\mathrm{e}^x\sqrt{1-\mathrm{e}^{2x}}+C.$$

例 4.2.25 求不定积分$\int x^3\sqrt{4-x^2}\mathrm{d}x$.

解 令 $x=2\sin t$，$t\in\left(-\frac{\pi}{2},\frac{\pi}{2}\right)$，则 $dx=2\cos t\,dt$，于是

$$\begin{aligned}\int x^3\sqrt{4-x^2}\,dx&=\int(2\sin t)^3\sqrt{4-4\sin^2 t}\cdot 2\cos t\,dt=\int 32\sin^3 t\cos^2 t\,dt\\&=32\int\sin t(1-\cos^2 t)\cos^2 t\,dt=-32\int(\cos^2 t-\cos^4 t)d(\cos t)\\&=-32\left(\frac{1}{3}\cos^3 t-\frac{1}{5}\cos^5 t\right)+C\\&=-\frac{4}{3}(\sqrt{4-x^2})^3+\frac{1}{5}(\sqrt{4-x^2})^5+C.\end{aligned}$$

例 4.2.26 求不定积分 $\int\frac{1}{x(x^7+2)}dx$.

解 令 $x=\frac{1}{t}$，则 $dx=-\frac{1}{t^2}dt$，于是

$$\begin{aligned}\int\frac{1}{x(x^7+2)}dx&=\int\frac{t}{\left(\frac{1}{t}\right)^7+2}\cdot\left(-\frac{1}{t^2}\right)dt=-\int\frac{t^6}{1+2t^7}dt\\&=-\frac{1}{14}\int\frac{1}{1+2t^7}d(1+2t^7)\\&=-\frac{1}{14}\ln|1+2t^7|+C\\&=-\frac{1}{14}\ln\left|\frac{x^7+2}{x^7}\right|+C\\&=-\frac{1}{14}\ln|2+x^7|+\frac{1}{2}\ln|x|+C.\end{aligned}$$

注：当有理分式函数中分母的幂次较高时，常采用倒代换 $x=\frac{1}{t}$.

基本积分公式表的补充：

(14) $\int\tan x\,dx=-\ln|\cos x|+C$；

(15) $\int\cot x\,dx=\ln|\sin x|+C$；

(16) $\int\sec x\,dx=\ln|\sec x+\tan x|+C$；

(17) $\int\csc x\,dx=\ln|\csc x-\cot x|+C$；

(18) $\int\frac{1}{a^2+x^2}dx=\frac{1}{a}\arctan\frac{x}{a}+C\quad(a>0)$；

(19) $\int\frac{1}{x^2-a^2}dx=\frac{1}{2a}\ln\left|\frac{x-a}{x+a}\right|+C\quad(a>0)$；

(20) $\int\frac{1}{\sqrt{a^2-x^2}}dx=\arcsin\frac{x}{a}+C\quad(a>0)$；

(21) $\int \frac{1}{\sqrt{x^2 \pm a^2}} dx = \ln\left| x + \sqrt{x^2 \pm a^2} \right| + C \quad (a > 0)$；

(22) $\int \sqrt{a^2 - x^2} dx = \frac{x}{2} \cdot \sqrt{a^2 - x^2} + \frac{a^2}{2} \arcsin \frac{x}{a} + C \quad (a > 0)$.

习题 4 - 2

(A)

1. 第一类换元积分法与第二类换元积分法的区别是什么？

2. 求下列不定积分：

(1) $\int \frac{1}{(3-2x)^2} dx$；　(2) $\int \frac{1}{\sqrt{2-3x}} dx$；

(3) $\int x e^{-x^2} dx$；　(4) $\int x^2 \sin x^3 dx$；

(5) $\int \frac{\sqrt{4+\ln(1+x)}}{1+x} dx$；　(6) $\int \frac{1}{x(1+2\ln x)} dx$；

(7) $\int \frac{e^x}{\sqrt{1-e^{2x}}} dx$；　(8) $\int \frac{\sin x}{\cos^2 x} dx$；

(9) $\int \frac{\arctan x}{1+x^2} dx$；　(10) $\int \frac{1}{\sqrt{1-x^2} \arcsin x} dx$；

(11) $\int \frac{1}{x^2+2x+2} dx$；　(12) $\int \frac{1}{x^2-3x+2} dx$；

(13) $\int \frac{6x}{3x+2} dx$；　(14) $\int \frac{1}{9x^2+4} dx$；

(15) $\int \frac{1}{e^{-x}+e^x} dx$；　(16) $\int \frac{1}{1-e^x} dx$；

(17) $\int \frac{1}{\sqrt{16-9x^2}} dx$；　(18) $\int \frac{1+x}{\sqrt{1-x^2}} dx$；

(19) $\int \frac{\arctan\sqrt{x}}{\sqrt{x}(1+x)} dx$；　(20) $\int \frac{\ln \tan x}{\cos x \sin x} dx$；

(21) $\int \frac{\sin\sqrt{x}}{\sqrt{x}} dx$；　(22) $\int \frac{1}{x^2-8x+25} dx$；

(23) $\int \sqrt{\frac{\ln(x+\sqrt{1+x^2})}{1+x^2}} dx$；　(24) $\int \frac{x^2}{(x-1)^{100}} dx$.

3. 求下列不定积分：

(1) $\int \frac{\sqrt{1-x^2}}{x^2} dx$；　(2) $\int \frac{\sqrt{x^2-1}}{x} dx$；

(3) $\int \frac{1}{x\sqrt{1+x^2}} dx$；　(4) $\int \frac{1}{x(x^6+1)} dx$；

(5) $\int \frac{1}{\sqrt{(4+x^2)^3}}\mathrm{d}x$；　　(6) $\int \frac{1}{x^2\sqrt{1+x^2}}\mathrm{d}x$.

(B)

1. 设 $f(x)$ 的一个原函数是 x^2，则 $\int xf(1-x^2)\mathrm{d}x=($　　$)$.

A. $\frac{1}{2}(1-x^2)^2+C$　　B. $(1-x^2)^2+C$

C. $-\frac{1}{2}(1-x^2)^2+C$　　D. $2(1-x^2)^2+C$

2. $\int\left(\frac{1}{\mathrm{e}^{2x}}+1\right)\mathrm{d}\mathrm{e}^x=($　　$)$.

A. $-\mathrm{e}^{-x}+\mathrm{e}^x+C$　　B. $\mathrm{e}^{-2x}+\mathrm{e}^x+C$

C. $2\mathrm{e}^{2x}+\mathrm{e}^x+C$　　D. $\mathrm{e}^{-x}-\mathrm{e}^x+C$

3. $\int \frac{1}{\sqrt{4-9x^2}}\mathrm{d}x=($　　$)$.

A. $\frac{2}{3}\arcsin\frac{3}{2}x+C$　　B. $\frac{1}{3}\arcsin\frac{2}{3}x+C$

C. $\frac{1}{3}\arcsin\frac{3}{2}x+C$　　D. $\frac{2}{3}\arcsin\frac{2}{3}x+C$

4. 求 $\int\sqrt{2-x^2}\,\mathrm{d}x$ 时，为了去掉被积函数中的根号，可作变量代换 $x=($　　$)$.

A. $\sqrt{2}\sin t$　　B. $2\tan t$

C. $2\cot t$　　D. $\sqrt{2}\tan t$

5. 求 $\int\frac{\sqrt{x^2-a^2}}{x}\mathrm{d}x$ 时，令 $x=a\sec t$，则与此积分相同的是(　　).

A. $\int a\tan^2 t\,\mathrm{d}t$　　B. $\int\frac{a\tan^2 t}{\sec t}\mathrm{d}t$

C. $\int a^2\tan^2 t\,\mathrm{d}t$　　D. $\int a^2\tan^2 t\sec t\,\mathrm{d}t$

4.3　分部积分法

分部积分是针对解决某些被积函数是两类不同函数乘积的不定积分，它是由两个函数的乘积的求导法则推得的一种求积分的基本方法.

设函数 $u(x)$，$v(x)$均有连续的导数，由

$$(uv)'=u'v+uv'$$

得

$$uv'=(uv)'-u'v.$$

两边对 x 求不定积分，得

$$\int uv'\mathrm{d}x = uv - \int u'v\mathrm{d}x,$$

或写为

$$\int u\mathrm{d}v = uv - \int v\mathrm{d}u.$$

分部积分法实质上就是求两函数乘积的导数(或微分)的逆运算. 一般地，下列类型的被积函数常考虑应用分部积分法(其中 m，n 都是正整数).

$$x^n\sin mx,\ x^n\cos mx,$$
$$\mathrm{e}^{nx}\sin mx,\ \mathrm{e}^{nx}\cos mx,$$
$$x^n\mathrm{e}^{mx},\ x^n(\ln x),$$
$$x^n\arcsin mx,\ x^n\arccos mx,\ x^n\arctan mx \text{ 等}.$$

例 4.3.1 求不定积分 $\int x\cos x\,\mathrm{d}x$.

解 方法一 令 $u=\cos x$，$v'=x$，则 $v=\dfrac{1}{2}x^2$，于是

$$\int x\cos x\,\mathrm{d}x = \int \cos x\,\mathrm{d}\left(\frac{x^2}{2}\right) = \frac{x^2}{2}\cos x + \int \frac{x^2}{2}\sin x\,\mathrm{d}x.$$

显然，u，v' 选择不当，积分更难进行.

方法二 令 $u=x$，$v'=\cos x$，则 $v=\sin x$，于是

$$\int x\cos x\,\mathrm{d}x = \int x\,\mathrm{d}(\sin x) = x\sin x - \int \sin x\,\mathrm{d}x = x\sin x + \cos x + C.$$

例 4.3.2 求不定积分 $\int x^2\mathrm{e}^x\,\mathrm{d}x$.

解 令 $u=x^2$，$v'=\mathrm{e}^x$，则 $v=\mathrm{e}^x$，于是

$$\int x^2\mathrm{e}^x\,\mathrm{d}x = \int x^2\,\mathrm{d}(\mathrm{e}^x) = x^2\mathrm{e}^x - 2\int x\mathrm{e}^x\,\mathrm{d}x = x^2\mathrm{e}^x - 2\int x\,\mathrm{d}(\mathrm{e}^x) = x^2\mathrm{e}^x - 2(x\mathrm{e}^x - \mathrm{e}^x) + C.$$

注：若被积函数是幂函数(指数为正整数)与指数函数或正(余)弦函数的乘积，则可设幂函数为 u，而将其余部分凑微分进入微分号，使得应用分部积分公式后，幂函数的幂次降低一次.

例 4.3.3 求不定积分 $\int x\arctan x\,\mathrm{d}x$.

解 令 $u=\arctan x$，$v'=x$，则 $v=\dfrac{1}{2}x^2$，于是

$$\begin{aligned}\int x\arctan x\,\mathrm{d}x &= \int \arctan x\,\mathrm{d}\left(\frac{x^2}{2}\right) = \frac{x^2}{2}\arctan x - \int \frac{x^2}{2}\mathrm{d}(\arctan x)\\ &= \frac{x^2}{2}\arctan x - \int \frac{x^2}{2}\cdot\frac{1}{1+x^2}\mathrm{d}x\\ &= \frac{x^2}{2}\arctan x - \int \frac{1}{2}\cdot\left(1-\frac{1}{1+x^2}\right)\mathrm{d}x\\ &= \frac{x^2}{2}\arctan x - \frac{1}{2}(x - \arctan x) + C.\end{aligned}$$

例 4.3.4 求不定积分$\int x^3 \ln x \, dx$.

解 令 $u=\ln x$，$v'=x^3$，则 $v=\frac{1}{4}x^4$，于是

$$\int x^3 \ln x \, dx=\int \ln x \, d\left(\frac{x^4}{4}\right)=\frac{1}{4}x^4 \ln x-\frac{1}{4}\int x^3 \, dx=\frac{1}{4}x^4 \ln x-\frac{1}{16}x^4+C.$$

注：若被积函数是幂函数与对数函数或反三角函数的乘积，则可设对数函数或反三角函数为 u，而将幂函数凑微分进入微分号，使得应用分部积分公式后，对数函数或反三角函数消失.

例 4.3.5 求不定积分$\int e^x \sin x \, dx$.

解 因为

$$\begin{aligned}\int e^x \sin x \, dx&=\int \sin x \, d(e^x)=e^x \sin x-\int e^x \, d(\sin x)=e^x \sin x-\int e^x \cos x \, dx\\&=e^x \sin x-\int \cos x \, d(e^x)\\&=e^x \sin x-\left[e^x \cos x-\int e^x \, d(\cos x)\right]\\&=e^x(\sin x-\cos x)-\int e^x \sin x \, dx,\end{aligned}$$

所以

$$\int e^x \sin x \, dx=\frac{e^x}{2}(\sin x-\cos x)+C.$$

注：若被积函数是指数函数与正(余)弦函数的乘积，则 u，v' 可随意选取，但在两次分部积分中，必须选用同类型的 u，以便经过两次分部积分后产生循环式，从而解出所求积分.

例 4.3.6 求不定积分$\int \sin(\ln x) \, dx$.

解 因为

$$\begin{aligned}\int \sin(\ln x) \, dx&=x \sin(\ln x)-\int x \, d[\sin(\ln x)]\\&=x \sin(\ln x)-\int x \cos(\ln x) \cdot \frac{1}{x} \, dx\\&=x \sin(\ln x)-x \cos(\ln x)+\int x \, d[\cos(\ln x)]\\&=x[\sin(\ln x)-\cos(\ln x)]-\int \sin(\ln x) \, dx,\end{aligned}$$

所以

$$\int \sin(\ln x) \, dx=\frac{x}{2}[\sin(\ln x)-\cos(\ln x)]+C.$$

灵活应用分部积分法，可以解决许多不定积分的计算问题. 下面再举一些例子，请读者悉心体会其解题方法.

例 4.3.7　求不定积分$\int \sec^3 x\,dx$.

解　$$\int \sec^3 x\,dx = \int \sec x\,d(\tan x) = \sec x\tan x - \int \sec x\ \tan^2 x\,dx$$

$$= \sec x\tan x - \int \sec x\,(\sec^2 x - 1)\,dx$$

$$= \sec x\tan x - \int \sec^3 x\,dx + \int \sec x\,dx$$

$$= \sec x\tan x + \ln|\sec x + \tan x| - \int \sec^3 x\,dx.$$

由于上式右端的第三项就是所求的积分$\int \sec^3 x\,dx$，把它移到等号左端去，再两端各除以 2，便得

$$\int \sec^3 x\,dx = \frac{1}{2}(\sec x\tan x + \ln|\sec x + \tan x|) + C.$$

例 4.3.8　求不定积分$\int \frac{\arcsin\sqrt{x}}{\sqrt{1-x}}dx$.

解　$$\int \frac{\arcsin\sqrt{x}}{\sqrt{1-x}}dx = -2\int \arcsin\sqrt{x}\,d(\sqrt{1-x})$$

$$= -2\sqrt{1-x}\arcsin\sqrt{x} + 2\int \sqrt{1-x}\,d\,\mathrm{arc}(\sin\sqrt{x})$$

$$= -2\sqrt{1-x}\arcsin\sqrt{x} + \int \frac{\sqrt{1-x}}{\sqrt{x}\sqrt{1-x}}dx$$

$$= -2\sqrt{1-x}\arcsin\sqrt{x} + 2\sqrt{x} + C.$$

例 4.3.9　求不定积分$\int \ln(1+\sqrt{x})\,dx$.

解　令 $t=\sqrt{x}$，则 $x=t^2$，于是

$$\int \ln(1+\sqrt{x})\,dx = \int \ln(1+t)\,dt^2 = t^2\ln(1+t) - \int t^2\,d[\ln(1+t)]$$

$$= t^2\ln(1+t) - \int \frac{t^2}{1+t}dt$$

$$= t^2\ln(1+t) - \int (t-1)\,dt - \int \frac{dt}{1+t}$$

$$= t^2\ln(1+t) - \frac{t^2}{2} + t - \ln(1+t) + C$$

$$= (x-1)\ln(1+\sqrt{x}) + \sqrt{x} - \frac{x}{2} + C.$$

例 4.3.10　求不定积分$\int \frac{e^{x^{\frac{1}{3}}}}{\sqrt[3]{x}}dx$.

解　令 $x=t^3$，则 $dx=3t^2dt$，于是

$$I=\int \frac{e^t}{t}\cdot 3t^2 dt = 3\int t e^t dt = 3\int t d(e^t) = 3te^t - 3e^t + C = 3(\sqrt[3]{x}-1)e^{x^{\frac{1}{3}}} + C.$$

例 4.3.11　求不定积分 $I_n=\int \frac{dx}{(x^2+a^2)^n}$，其中 n 为正整数.

解　用分部积分法，当 $n>1$ 时，有

$$\begin{aligned}\int \frac{dx}{(x^2+a^2)^{n-1}} &= \frac{x}{(x^2+a^2)^{n-1}} + 2(n-1)\int \frac{x^2}{(x^2+a^2)^n}dx \\ &= \frac{x}{(x^2+a^2)^{n-1}} + 2(n-1)\int\left[\frac{1}{(x^2+a^2)^{n-1}} - \frac{a^2}{(x^2+a^2)^n}\right]dx,\end{aligned}$$

即

$$I_{n-1}=\frac{x}{(x^2+a^2)^{n-1}}+2(n-1)(I_{n-1}-a^2 I_n),$$

于是

$$I_n=\frac{1}{2a^2(n-1)}\left[\frac{x}{(x^2+a^2)^{n-1}}+(2n-3)\ I_{n-1}\right].$$

以此作递推公式，并由 $I_1=\frac{1}{a}\arctan\frac{x}{a}+C$，即可得 I_n.

例 4.3.12　已知 $f(x)$ 的一个原函数是 e^{-x^2}，求$\int xf'(x)dx$.

解　因为

$$\int xf'(x)dx=\int x d[f(x)] = xf(x)-\int f(x)dx,$$

根据题意$\int f(x)dx = e^{-x^2}+C$，再注意到 $\left[\int f(x)dx\right]'=f(x)$，两边同时对 x 求导，得 $f(x)=-2xe^{-x^2}$，所以

$$\int xf'(x)dx = xf(x)-\int f(x)dx = -2x^2e^{-x^2}-e^{-x^2}+C.$$

习题 4-3

(A)

1. 求下列不定积分：

(1) $\int x\sin x\, dx$；　　(2) $\int x\ln x\, dx$；

(3) $\int \arccos x\, dx$；　　(4) $\int e^x \sin 2x\, dx$；

(5) $\int \cos(\ln x)dx$；　　(6) $\int xe^{-x}dx$；

(7) $\int x^2\arctan x\, dx$；　　(8) $\int \ln^2 x\, dx$；

(9) $\int x^2\cos^2\frac{x}{2}dx$；　　(10) $\int \frac{\ln(\ln x)}{x}dx$；

(11) $\int e^{\sqrt{x}}\,dx$.

2. 已知 $f(x)$ 的一个原函数是$\frac{\sin x}{x}$，求$\int xf'(x)\,dx$.

3. 已知 $f(x)=\frac{e^x}{x}$，求$\int xf''(x)\,dx$.

(B)

1. $\int x\,de^{-x}=($　　$)$.

A. $-xe^{-x}+C$　　B. $(x-1)e^{-x}+C$

C. $(x+1)e^{-x}+C$　　D. $(1-x)e^{-x}+C$

2. $\int \ln x\,dx=($　　$)$.

A. $x\ln x+1+C$　　B. $x\ln x-x+C$

C. $x\ln x+x+C$　　D. $\ln x+x+C$

3. 设$\csc^2 x$ 是 $f(x)$ 的一个原函数，则$\int xf(x)\,dx=($　　$)$.

A. $x\csc^2 x-\cot x+C$　　B. $x\csc^2 x+\cot x+C$

C. $-x\csc^2 x-\cot x+C$　　D. $-x\cot x+\cot x+C$

4. $\int \frac{\ln x}{\sqrt{x}}\,dx=($　　$)$.

A. $2\sqrt{x}\ln x-4\sqrt{x}+C$　　B. $x\ln x-\frac{\sqrt{x}}{2}+C$

C. $\sqrt{x}\ln x-2\sqrt{x}+C$　　D. $\frac{2\ln x}{\sqrt{x}}-2\sqrt{x}+C$

5. $\int \arcsin x\,dx=($　　$)$.

A. $x\arcsin x+\frac{1}{2}\arcsin x+C$　　B. $x\arcsin x+\arcsin x+C$

C. $x\arcsin x+2\arcsin x+C$　　D. $x\arcsin x+\sqrt{1-x^2}+C$

4.4　有理函数的不定积分

一、有理函数的不定积分

设 $P(x)$ 和 $Q(x)$ 是两个多项式，则称 $P(x)$、$Q(x)$ 为有理函数，当多项式 $P(x)$ 的次数比多项式 $Q(x)$ 的次数低时，称此有理函数为真分式，否则称为假分式.

一般说来，求有理函数积分，分以下三个步骤：

第一步，当有理函数为假分式时，可以通过多项式的除法把它化为一个多项式与一个

真分式的和，例如

$$\frac{x^3+5x^2+9x+7}{x^2+3x+2}=x+2+\frac{x+3}{x^2+3x+2}.$$

第二步，将真分式分解成部分分式之和.

根据代数学知识，我们可以将真分式中的分母在实数范围内分解成一次因式和二次因式的乘积，然后将真分式分解成如下形式的一些部分分式的和：

$$\frac{A}{x-a},\quad \frac{A}{(x-a)^k},\quad \frac{Mx+N}{x^2+px+q},\quad \frac{Mx+N}{(x^2+px+q)^k},$$

其中 k 为大于 1 的正整数，$p^2-4q<0$.

第三步，求出各部分分式的不定积分.

综上分析，求有理函数的积分，关键在于如何将真分式分解成部分分式之和，对于这一点，我们通过具体的例子来说明.

例 4.4.1　将 $R(x)=\dfrac{x+3}{x^2-5x+6}$ 分解成部分分式之和.

解　因为 $\dfrac{x+3}{x^2-5x+6}=\dfrac{x+3}{(x-2)(x-3)}$，所以设

$$\frac{x+3}{x^2-5x+6}=\frac{A}{x-2}+\frac{B}{x-3},$$

其中 A，B 为待定系数，两端消去分母得

$$x+3=A(x-3)+B(x-2)=(A+B)x-(3A+2B),$$

从而有

$$A+B=1,\ -(3A+2B)=3.$$

解得 $A=-5$，$B=6$，即

$$R(x)=\frac{x+3}{x^2-5x+6}=\frac{-5}{x-2}+\frac{6}{x-3}.$$

例 4.4.2　将 $R(x)=\dfrac{1}{x(x-1)^2}$ 分解成部分分式之和.

解　设 $\dfrac{1}{x(x-1)^2}=\dfrac{A}{x}+\dfrac{B}{(x-1)^2}+\dfrac{C}{x-1}$，其中 A，B，C 为待定系数，两端消去分母得

$$1=A(x-1)^2+Bx+Cx(x-1).$$

令 $x=0$，得 $A=1$；令 $x=1$，得 $B=1$；令 $x=2$，得 $C=-1$. 即

$$R(x)=\frac{1}{x(x-1)^2}=\frac{1}{x}+\frac{1}{(x-1)^2}-\frac{1}{x-1}.$$

例 4.4.3　求不定积分 $\displaystyle\int\frac{1}{(1+2x)(1+x^2)}\mathrm{d}x$.

解　设 $\dfrac{1}{(1+2x)(1+x^2)}=\dfrac{A}{1+2x}+\dfrac{Bx+C}{1+x^2}$，其中 A，B，C 为待定系数，两端消去分母得

$$1=A(1+x^2)+(Bx+C)(1+2x),$$

整理得

$$1=(A+2B)x^2+(B+2C)x+C+A,$$

即

$$A+2B=0,\ B+2C=0,\ A+C=1.$$

解得 $A=\frac{4}{5}$, $B=-\frac{2}{5}$, $C=\frac{1}{5}$,

$$\int\frac{1}{(1+2x)(1+x^2)}dx=\int\frac{\frac{4}{5}}{1+2x}dx+\int\frac{-\frac{2}{5}x+\frac{1}{5}}{1+x^2}dx$$

$$=\frac{2}{5}\ln|1+2x|-\frac{1}{5}\ln(1+x^2)+\frac{1}{5}\arctan x+C.$$

例 4.4.4 求不定积分 $I=\int\frac{2x^3+2x^2+5x+5}{x^4+5x^2+4}dx$.

解
$$I=\int\frac{2x^3+5x}{x^4+5x^2+4}dx+\int\frac{2x^2+5}{x^4+5x^2+4}dx$$

$$=\frac{1}{2}\int\frac{d(x^4+5x^2+4)}{x^4+5x^2+4}+\int\frac{x+1+x^2+4}{(x^2+1)(x^2+4)}dx$$

$$=\frac{1}{2}\ln|x^4+5x^2+4|+\int\frac{dx}{x^2+4}+\int\frac{dx}{x^2+1}$$

$$=\frac{1}{2}\ln|x^4+5x^2+4|+\arctan x+\frac{1}{2}\arctan\frac{x}{2}+C.$$

上面我们介绍了求有理函数积分的一般方法，但对于某些有理函数的积分，解题时应根据被积函数的特点，尽量选择较简便的方法，如下例：

例 4.4.5 求 $\int\frac{x^4+x^2+1}{x(x^2+1)^2}dx$.

解
$$\int\frac{x^4+x^2+1}{x(x^2+1)^2}dx=\int\frac{(x^2+1)^2-x^2}{x(x^2+1)^2}dx=\int\left[\frac{1}{x}-\frac{x}{(x^2+1)^2}\right]dx$$

$$=\ln|x|+\frac{1}{2(x^2+1)}+C.$$

二、可化为有理函数的不定积分

1. 三角函数有理式的积分

三角函数有理式，是指由三角函数和常数经过有限次四则运算所构成的函数. 由于全部三角函数都是 $\sin x$，$\cos x$ 的有理式，因此三角函数有理式可化为 $\sin x$，$\cos x$ 的有理式.

作变量代换 $\tan\frac{x}{2}=u$，于是

$$x=2\arctan u,\ dx=\frac{2}{1+u^2}du,$$

$$\sin x=\frac{2\sin\frac{x}{2}\cos\frac{x}{2}}{\cos^2\frac{x}{2}+\sin^2\frac{x}{2}}=\frac{2\tan\frac{x}{2}}{1+\tan^2\frac{x}{2}}=\frac{2u}{1+u^2},$$

$$\cos x=\frac{\cos^2\frac{x}{2}-\sin^2\frac{x}{2}}{\cos^2\frac{x}{2}+\sin^2\frac{x}{2}}=\frac{1-\tan^2\frac{x}{2}}{1+\tan^2\frac{x}{2}}=\frac{1-u^2}{1+u^2},$$

从而 $\sin x$，$\cos x$ 的有理式可化为 u 的有理函数. 因此，三角函数有理式的积分均可化为有理函数的积分. 代换 $\tan\frac{x}{2}=u$ 俗称“万能代换”.

例 4.4.6　求$\int\frac{1}{\sin x}\mathrm{d}x$.

解　设 $\tan\frac{x}{2}=u$，则 $\sin x=\frac{2u}{1+u^2}$，$\mathrm{d}x=\frac{2}{1+u^2}\mathrm{d}u$. 代入原式得

$$\int\frac{1}{\sin x}\mathrm{d}x=\int\frac{1}{\frac{2u}{1+u^2}}\cdot\frac{2}{1+u^2}\mathrm{d}u=\int\frac{1}{u}\mathrm{d}u=\ln|u|+C=\ln\left|\tan\frac{x}{2}\right|+C.$$

不难验证，这个结果与公式$\int\csc x\,\mathrm{d}x=\ln|\csc x-\cot x|+C$ 是一致的.

例 4.4.7　求$\int\frac{1}{\sin x+\tan x}\mathrm{d}x$.

解　设 $\tan\frac{x}{2}=u$，则 $\sin x=\frac{2u}{1+u^2}$，$\tan x=\frac{2u}{1-u^2}$，$\mathrm{d}x=\frac{2}{1+u^2}\mathrm{d}u$. 于是

$$\begin{aligned}\int\frac{1}{\sin x+\tan x}\mathrm{d}x&=\int\frac{1}{\frac{2u}{1+u^2}+\frac{2u}{1-u^2}}\cdot\frac{2}{1+u^2}\mathrm{d}u=\frac{1}{2}\int\left(\frac{1}{u}-u\right)\\&=\frac{1}{2}\left(\ln|u|-\frac{u^2}{2}\right)+C\\&=\frac{1}{2}\ln\left|\tan\frac{x}{2}\right|-\frac{1}{4}\tan^2\frac{x}{2}+C.\end{aligned}$$

例 4.4.8　求$\int\frac{1}{(2+\cos x)\sin x}\mathrm{d}x$.

解　设 $\tan\frac{x}{2}=u$，则 $\cos x=\frac{1-u^2}{1+u^2}$，$\sin x=\frac{2u}{1+u^2}$，$\mathrm{d}x=\frac{2}{1+u^2}\mathrm{d}u$. 于是

$$\int\frac{1}{(2+\cos x)\sin x}\mathrm{d}x=\int\frac{1}{\left(2+\frac{1-u^2}{1+u^2}\right)\frac{2u}{1+u^2}}\cdot\frac{2}{1+u^2}\mathrm{d}u=\int\frac{1+u^2}{u(3+u^2)}\mathrm{d}u.$$

因为

$$\frac{1+u^2}{u(3+u^2)}=\frac{\frac{1}{3}}{u}+\frac{\frac{2}{3}u}{3+u^2},$$

所以

$$\int\frac{1}{(2+\cos x)\sin x}\mathrm{d}x=\frac{1}{3}\int\left(\frac{1}{u}+\frac{2u}{3+u^2}\right)\mathrm{d}u$$

$$=\frac{1}{3}(\ln|u|+\ln|3+u^2|)+C$$

$$=\frac{1}{3}\ln\left|\tan\frac{x}{2}\left(3+\tan^2\frac{x}{2}\right)\right|+C.$$

万能代换可以将三角函数有理式的积分化为有理函数的积分，但是对于某些特殊的三角函数有理式的积分，可采用更简便的方法，例如：

$$\int\frac{\sin x}{(2+\cos x)}\mathrm{d}x=-\int\frac{1}{(2+\cos x)}\mathrm{d}(2+\cos x)=-\ln|2+\cos x|+C.$$

2. 简单无理函数的积分

求简单无理函数的积分，其基本思想是利用适当的变换将其有理化，转化为有理函数的积分.

例 4.4.9 求不定积分$\int\frac{x}{\sqrt[3]{3x+1}}\mathrm{d}x$.

解 令 $t=\sqrt[3]{3x+1}$，则 $x=\frac{t^3-1}{3}$，$\mathrm{d}x=t^2\mathrm{d}t$，从而

$$\int\frac{x}{\sqrt[3]{3x+1}}\mathrm{d}x=\int\frac{t^3-1}{3t}t^2\mathrm{d}t=\frac{1}{3}\int(t^4-t)\mathrm{d}t=\frac{1}{3}\left(\frac{t^5}{5}-\frac{t^2}{2}\right)+C$$

$$=\frac{1}{15}(3x+1)^{\frac{5}{3}}-\frac{1}{6}(3x+1)^{\frac{2}{3}}+C.$$

例 4.4.10 求不定积分$\int\frac{1}{\sqrt{x}(1+\sqrt[3]{x})}\mathrm{d}x$.

方法：当被积函数含有两种或两种以上的根式$\sqrt[k]{x}$，…，$\sqrt[l]{x}$ 时，可令$\sqrt[n]{x}=t$(n 为各根指数的最小公倍数).

解 令$\sqrt[6]{x}=t$，则 $x=t^6$，$\mathrm{d}x=6t^5\mathrm{d}t$，

$$\int\frac{1}{\sqrt{x}(1+\sqrt[3]{x})}\mathrm{d}x=\int\frac{6t^5}{t^3(1+t^2)}\mathrm{d}t=\int\frac{6t^2}{1+t^2}\mathrm{d}t=6\int\frac{t^2+1-1}{1+t^2}\mathrm{d}t$$

$$=6\int\left(1-\frac{1}{1+t^2}\right)\mathrm{d}t=6(t-\arctan t)+C$$

$$=6(\sqrt[6]{x}-\arctan\sqrt[6]{x})+C.$$

例 4.4.11 求不定积分$\int\frac{1}{x}\sqrt{\frac{x+1}{x-1}}\mathrm{d}x$.

解 令 $t=\sqrt{\frac{x+1}{x-1}}$，则 $x=\frac{t^2+1}{t^2-1}$，$\mathrm{d}x=\frac{-4t\mathrm{d}t}{(t^2-1)^2}$.

$$\int\frac{1}{x}\sqrt{\frac{x+1}{x-1}}\mathrm{d}x=-4\int\frac{t^2\mathrm{d}t}{(t^2+1)(t^2-1)}=\int\left(\frac{1}{t+1}-\frac{1}{t-1}-\frac{2}{t^2+1}\right)\mathrm{d}t$$

$$=\ln\left|\frac{t+1}{t-1}\right|-2\arctan t+C$$

$$=\ln\left(\sqrt{\frac{x+1}{x-1}}+1\right)-\ln\left|\sqrt{\frac{x+1}{x-1}}-1\right|-2\arctan\sqrt{\frac{x+1}{x-1}}+C.$$

例 4.4.12　求不定积分$\int \frac{1}{\sqrt{1+\mathrm{e}^x}}\mathrm{d}x$.

解　令 $t=\sqrt{1+\mathrm{e}^x}$，则 $\mathrm{e}^x=t^2-1$，$x=\ln(t^2-1)$，$\mathrm{d}x=\frac{2t\,\mathrm{d}t}{t^2-1}$，所以

$$\int \frac{1}{\sqrt{1+\mathrm{e}^x}}\mathrm{d}x=\int \frac{2}{t^2-1}\mathrm{d}t=\int\left(\frac{1}{t-1}-\frac{1}{t+1}\right)\mathrm{d}t$$

$$=\ln\left|\frac{t-1}{t+1}\right|+C$$

$$=2\ln(\sqrt{1+\mathrm{e}^x}-1)-x+C.$$

注：当被积函数中含有$\sqrt[n]{ax+b}$ 时，可令$\sqrt[n]{ax+b}=t$；

当被积函数中含有$\sqrt[n]{\frac{ax+b}{cx+d}}\left(\frac{a}{c}\neq\frac{b}{d}\right)$时，可令$\sqrt[n]{\frac{ax+b}{cx+d}}=t$.

习题 4-4

(A)

1. 求下列不定积分：

(1) $\int \frac{2x+3}{(x-2)(x-5)}\mathrm{d}x$；　(2) $\int \frac{x}{(x+1)(x+2)(x+3)}\mathrm{d}x$；

(3) $\int \frac{x^3}{x+3}\mathrm{d}x$；　(4) $\int \frac{x^2-5x+9}{x^2-5x+6}\mathrm{d}x$；

(5) $\int \frac{1}{x^2(x+2)}\mathrm{d}x$；　(6) $\int \frac{1}{(x-2)^2(x-3)}\mathrm{d}x$.

2. 求下列不定积分：

(1) $\int \frac{1}{5+3\cos x}\mathrm{d}x$；　(2) $\int \frac{1}{2+\sin x}\mathrm{d}x$；

(3) $\int \frac{1}{2\sin x-\cos x+1}\mathrm{d}x$；　(4) $\int \frac{1}{\sin x(1+\cos x)}\mathrm{d}x$；

(5) $\int \frac{1+\tan x}{\sin 2x}\mathrm{d}x$；　(6) $\int \frac{\sin x}{\sin x+\cos x}\mathrm{d}x$.

3. 求下列不定积分：

(1) $\int \frac{1}{x+\sqrt{x}}\mathrm{d}x$；　(2) $\int \frac{1}{1-\sqrt{2x+1}}\mathrm{d}x$；

(3) $\int \frac{1}{\sqrt[4]{x}+\sqrt{x}}\mathrm{d}x$；　(4) $\int \frac{\sqrt{x+1}-1}{\sqrt{x+1}+1}\mathrm{d}x$；

(5) $\int \sqrt{\frac{a+x}{a-x}}\,\mathrm{d}x$；　(6) $\int \frac{1}{\sqrt[3]{(x+1)^2(x-1)^4}}\mathrm{d}x$.

(B)

1. 任一假分式总可以化为(　　)的和.

A. 一个多项式和一个真分式　　B. 两个多项式

C. 一个多项式和一个假分式　　D. 两个真分式

2. 分式$\dfrac{x^3-2x^2+2x-2}{x^2-3x+2}$可化为(　　).

A. $x-\dfrac{3}{x-1}+\dfrac{2}{x-2}$　　B. $x+1+\dfrac{1}{x-1}+\dfrac{2}{x-2}$

C. $x-\dfrac{4}{x-1}+\dfrac{3}{x-2}$　　D. $x+1-\dfrac{1}{x-1}+\dfrac{2}{x-2}$

3. 作变量代换 $\tan\dfrac{x}{2}=u$，则下列公式不正确的是(　　).

A. $\sin x=\dfrac{2u}{1+u^2}$　　B. $\cos x=\dfrac{1-u^2}{1+u^2}$

C. $\tan x=\dfrac{2u}{1-u^2}$　　D. $\csc x=\dfrac{1+u^2}{1-u^2}$

4. 求$\displaystyle\int\frac{1}{\sqrt[3]{x}+\sqrt{x}}\mathrm{d}x$ 时，为了去掉被积函数中的根号，可作变量代换(　　).

A. $\sqrt{x}=t$　　B. $\sqrt[3]{x}=t$

C. $\sqrt[6]{x}=t$　　D. $\sqrt[3]{x}+\sqrt{x}=t$

5. 在计算积分$\displaystyle\int x^2\sqrt[3]{1-x}\,\mathrm{d}x$ 时，为使被积函数有理化，可作变换的是(　　).

A. $x=\sin t$　　B. $x=\tan t$

C. $x=\sec t$　　D. $t=\sqrt[3]{1-x}$

章节测试四

一、填空题：

1. 设 $f(x)$ 的一个原函数为$\dfrac{1}{x}$，则 $f'(x)=$________；

2. 设 $f(x)$ 的一个原函数为$\dfrac{\ln x}{x}$，则$\displaystyle\int xf''(x)\mathrm{d}x=$________；

3. $\displaystyle\int\left(\frac{1}{\cos^2 x}-1\right)\mathrm{d}(\cos x)=$________；

4. 已知$\displaystyle\int f\left(\frac{1}{\sqrt{x}}\right)\mathrm{d}x=x^2+C$，则$\displaystyle\int f(x)\mathrm{d}x=$________；

5. 要使$\displaystyle\int\frac{\ln kx}{x}\mathrm{d}x=\ln|x|+\frac{1}{2}\ln^2|x|+C$，则 $k=$________.

二、设 $f(x)$ 的一个原函数为 e^{-x^2}，求 $f'(x)$，$\int xf'(x)dx$.

三、求下列不定积分：

1. $\int \frac{\sqrt{x^3}-\sqrt{x}}{4\sqrt[4]{x}}dx$；

2. $\int \frac{x(1-x^2)}{1+x^4}dx$；

3. $\int \frac{1+\cos x}{1+\sin x}dx$；

4. $\int \frac{1}{\sqrt{1-x^2}(\arcsin x)^2}dx$；

5. $\int \frac{\sqrt{1+\cos x}}{\sin x}dx$；

6. $\int \frac{\cos^2 x}{\sin x}dx$；

7. $\int \frac{x}{(x^2-1)^{\frac{3}{2}}}dx$；

8. $\int \frac{\ln(1+x)}{(1+x)^2}dx$；

9. $\int \sin x\ln(\tan x)dx$；

10. $\int \frac{x^2+2x-1}{(x-1)(x^2-x+1)}dx$.

四、设质点作变速直线运动，b 为不等于零的常数.

1. 若质点的运动方程为 $s(t)=\text{arccot}(bt)$，求 $t=1$ 时质点的速度；

2. 若质点的运动速度为 $v(t)=\arctan(bt)$，求质点的运动方程 $s=s(t)$.

五、设函数 $f(x)$ 当 $x=1$ 时有极小值；当 $x=-1$ 时有极大值4，又 $f'(x)=3x^2+bx+c$，求函数 $f(x)$.

第5章 定 积 分

本章要介绍的定积分是积分学的另一个侧面. 定积分起源于求图形的面积和体积等实际问题. 古希腊的阿基米德用“穷竭法”，我国的刘徽用“割圆术”，都曾计算过一些几何体的面积和体积，这些均为定积分的雏形. 直到17世纪中叶，牛顿和莱布尼茨先后提出了定积分的概念，并发现了积分与微分之间的内在联系，给出了计算定积分的一般方法，从而使定积分成为解决有关实际问题的有力工具，并使各自独立的微分学与积分学联系在一起，构成完整的理论体系——微积分学.

5.1 定积分的概念与性质

本节从几何问题引入定积分的定义，然后讨论定积分的性质.

一、定积分的概念

1. 曲边梯形的面积

设函数 $y=f(x)\geqslant 0$，且在 $[a, b]$ 上连续. 由曲线 $y=f(x)$，直线 $x=a$，$x=b$ 及 x 轴所围成的平面图形(见图5-1-1)，称为曲边梯形，现在我们计算它的面积 A.

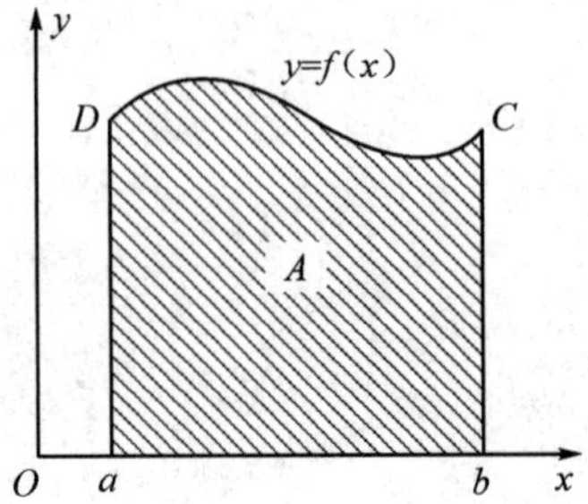

图5-1-1

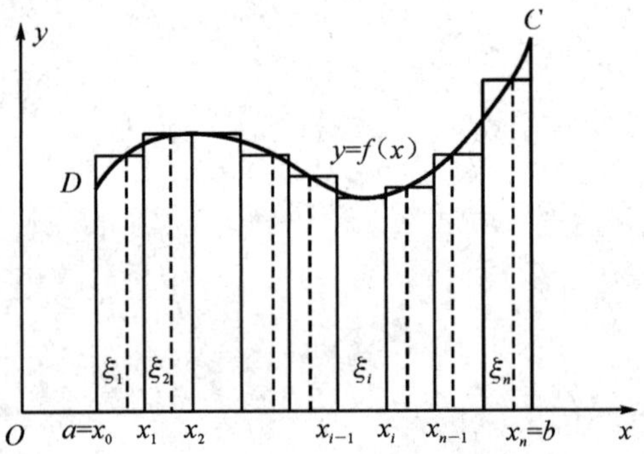

图5-1-2

如果 $f(x)$ 在 $[a, b]$ 上是常数，则曲边梯形是一个矩形，其面积容易求出，而现在 $f(x)$ 是一条弧，由于该弧段上每一点的高度是不同的，因而不能用初等几何的方法解决. 但是，如果我们把底边分割成若干小段，并在每个分点作垂直于 x 轴的直线，这样就将整个曲边梯形分成若干个小曲边梯形，对于每一个小曲边梯形来讲，由于底边很小，高度变化也不大，因此可以小曲边梯形底边上任一点的函数值为高，作一个小矩形，用矩形面积近似代替小曲边梯形的面积(见图5-1-2). 显然，只要曲边梯形底边分割得越细，小矩形的面积与相应的小曲边梯形的面积就越接近，所有小矩形面积之和也就越逼近原来的曲边梯形的

面积 A. 因此我们可以应用极限求曲边梯形的面积 A. 其具体步骤如下：

(1) **分割**. 在区间$[a, b]$中任意插入分点 $x_1, x_2, \cdots, x_{n-1}$，且

$$a = x_0 < x_1 < x_2 \cdots < x_{n-1} < x_n = b,$$

把$[a, b]$分成 n 个小区间：

$$[x_0, x_1], [x_1, x_2], \cdots, [x_{n-1}, x_n],$$

它们的长度依次为

$$\Delta x_1 = x_1 - x_0, \Delta x_2 = x_2 - x_1, \cdots, \Delta x_n = x_n - x_{n-1}.$$

过各分点作垂直于 x 轴的直线，曲边梯形就相应地分成 n 个小曲边梯形. 记第 i 个小曲边梯形面积为 $\Delta A_i (i = 1, 2, \cdots, n)$，于是曲边梯形的面积 $A = \sum\limits_{i=1}^{n} \Delta A_i$.

(2) **作近似**. 在每个小区间$[x_{i-1}, x_i]$上任取一点 $\xi_i (x_{i-1} \leqslant \xi_i \leqslant x_i)$，以 $f(\xi_i)$ 为高、Δx_i 为底的小矩形面积 $f(\xi_i)\Delta x_i$ 作为小曲边梯形的面积 ΔA_i 的近似值，即

$$\Delta A_i \approx f(\xi_i)\Delta x_i \quad (i = 1, 2, \cdots, n).$$

(3) **求和**. 曲边梯形面积 A 的近似值为

$$A = \sum_{i=1}^{n} \Delta A_i \approx \sum_{i=1}^{n} f(\xi_i)\Delta x_i.$$

(4) **取极限**. 为了保证所有小区间长度都无限缩小，只需要求所有小区间长度中最大值趋于零. 若记 $\lambda = \max\{\Delta x_1, \Delta x_2, \cdots, \Delta x_n\}$，则上述条件表示为 $\lambda \to 0$. 因此当 $\lambda \to 0$ 时(这时小区间的个数 n 无限增多，即 $n \to \infty$)，若 $\sum\limits_{i=1}^{n} f(\xi_i)\Delta x_i$ 的极限存在，则称此极限为曲边梯形的面积 A，即

$$A = \lim_{\lambda \to 0} \sum_{i=1}^{n} f(\xi_i)\Delta x_i.$$

2. 定积分的概念

定义 5.1.1 设 $f(x)$ 在$[a, b]$上有界，在$[a, b]$中任意插入若干个分点：

$$a = x_0 < x_1 < x_2 < \cdots < x_{n-1} < x_n = b,$$

把区间$[a, b]$分割成 n 个小区间：

$$[x_0, x_1], [x_1, x_2], \cdots, [x_{n-1}, x_n],$$

各小区间的长度依次为

$$\Delta x_1 = x_1 - x_0, \Delta x_2 = x_2 - x_1, \cdots, \Delta x_n = x_n - x_{n-1}.$$

在每个小区间$[x_{i-1}, x_i]$上任取一点 $\xi_i (x_{i-1} \leqslant \xi_i \leqslant x_i)$，作函数值 $f(\xi_i)$ 与小区间长度 Δx_i 的乘积 $f(\xi_i)\Delta x_i (i = 1, 2, \cdots, n)$，并作和式

$$S_n = \sum_{i=1}^{n} f(\xi_i)\Delta x_i,$$

记 $\lambda = \max\{\Delta x_1, \Delta x_2, \cdots, \Delta x_n\}$，如果不论对$[a, b]$怎样划分，也不论在小区间$[x_{i-1}, x_i]$上点 ξ_i 怎样选取，只要当 $\lambda \to 0$ 时，和 S_n 总趋于确定的极限 I，我们就称这个极限 I 为函数 $f(x)$ 在区间$[a, b]$上的定积分，记为

$$\int_a^b f(x)\mathrm{d}x = I = \lim_{\lambda \to 0} \sum_{i=1}^{n} f(\xi_i)\Delta x_i,$$

其中 $f(x)$ 叫作**被积函数**，$f(x)\mathrm{d}x$ 叫作**被积表达式**，x 叫作**积分变量**，$[a, b]$ 叫作**积分区间**.

关于定积分的定义作以下三点说明：

(1) 在定积分的定义中，区间$[a, b]$的分法是任意的，ξ_i 的取法是任意的.

(2) 定积分是一种和式的极限，其值是一个实数，它的大小仅与积分区间和被积函数有关，而与积分变量用什么记号表示无关，即

$$\int_a^b f(x)\mathrm{d}x=\int_a^b f(t)\mathrm{d}t.$$

(3) 在定积分的定义中，我们曾假设 $a<b$，为运用方便，现作两点规定：

① 如果 $b<a$，则 $\int_a^b f(x)\mathrm{d}x=-\int_b^a f(x)\mathrm{d}x$.

② $\int_a^a f(x)\mathrm{d}x=0$.

如果函数 $f(x)$ 在$[a, b]$上的定积分存在，则称 $f(x)$ 在$[a, b]$上可积. 那么，在什么条件下 $f(x)$ 在$[a, b]$上可积呢？

定理 5.1.1　若函数 $f(x)$ 在$[a, b]$上连续，则 $f(x)$ 在$[a, b]$上可积.

定理 5.1.2　若函数 $f(x)$ 在$[a, b]$上有界，且只有有限个间断点，则 $f(x)$ 在$[a, b]$上可积.

* **例 5.1.1**　利用定积分的定义计算定积分 $\int_0^1 x^2\mathrm{d}x$.

解　因为函数 $f(x)=x^2$ 在$[0, 1]$上连续，所以函数 $f(x)=x^2$ 在$[0, 1]$上可积，从而定积分的值与区间$[0, 1]$的分法及 ξ_i 的取法无关. 为便于计算，将$[0, 1]$ n 等分(见图 5-1-3)，则

$$\lambda=\Delta x_i=\frac{1}{n}.$$

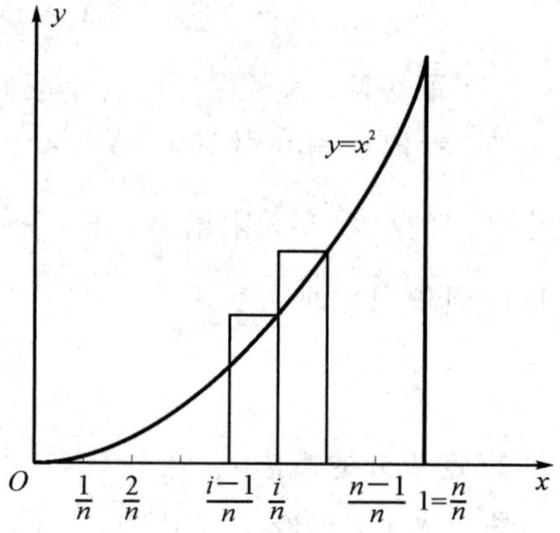

图 5-1-3

于是 $\lambda\to 0\Leftrightarrow n\to\infty$. 取每个小区间的右端点 ξ_i，则 $\xi_i=\frac{i}{n}(i=1, 2, \cdots, n)$，故

$$\begin{aligned}\int_0^1 x^2\mathrm{d}x&=\lim_{\lambda\to 0}\sum_{i=1}^n f(\xi_i)\Delta x_i=\lim_{\lambda\to 0}\sum_{i=1}^n \xi_i^2\Delta x_i\\&=\lim_{n\to\infty}\sum_{i=1}^n\left(\frac{i}{n}\right)^2\cdot\frac{1}{n}=\lim_{n\to\infty}\frac{1}{n^3}\sum_{i=1}^n i^2\\&=\lim_{n\to\infty}\frac{1}{n^3}(1^2+2^2+3^2+\cdots+n^2)\\&=\lim_{n\to\infty}\frac{1}{n^3}\cdot\frac{n(n+1)(2n+1)}{6}\\&=\lim_{n\to\infty}\frac{1}{6}\left(1+\frac{1}{n}\right)\left(2+\frac{1}{n}\right)=\frac{1}{3}.\end{aligned}$$

3. 定积分的几何意义

如果把定积分 $\int_a^b f(x)\mathrm{d}x$ 中的被积函数 $y=f(x)$ 理解为曲边梯形的曲边方程，那么由前面曲边梯形面积的讨论，可以得到定积分的几何意义如下：

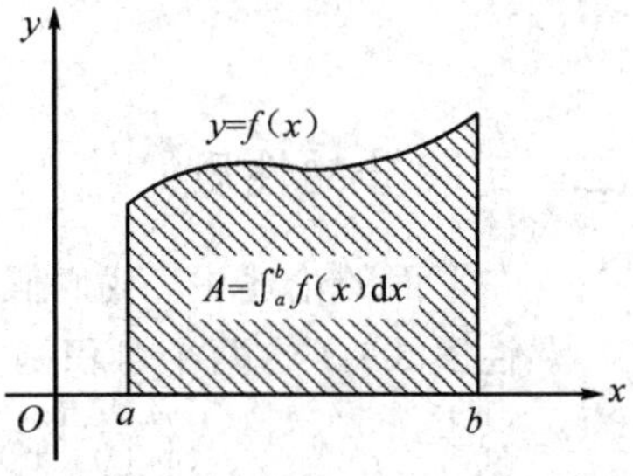

图 5-1-4

(1) 如果在$[a, b]$上 $f(x)\geqslant 0$，则定积分 $\int_a^b f(x)\mathrm{d}x$ 在几何上表示由曲线 $y=f(x)$，直线 $x=a$，$x=b$ 及 x 轴所围成的曲边梯形的面积(见图 5-1-4)，即

$$\int_a^b f(x)\mathrm{d}x=A.$$

(2) 如果在$[a, b]$上 $f(x)\leqslant 0$，则定积分 $\int_a^b f(x)\mathrm{d}x$ 在几何上表示由曲线 $y=f(x)$，直线 $x=a$，$x=b$ 及 x 轴所围成的曲边梯形的面积的负值(见图 5-1-5)，即

$$\int_a^b f(x)\mathrm{d}x=-A.$$

(3) 如果在$[a, b]$上 $f(x)$ 既取得正值又取得负值，则定积分 $\int_a^b f(x)\mathrm{d}x$ 在几何上表示介于 x 轴，曲线 $y=f(x)$ 及直线 $x=a$，$x=b$ 之间的各部分面积的代数和(见图5-1-6)，即

$$\int_a^b f(x)\mathrm{d}x=A_1-A_2+A_3.$$

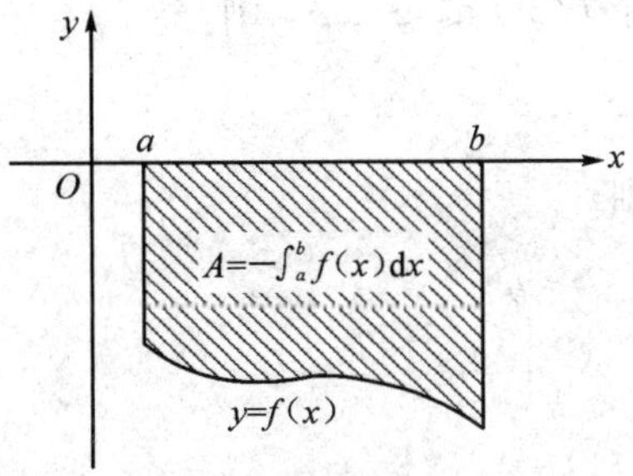

图 5-1-5

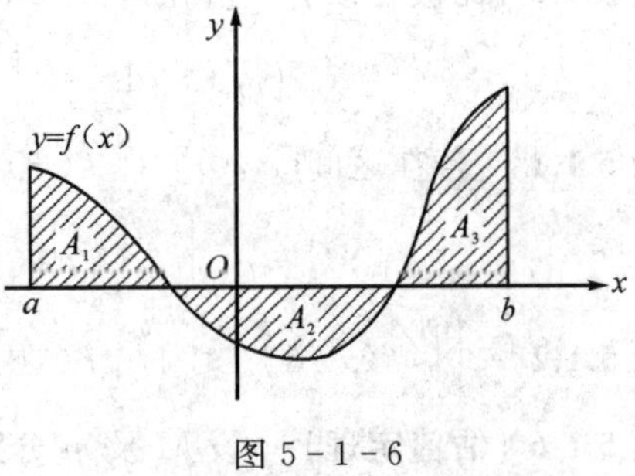

图 5-1-6

例 5.1.2　利用定积分的几何意义计算定积分 $\int_a^b x\mathrm{d}x\ (a<x<b)$ 的值.

解　因为在$[a, b]$上 $f(x)>0$，则由定积分的几何意义可知，计算所给的定积分就相当于计算由 $y=x$，$x=a$，$x=b$ 及 x 轴所围成的梯形的面积(见图 5-1-7). 利用梯形面积公式，这个梯形面积为

$$A=\frac{1}{2}(a+b)(b-a)=\frac{1}{2}(b^2-a^2),$$

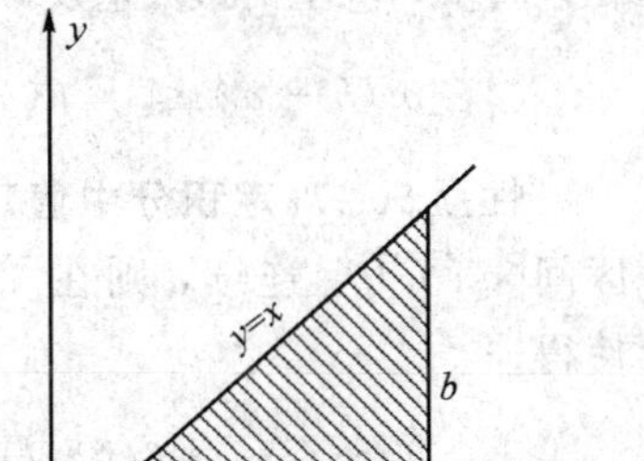

图 5-1-7

即得

$$\int_a^b x\,\mathrm{d}x=\frac{1}{2}(b^2-a^2).$$

二、定积分的性质

在下面的论述中，我们假设被积函数都是连续的.

性质 5.1.1　两个可积函数的代数和的定积分等于它们各自定积分的代数和，即

$$\int_a^b[f(x)\pm g(x)]\mathrm{d}x=\int_a^b f(x)\mathrm{d}x\pm\int_a^b g(x)\mathrm{d}x.$$

此性质对有限个可积函数的代数和也适用.

性质 5.1.2　可积函数中的常数因子可以提到积分号外，即

$$\int_a^b kf(x)\mathrm{d}x=k\int_a^b f(x)\mathrm{d}x\ (k\text{ 为常数}).$$

性质 5.1.3　被积函数为常数 k 时，其积分值等于 k 乘以区间的长度，即

$$\int_a^b k\,\mathrm{d}x=k(b-a).$$

特别地，当 $k=1$ 时，即

$$\int_a^b 1\cdot\mathrm{d}x=\int_a^b \mathrm{d}x=b-a.$$

性质 5.1.4(区间可加性)　不论 a，b，c 的相关位置如何，总有

$$\int_a^b f(x)\mathrm{d}x=\int_a^c f(x)\mathrm{d}x+\int_c^b f(x)\mathrm{d}x.$$

性质 5.1.5 (比较性质)　若在区间$[a,b]$上有 $f(x)\leqslant g(x)$，则

$$\int_a^b f(x)\mathrm{d}x\leqslant\int_a^b g(x)\mathrm{d}x\quad(a<b).$$

推论 5.1.1　若在区间$[a,b]$上 $f(x)\geqslant 0$，则

$$\int_a^b f(x)\mathrm{d}x\geqslant 0\quad(a<b).$$

推论 5.1.2　$\left|\int_a^b f(x)\mathrm{d}x\right|\leqslant\int_a^b|f(x)|\mathrm{d}x\ (a<b).$

性质 5.1.6 (估值定理)　设 M 及 m 分别是函数 $f(x)$ 在区间$[a,b]$上的最大值及最小值(见图 5-1-8)，则

$$m(b-a)\leqslant\int_a^b f(x)\mathrm{d}x\leqslant M(b-a).$$

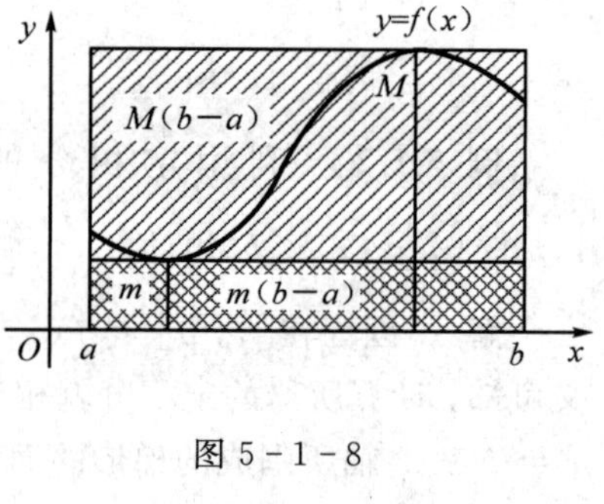

图 5-1-8

性质 5.1.7(定积分中值定理)　如果函数 $f(x)$ 在闭区间$[a,b]$上连续，则在$[a,b]$上至少存在一个点 ξ，使得

$$\int_a^b f(x)\mathrm{d}x=f(\xi)(b-a)\quad(a\leqslant\xi\leqslant b).$$

当 $f(x)\geqslant 0$ 时，积分中值定理有如下几何解释：

在$[a,b]$上至少存在一点 ξ，使得以$[a,b]$为底、曲线 $y=f(x)$ 为曲边的曲边梯形的面积等于以$[a,b]$为底、$f(\xi)$ 为高的矩形面积(见图 5-1-9)．通常称 $f(\xi)$ 为该曲边梯形

在$[a,b]$上的"平均高度"，也称它为$f(x)$在$[a,b]$上的平均值.

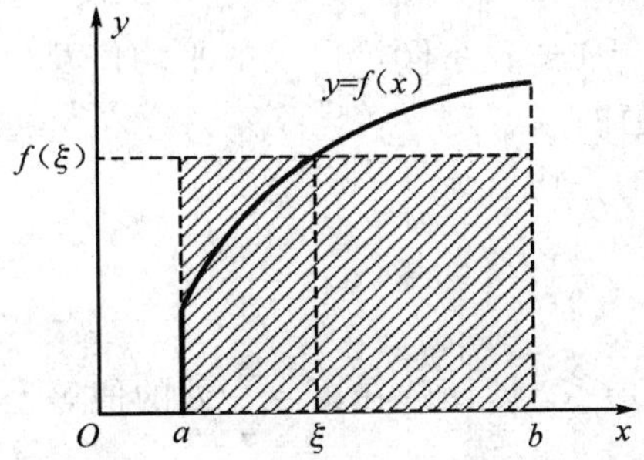

图 5-1-9

例 5.1.3　比较$\int_0^{-2}e^x\,dx$和$\int_0^{-2}x\,dx$的大小.

解　令$f(x)=e^x-x$，$x\in[-2,0]$，因为$f(x)>0$，所以

$$\int_{-2}^{0}(e^x-x)dx>0,$$

即

$$\int_{-2}^{0}e^x\,dx>\int_{-2}^{0}x\,dx,$$

于是

$$\int_{0}^{-2}e^x\,dx<\int_{0}^{-2}x\,dx.$$

例 5.1.4　估计积分$\int_0^{\pi}\frac{1}{3+\sin^3x}dx$的值.

解　令$f(x)=\frac{1}{3+\sin^3x}$，$x\in[0,\pi]$，因为$0\leqslant\sin^3x\leqslant1$，所以

$$\frac{1}{4}\leqslant\frac{1}{3+\sin^3x}\leqslant\frac{1}{3},$$

从而

$$\int_0^{\pi}\frac{1}{4}dx\leqslant\int_0^{\pi}\frac{1}{3+\sin^3x}dx\leqslant\int_0^{\pi}\frac{1}{3}dx,$$

于是

$$\frac{\pi}{4}\leqslant\int_0^{\pi}\frac{1}{3+\sin^3x}dx\leqslant\frac{\pi}{3}.$$

例 5.1.5　设$f(x)$可导，且$\lim\limits_{x\to+\infty}f(x)=1$，求$\lim\limits_{x\to+\infty}\int_x^{x+2}t\sin\frac{3}{t}f(t)dt$.

解　由定积分中值定理知存在$\xi\in[x,x+2]$，使得

$$\int_x^{x+2}t\sin\frac{3}{t}f(t)dt=\xi\sin\frac{3}{\xi}f(\xi)(x+2-x),$$

故

$$\lim_{x\to+\infty}\int_x^{x+2} t\sin\frac{3}{t}f(t)\mathrm{d}t=2\lim_{\xi\to+\infty}\xi\sin\frac{3}{\xi}f(\xi)=2\lim_{\xi\to+\infty}3f(\xi)=6.$$

例 5.1.6　求函数 $f(x)=4-x$ 在 $[0,3]$ 上的平均值及在该区间上 $f(x)$ 恰取这个值的点.

解　$f(x)$ 在 $[0,3]$ 上的平均值为

$$\frac{1}{b-a}\int_a^b f(x)\mathrm{d}x=\frac{1}{3-0}\int_0^3(4-x)\mathrm{d}x=\frac{5}{2}.$$

当 $4-x=\frac{5}{2}$ 时，得到 $x=\frac{3}{2}$，即函数在 $x=\frac{3}{2}$ 处的值等于它在 $[0,3]$ 上的平均值.

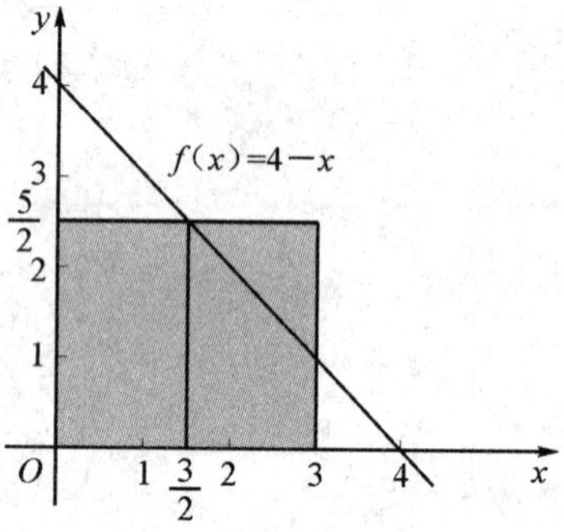

图 5-1-10

注意：底为 3、高为 $\frac{5}{2}$（$y=4-x$ 的平均值）的矩形的面积等于 $f(x)$ 与两坐标轴以及 $x=3$ 围成的梯形的面积(见图 5-1-10).

习题 5-1

(A)

1. 利用定积分的几何意义求下列定积分的值：

(1) $\int_{-1}^1 |x|\mathrm{d}x$；　(2) $\int_{-\pi}^{\pi}\sin x\mathrm{d}x$；　(3) $\int_0^a\sqrt{a^2-x^2}\mathrm{d}x$ $(a>0)$.

2. 试用定积分表示由 $y=x^2+1$、$x=-1$、$x=2$ 和 x 轴所围成的曲边梯形的面积 A.

3. 已知 $\int_2^3 f(x)\mathrm{d}x=2$，$\int_2^3[f(x)]^2\mathrm{d}x=3$，求定积分 $\int_2^3[4f(x)+3]^2\mathrm{d}x$.

4. 比较下列定积分的大小：

(1) $\int_1^2 x\mathrm{d}x$ 与 $\int_1^2 x^2\mathrm{d}x$；　(2) $\int_1^2\ln x\mathrm{d}x$ 与 $\int_1^2(\ln x)^2\mathrm{d}x$.

5. 估计下列定积分的值：

(1) $\int_0^1 e^x\mathrm{d}x$；　(2) $\int_1^4(x^2+1)\mathrm{d}x$.

(B)

1. 定积分的值与(　　)无关?

A. 积分区间的位置　　B. 积分变量的符号

C. 积分区间的长度　　D. 被积函数

2. 函数 $f(x)$ 在区间 $[a,b]$ 上连续是函数 $f(x)$ 在区间 $[a,b]$ 上可积的(　　).

A. 充要条件　　B. 无关条件

C. 必要条件　　D. 充分条件

3. 设函数 $f(x)$ 仅在区间 $[0,3]$ 上可积，则必有 $\int_0^2 f(x)\mathrm{d}x=$(　　).

A. $\int_{0}^{-1} f(x)\mathrm{d}x+\int_{-1}^{2} f(x)\mathrm{d}x$　　B. $\int_{0}^{4} f(x)\mathrm{d}x+\int_{4}^{2} f(x)\mathrm{d}x$

C. $\int_{0}^{3} f(x)\mathrm{d}x+\int_{3}^{2} f(x)\mathrm{d}x$　　D. $\int_{0}^{1} f(x)\mathrm{d}x+\int_{2}^{1} f(x)\mathrm{d}x$

4. 下列定积分比较，正确的是(　　).

A. $\int_{1}^{2} \ln x\,\mathrm{d}x<\int_{1}^{2} (\ln x)^2\,\mathrm{d}x$　　B. $\int_{0}^{1} x^2\,\mathrm{d}x<\int_{0}^{1} x^3\,\mathrm{d}x$

C. $\int_{-2}^{0} \mathrm{e}^{x}\,\mathrm{d}x<\int_{-2}^{0} x\,\mathrm{d}x$　　D. $\int_{1}^{2} \mathrm{e}^{x}\,\mathrm{d}x<\int_{1}^{2} \mathrm{e}^{x^2}\,\mathrm{d}x$

5. 下列各式中，正确的是(　　).

A. $0\leqslant\int_{0}^{1} \mathrm{e}^{x^2}\,\mathrm{d}x\leqslant 1$　　B. $1\leqslant\int_{0}^{1} \mathrm{e}^{x^2}\,\mathrm{d}x\leqslant \mathrm{e}$

C. $\mathrm{e}\leqslant\int_{0}^{1} \mathrm{e}^{x^2}\,\mathrm{d}x\leqslant \mathrm{e}^2$　　D. 以上都不对

5.2 微积分基本公式

积分学中要解决两个问题：第一个问题是原函数的求法问题，我们在前面已经对它做了讨论；第二个问题是定积分的计算问题. 如果我们要按定积分的定义来计算定积分，那将是十分困难的. 因此寻求一种计算定积分的有效方法便成为积分学发展的关键. 我们知道，不定积分作为原函数的概念与定积分作为积分和式的极限的概念是完全不相干的两个概念. 但是，牛顿和莱布尼茨不仅发现而且找到了这两个概念之间存在着的深刻的内在联系，即所谓的“**微积分基本定理**”，并由此巧妙地开辟了求定积分的新途径　　**牛顿 莱布尼茨公式**，从而使积分学与微分学一起构成变量数学的基础学科 —— 微积分学.

一、变速直线运动中位置函数与速度函数的联系

设物体作变速直线运动，其速度 $v=v(t)$ 在时间间隔$[T_1, T_2]$中经过的路程为 $s=\int_{T_1}^{T_2} v(t)\mathrm{d}t$. 另一方面，假若能找到路程 s 与时间 t 的函数 $s(t)$，则此函数在$[T_1, T_2]$上的改变量 $s(T_2)-s(T_1)$ 就是物体在这段时间间隔中所经过的路程，于是可得

$$\int_{T_1}^{T_2} v(t)\mathrm{d}t=s(T_2)-s(T_1).$$

$s'(t)=v(t)$，即 $s(t)$ 是 $v(t)$ 的原函数，因此求变速运动的物体在时间间隔$[T_1, T_2]$中所经过的路程就转化为寻求 $v(t)$ 的原函数 $s(t)$ 在$[T_1, T_2]$上的改变量.

这个实际问题的结论是否具有普遍性呢？就是说，函数 $f(x)$ 在区间$[a, b]$上的定积分$\int_{a}^{b} f(x)\mathrm{d}x$ 是否等于 $f(x)$ 的原函数 $F(x)$ 在$[a, b]$上的改变量 $F(b)-F(a)$ 呢？在解决这个问题之前，我们先讨论原函数的存在问题.

二、积分上限的函数及其导数

设函数 $f(x)$ 在区间$[a, b]$上连续，x 是$[a, b]$上的一点，则由

$$\Phi(x)=\int_a^x f(t)\,\mathrm{d}t$$

所确定的函数(见图 5-2-1)，称为**积分上限的函数**(也称为变上限定积分). 这个函数具有下面重要的性质.

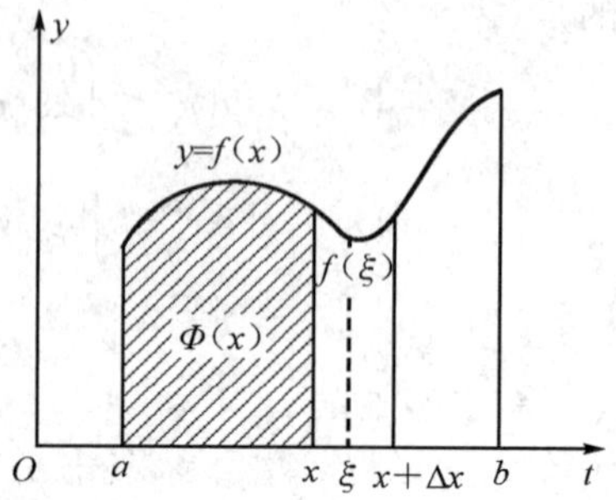

图 5-2-1

定理 5.2.1　如果函数 $f(x)$ 在$[a, b]$上连续，则积分上限的函数

$$\Phi(x)=\int_a^x f(t)\,\mathrm{d}t$$

在$[a, b]$上可导，且

$$\Phi'(x)=\frac{\mathrm{d}}{\mathrm{d}x}\int_a^x f(t)\,\mathrm{d}t=f(x).$$

证明　设 $x\in[a, b]$，$\Delta x\neq 0$ 且 $x+\Delta x\in[a, b]$，则

$$\begin{aligned}\Delta\Phi&=\Phi(x+\Delta x)-\Phi(x)\\&=\int_a^{x+\Delta x} f(t)\,\mathrm{d}t-\int_a^x f(t)\,\mathrm{d}t\\&=\int_a^x f(t)\,\mathrm{d}t+\int_x^{x+\Delta x} f(t)\,\mathrm{d}t-\int_a^x f(t)\,\mathrm{d}t\\&=\int_x^{x+\Delta x} f(t)\,\mathrm{d}t\\&=f(\xi)\Delta x,\ \xi\in[x, x+\Delta x].\end{aligned}$$

因为函数 $f(x)$ 在点 x 处连续，所以

$$\Phi'(x)=\lim_{\Delta x\to 0}\frac{\Delta\Phi}{\Delta x}=\lim_{\Delta x\to 0}f(\xi)=\lim_{\xi\to x}f(\xi)=f(x),$$

即

$$\Phi'(x)=\frac{\mathrm{d}}{\mathrm{d}x}\int_a^x f(t)\,\mathrm{d}t=f(x).$$

由定理5.2.1可得出所有连续函数都存在原函数，而且一个连续函数作变上限定积分所确定的函数就是它的一个原函数.

定理 5.2.2(原函数存在定理)　如果 $f(x)$ 在$[a, b]$上连续，则 $\Phi(x)=\int_a^x f(t)\,\mathrm{d}t$ 就是 $f(x)$ 在$[a, b]$上的一个原函数.

这个定理一方面肯定了连续函数的原函数是存在的，另一方面初步揭示了定积分与原函数之间的联系. 因此，有可能利用原函数来计算定积分.

利用复合函数求导法则，可进一步得到下列公式：

(1) $\dfrac{\mathrm{d}}{\mathrm{d}x}\displaystyle\int_a^{\varphi(x)} f(t)\mathrm{d}t = f[\varphi(x)]\varphi'(x)$；

(2) $\dfrac{\mathrm{d}}{\mathrm{d}x}\displaystyle\int_{\psi(x)}^{\varphi(x)} f(t)\mathrm{d}t = f[\varphi(x)]\varphi'(x) - f[\psi(x)]\psi'(x)$.

例 5.2.1　求 $\dfrac{\mathrm{d}}{\mathrm{d}x}\left(\displaystyle\int_0^x \cos^2 t\,\mathrm{d}t\right)$.

解　$\dfrac{\mathrm{d}}{\mathrm{d}x}\left(\displaystyle\int_0^x \cos^2 t\,\mathrm{d}t\right) = \cos^2 x$.

例 5.2.2　求 $\dfrac{\mathrm{d}}{\mathrm{d}x}\left(\displaystyle\int_1^{x^3} \mathrm{e}^{t^2}\mathrm{d}t\right)$.

解　这里 $\displaystyle\int_1^{x^3} \mathrm{e}^{t^2}\mathrm{d}t$ 是 x^3 的函数，因而是 x 的复合函数. 令 $x^3 = u$，则 $\Phi(u) = \displaystyle\int_1^u \mathrm{e}^{t^2}\mathrm{d}t$. 根据复合函数求导公式，有

$$\frac{\mathrm{d}}{\mathrm{d}x}\left(\int_1^{x^3} \mathrm{e}^{t^2}\mathrm{d}t\right) = \frac{\mathrm{d}}{\mathrm{d}u}\left(\int_1^u \mathrm{e}^{t^2}\mathrm{d}t\right)\cdot\frac{\mathrm{d}u}{\mathrm{d}x} = \Phi'(u)\cdot 3x^2 = \mathrm{e}^{u^2}\cdot 3x^2 = 3x^2\mathrm{e}^{x^6}.$$

例 5.2.3　设函数 $y = y(x)$ 由方程 $\displaystyle\int_0^{y^2} \mathrm{e}^{t^2}\mathrm{d}t + \int_x^0 \sin t\,\mathrm{d}t = 0$ 所确定，求 $\dfrac{\mathrm{d}y}{\mathrm{d}x}$.

解　方程两边同时对 x 求导，得

$$\frac{\mathrm{d}}{\mathrm{d}x}\left(\int_0^{y^2} \mathrm{e}^{t^2}\mathrm{d}t\right) + \frac{\mathrm{d}}{\mathrm{d}x}\left(\int_x^0 \sin t\,\mathrm{d}t\right) = 0,$$

于是

$$\frac{\mathrm{d}}{\mathrm{d}y}\left(\int_0^{y^2} \mathrm{e}^{t^2}\mathrm{d}t\right)\cdot\frac{\mathrm{d}y}{\mathrm{d}x} + \frac{\mathrm{d}}{\mathrm{d}x}\left(\int_x^0 \sin t\,\mathrm{d}t\right) = 0,$$

即

$$\mathrm{e}^{y^4}\cdot(2y)\cdot\frac{\mathrm{d}y}{\mathrm{d}x} + (-\sin x) = 0,$$

故

$$\frac{\mathrm{d}y}{\mathrm{d}x} = \frac{\sin x}{2y\mathrm{e}^{y^4}}.$$

例 5.2.4　求 $\displaystyle\lim_{x\to 0}\frac{\int_{\cos x}^1 \mathrm{e}^{-t^2}\mathrm{d}t}{x^2}$.

解　这是 $\dfrac{0}{0}$ 型不定式，可以用洛必达法则计算.

$$\lim_{x\to 0}\frac{\int_{\cos x}^1 \mathrm{e}^{-t^2}\mathrm{d}t}{x^2} = \frac{\left(-\int_1^{\cos x} \mathrm{e}^{-t^2}\mathrm{d}t\right)'}{(x^2)'} = \lim_{x\to 0}\frac{\sin x\cdot \mathrm{e}^{-\cos^2 x}}{2x} = \frac{1}{2\mathrm{e}}.$$

三、牛顿-莱布尼茨公式

定理 5.2.3　若函数 $F(x)$ 是连续函数 $f(x)$ 在区间 $[a, b]$ 上的一个原函数，则

$$\int_a^b f(x)\mathrm{d}x = F(b) - F(a).$$

证明　因为 $f(x)$ 在 $[a, b]$ 上连续，由定理 5.2.2 知 $\Phi(x) = \int_a^x f(t)\mathrm{d}t \, (x \in [a, b])$ 也是 $f(x)$ 的一个原函数，因而与 $F(x)$ 相差一个常数，即

$$F(x) - \int_a^x f(t)\mathrm{d}t = C.$$

令 $x = a$，得 $F(a) - \int_a^a f(t)\mathrm{d}t = C$. 因为 $\int_a^a f(t)\mathrm{d}t = 0$，所以 $C = F(a)$，于是

$$F(x) - \int_a^x f(t)\mathrm{d}t = F(a).$$

再令 $x = b$，得

$$F(b) - \int_a^b f(t)\mathrm{d}t = F(a),$$

即

$$\int_a^b f(t)\mathrm{d}t = F(b) - F(a).$$

因为定积分与积分变量无关，仍用 x 表示积分变量，即得公式

$$\int_a^b f(x)\mathrm{d}x = F(b) - F(a).$$

上述公式称为**牛顿-莱布尼茨公式**，也称为**微积分基本公式**.

原函数 $F(x)$ 在 $[a, b]$ 上的改变量 $F(b) - F(a)$ 通常记为 $F(x)\Big|_a^b$，这样牛顿-莱布尼茨公式又可写成

$$\int_a^b f(x)\mathrm{d}x = F(x)\Big|_a^b = F(b) - F(a).$$

牛顿-莱布尼茨公式揭示了定积分与原函数之间的联系，它表明一个连续函数在某一区间上的定积分等于它的任何一个原函数在该区间上的改变量，这就为计算定积分提供了一个简便的方法.

例 5.2.5　求定积分 $\int_0^1 x^2 \mathrm{d}x$.

解　因为 $\frac{x^3}{3}$ 是 x^2 的一个原函数，所以由牛顿-莱布尼茨公式，有

$$\int_0^1 x^2 \mathrm{d}x = \frac{x^3}{3}\Big|_0^1 = \frac{1}{3} - \frac{0}{3} = \frac{1}{3}.$$

例 5.2.6　求定积分 $\int_{-2}^{-1} \frac{1}{x}\mathrm{d}x$.

解　当 $x < 0$ 时，$\frac{1}{x}$ 的一个原函数是 $\ln|x|$，故

$$\int_{-2}^{-1} \frac{1}{x}\mathrm{d}x = \ln|x|\Big|_{-2}^{-1} = \ln 1 - \ln 2 = -\ln 2.$$

例 5.2.7　设 $f(x)=\begin{cases}2x, & 0\leqslant x\leqslant 1,\\ 5, & 1<x\leqslant 2,\end{cases}$ 求$\int_0^2 f(x)\mathrm{d}x$.

解　$\int_0^2 f(x)\mathrm{d}x=\int_0^1 f(x)\mathrm{d}x+\int_1^2 f(x)\mathrm{d}x=\int_0^1 2x\,\mathrm{d}x+\int_1^2 5\mathrm{d}x=6.$

例 5.2.8　求定积分$\int_{-1}^3 |2-x|\mathrm{d}x$.

解　将被积函数改写成分段函数：

$$|2-x|=\begin{cases}2-x, & x\leqslant 2,\\ x-2, & x>2,\end{cases}$$

利用定积分的可加性，得

$$\begin{aligned}\int_{-1}^3 |2-x|\mathrm{d}x&=\int_{-1}^2 (2-x)\mathrm{d}x+\int_2^3 (x-2)\mathrm{d}x\\&=\left(2x-\frac{x^2}{2}\right)\Bigg|_{-1}^2+\left(\frac{x^2}{2}-2x\right)\Bigg|_2^3=\frac{9}{2}+\frac{1}{2}=5.\end{aligned}$$

例 5.2.9　求定积分$\int_{-\frac{\pi}{2}}^{\frac{\pi}{3}} \sqrt{1-\cos^2 x}\,\mathrm{d}x$.

解　$$\begin{aligned}\int_{-\frac{\pi}{2}}^{\frac{\pi}{3}} \sqrt{1-\cos^2 x}\,\mathrm{d}x&=\int_{-\frac{\pi}{2}}^{\frac{\pi}{3}} \sqrt{\sin^2 x}\,\mathrm{d}x=\int_{-\frac{\pi}{2}}^{\frac{\pi}{3}} |\sin x|\,\mathrm{d}x\\&=-\int_{-\frac{\pi}{2}}^{0}\sin x\,\mathrm{d}x+\int_0^{\frac{\pi}{3}}\sin x\,\mathrm{d}x\\&=\cos x\Big|_{-\frac{\pi}{2}}^{0}-\cos x\Big|_0^{\frac{\pi}{3}}=\frac{3}{2}.\end{aligned}$$

例 5.2.10　计算由曲线 $y=\sin x\,(x\in[0,\pi))$ 及 x 轴所围成的图形的面积 A.

解　根据定积分的几何意义，所求面积 A（见图 5-2-2）为

$$A=\int_0^\pi \sin x\,\mathrm{d}x=-\cos x\Big|_0^\pi=-\cos\pi-(-\cos 0)=2.$$

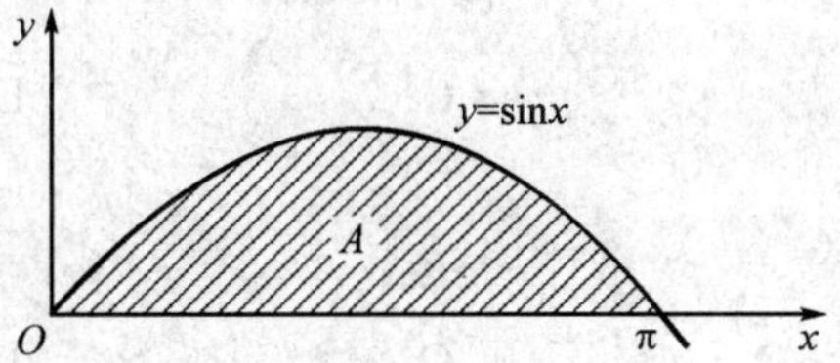

图 5-2-2

习题 5-2

(A)

1. 设 $f(x)$ 在$[a,b]$上连续，则$\int_a^x f(t)\mathrm{d}t$ 与$\int_x^b f(u)\mathrm{d}u$ 是 x 的函数还是 t 与 u 的函数？它们的导数存在吗？如果存在，等于什么？

2. 求下列函数的导数：

(1) $\Phi(x)=\int_{a}^{x} t\cos t\,\mathrm{d}t$；　(2) $\Phi(x)=\int_{1}^{x}\frac{\mathrm{d}t}{1+t^{2}}$.

3. 求下列极限：

(1) $\lim\limits_{x\to 0}\frac{\int_{0}^{x}\cos^{2}t\,\mathrm{d}t}{x}$；　(2) $\lim\limits_{x\to 0}\frac{\int_{0}^{x}\tan t\,\mathrm{d}t}{x^{2}}$.

4. 利用微积分基本公式计算下列定积分：

(1) $\int_{-1}^{0}\frac{3x^{4}+3x^{2}+1}{x^{2}+1}\mathrm{d}x$；　(2) $\int_{0}^{1}\mathrm{e}^{x}\,\mathrm{d}x$；

(3) $\int_{0}^{\frac{\pi}{2}}(\cos x+\sin x)\mathrm{d}x$；　(4) $\int_{1}^{2}(x^{3}-3x+4)\mathrm{d}x$；

(5) $\int_{\frac{\pi}{6}}^{\frac{\pi}{4}}\frac{1}{\sin^{2}x}\mathrm{d}x$；　(6) $\int_{-2}^{5}f(x)\mathrm{d}x$，其中 $f(x)=\begin{cases}1+x^{2}, & x\geqslant 2,\\ 13-x^{3}, & x<2;\end{cases}$

(7) $\int_{-2}^{2}\max\{x, x^{2}\}\mathrm{d}x$；　(8) $\int_{0}^{1}\frac{x^{2}}{1+x^{2}}\mathrm{d}x$；

(9) $\int_{0}^{\frac{\pi}{4}}\tan^{2}x\,\mathrm{d}x$；　(10) $\int_{-2}^{2}x\sqrt{x^{2}}\,\mathrm{d}x$.

5. 一曲边梯形由 $y=\mathrm{e}^{x}$、x 轴和直线 $x=-1$、$x=\frac{1}{2}$ 所围成，求此曲边梯形的面积 A.

(B)

1. 函数 $f(x)$ 在区间 $[a, b]$ 上连续是函数 $f(x)$ 在区间 $[a, b]$ 上可积的(　　).

A. 充分条件　B. 无关条件

C. 必要条件　D. 充要条件

2. 由曲线 $y=x^{2}(x\in[1, 2])$ 及 x 轴所围成图形的面积是(　　).

A. 3　B. $\frac{1}{3}$　C. 7　D. $\frac{7}{3}$

3. $\frac{\mathrm{d}}{\mathrm{d}x}\left(\int_{1}^{x^3}\mathrm{e}^{t^2}\mathrm{d}t\right)$ 的值是(　　).

A. e^{x^2}　B. $x^{3}\mathrm{e}^{x^6}$　C. e^{x^6}　D. $3x^{2}\mathrm{e}^{x^6}$

4. 设 $G(x)=\int_{1}^{-x}\frac{\sin t}{t}\mathrm{d}t$，则 $G'(x)=$(　　).

A. $\frac{\sin x}{x}$　B. $-\frac{\sin x}{x}$　C. $\frac{\sin x}{x}-1$　D. $-\frac{\sin x}{x}+1$

5. 下列各个等式中，不正确的是(　　).

A. $\frac{\mathrm{d}}{\mathrm{d}x}\int f(x)\mathrm{d}x=f(x)$　B. $\frac{\mathrm{d}}{\mathrm{d}x}\int_{a}^{b}f(x)\mathrm{d}x=f(x)$

C. $\frac{\mathrm{d}}{\mathrm{d}x}\int_{x}^{a}f(t)\mathrm{d}t=-f(x)$　D. $\frac{\mathrm{d}}{\mathrm{d}x}\int_{a}^{x}f(t)\mathrm{d}t=f(x)$

5.3　定积分的换元积分法和分部积分法

牛顿-莱布尼茨公式给出了计算定积分的简便方法，但是有时原函数很难直接求出. 本节我们引入定积分的换元积分法和分部积分法.

一、定积分的换元积分法

定理 5.3.1　设函数 $f(x)$在闭区间$[a, b]$上连续，函数 $x=\varphi(t)$满足条件：

(1) $\varphi(\alpha)=a$，$\varphi(\beta)=b$，且 $a\leqslant\varphi(t)\leqslant b$；

(2) $\varphi(t)$在$[\alpha, \beta]$(或$[\beta, \alpha]$) 上具有连续导数，

则有

$$\int_a^b f(x)\mathrm{d}x=\int_\alpha^\beta f[\varphi(t)]\varphi'(t)\mathrm{d}t. \tag{5-3-1}$$

式(5-3-1) 称为定积分的**换元公式**.

定积分的换元公式与不定积分的换元公式很类似. 但是，在应用定积分的换元公式时应注意以下两点：

(1) 用 $x=\varphi(t)$把变量 x 换成新变量 t 时，积分限也要换成相应于新变量 t 的积分限，且上限对应于上限，下限对应于下限；

(2) 求出 $f[\varphi(t)]\varphi'(t)$的一个原函数 $\Phi(t)$后，不必像计算不定积分那样再把 $\Phi(t)$变换成原变量 x 的函数，而只要把新变量 t 的上、下限分别代入 $\Phi(t)$后相减即可.

例 5.3.1　求定积分 $\int_0^{\frac{\pi}{2}}\cos^5 x\sin x\,\mathrm{d}x$.

解　令 $t=\cos x$，则 $\mathrm{d}t=-\sin x\,\mathrm{d}x$. 当 $x=\frac{\pi}{2}$ 时，$t=0$；当 $x=0$ 时，$t=1$. 于是

$$\int_0^{\frac{\pi}{2}}\cos^5 x\sin x\,\mathrm{d}x=-\int_1^0 t^5\,\mathrm{d}t=\int_0^1 t^5\,\mathrm{d}t=\frac{t^6}{6}\bigg|_0^1=\frac{1}{6}.$$

注：本例中，如果不明显写出新变量 t，则定积分的上、下限不变. 重新计算如下：

$$\int_0^{\frac{\pi}{2}}\cos^5 x\sin x\,\mathrm{d}x=-\int_0^{\frac{\pi}{2}}\cos^5 x\,\mathrm{d}(\cos x)=-\frac{\cos^6 x}{6}\bigg|_0^{\frac{\pi}{2}}=-\left(0-\frac{1}{6}\right)=\frac{1}{6}.$$

例 5.3.2　求定积分$\int_0^a\sqrt{a^2-x^2}\,\mathrm{d}x\ (a>0)$.

解　令 $x=a\sin t$，则 $\mathrm{d}x=a\cos t\,\mathrm{d}t$，$t\in\left[-\frac{\pi}{2}, \frac{\pi}{2}\right]$，

$$\sqrt{a^2-x^2}=a\sqrt{1-\sin^2 t}=a\,|\cos t|=a\cos t,$$

由换元积分公式得

$$\begin{aligned}\int_0^a\sqrt{a^2-x^2}\,\mathrm{d}x&=a^2\int_0^{\frac{\pi}{2}}\cos^2 t\,\mathrm{d}t=a^2\int_0^{\frac{\pi}{2}}\frac{1+\cos 2t}{2}\mathrm{d}t\\&=\frac{a^2}{2}\int_0^{\frac{\pi}{2}}(1+\cos 2t)\mathrm{d}t=\frac{a^2}{2}\left(t+\frac{1}{2}\sin 2t\right)\bigg|_0^{\frac{\pi}{2}}=\frac{\pi a^2}{4}.\end{aligned}$$

注：此题用定积分的几何意义计算更方便.

例 5.3.3 求定积分$\int_0^4 \frac{x+2}{\sqrt{2x+1}}\mathrm{d}x$.

解 令$t=\sqrt{2x+1}$，则$x=\frac{t^2-1}{2}$，$\mathrm{d}x=t\mathrm{d}t$. 当$x=0$时，$t=1$；当$x=4$时，$t=3$. 于是

$$\int_0^4 \frac{x+2}{\sqrt{2x+1}}\mathrm{d}x=\int_1^3 \frac{\frac{t^2-1}{2}+2}{t}t\,\mathrm{d}t=\frac{1}{2}\int_1^3 (t^2+3)\mathrm{d}t$$

$$=\frac{1}{2}\left(\frac{1}{3}t^3+3t\right)\Big|_1^3=\frac{1}{2}\left[\left(\frac{27}{3}+9\right)-\left(\frac{1}{3}+3\right)\right]=\frac{22}{3}.$$

例 5.3.4 若$f(x)$在$[-a,a]$上连续，证明：

(1) 当$f(x)$为偶函数时，有$\int_{-a}^a f(x)\mathrm{d}x=2\int_0^a f(x)\mathrm{d}x$；

(2) 当$f(x)$为奇函数时，有$\int_{-a}^a f(x)\mathrm{d}x=0$.

证明 因为

$$\int_{-a}^a f(x)\mathrm{d}x=\int_{-a}^0 f(x)\mathrm{d}x+\int_0^a f(x)\mathrm{d}x,$$

在上式右端第一项中令$x=-t$，则

$$\int_{-a}^0 f(x)\mathrm{d}x=-\int_a^0 f(-t)\mathrm{d}t=\int_0^a f(-t)\mathrm{d}t=\int_0^a f(-x)\mathrm{d}x.$$

(1) 当$f(x)$为偶函数，即$f(-x)=f(x)$时，

$$\int_{-a}^a f(x)\mathrm{d}x=\int_{-a}^0 f(x)\mathrm{d}x+\int_0^a f(x)\mathrm{d}x=2\int_0^a f(x)\mathrm{d}x;$$

(2) 当$f(x)$为奇函数，即$f(-x)=-f(x)$时，

$$\int_{-a}^a f(x)\mathrm{d}x=\int_{-a}^0 f(x)\mathrm{d}x+\int_0^a f(x)\mathrm{d}x=0.$$

例 5.3.5 求定积分$\int_{-1}^1 (|x|+\sin x)x^2\mathrm{d}x$.

解 因为积分区间对称于原点，且$|x|x^2$为偶函数，$\sin x\cdot x^2$为奇函数，所以

$$\int_{-1}^1 (|x|+\sin x)x^2\mathrm{d}x=\int_{-1}^1 |x|x^2\mathrm{d}x=2\int_0^1 x^3\mathrm{d}x=2\cdot\frac{x^4}{4}\Big|_0^1=\frac{1}{2}.$$

例 5.3.6 求定积分$\int_{-1}^1 \frac{2x^2+x\cos x}{1+\sqrt{1-x^2}}\mathrm{d}x$.

解 $\int_{-1}^1 \frac{2x^2+x\cos x}{1+\sqrt{1-x^2}}\mathrm{d}x=\int_{-1}^1 \frac{2x^2}{1+\sqrt{1-x^2}}\mathrm{d}x+\int_{-1}^1 \frac{x\cos x}{1+\sqrt{1-x^2}}\mathrm{d}x$

$$=4\int_0^1 \frac{x^2}{1+\sqrt{1-x^2}}\mathrm{d}x=4\int_0^1 \frac{x^2(1-\sqrt{1-x^2})}{1-(1-x^2)}\mathrm{d}x$$

$$=4\int_0^1 (1-\sqrt{1-x^2})\mathrm{d}x=4-4\int_0^1 \sqrt{1-x^2}\,\mathrm{d}x=4-\pi.$$

例 5.3.7 若 $f(x)$ 在 $[0, 1]$ 上连续，证明：

(1) $\int_0^{\frac{\pi}{2}} f(\sin x)\mathrm{d}x = \int_0^{\frac{\pi}{2}} f(\cos x)\mathrm{d}x$；

(2) $\int_0^{\pi} x f(\sin x)\mathrm{d}x = \frac{\pi}{2}\int_0^{\pi} f(\sin x)\mathrm{d}x$，由此计算 $\int_0^{\pi} \frac{x\sin x}{1+\cos^2 x}\mathrm{d}x$.

证明 (1) 设 $x = \frac{\pi}{2} - t$，则 $\mathrm{d}x = -\mathrm{d}t$. 当 $x = 0$ 时，$t = \frac{\pi}{2}$；当 $x = \frac{\pi}{2}$ 时，$t = 0$. 于是

$$\int_0^{\frac{\pi}{2}} f(\sin x)\mathrm{d}x = -\int_{\frac{\pi}{2}}^{0} f\left[\sin\left(\frac{\pi}{2} - t\right)\right]\mathrm{d}t = \int_0^{\frac{\pi}{2}} f(\cos t)\mathrm{d}t = \int_0^{\frac{\pi}{2}} f(\cos x)\mathrm{d}x.$$

(2) 设 $x = \pi - t$，则 $\mathrm{d}x = -\mathrm{d}t$. 当 $x = 0$ 时，$t = \pi$；当 $x = \pi$ 时，$t = 0$. 于是

$$\begin{aligned}\int_0^{\pi} x f(\sin x)\mathrm{d}x &= -\int_{\pi}^{0} (\pi - t) f[\sin(\pi - t)]\mathrm{d}t = \int_0^{\pi} (\pi - t) f(\sin t)\mathrm{d}t \\ &= \pi\int_0^{\pi} f(\sin t)\mathrm{d}t - \int_0^{\pi} t f(\sin t)\mathrm{d}t \\ &= \pi\int_0^{\pi} f(\sin x)\mathrm{d}x - \int_0^{\pi} x f(\sin x)\mathrm{d}x,\end{aligned}$$

所以

$$\int_0^{\pi} x f(\sin x)\mathrm{d}x = \frac{\pi}{2}\int_0^{\pi} f(\sin x)\mathrm{d}x.$$

利用上述结果，即得

$$\begin{aligned}\int_0^{\pi} \frac{x\sin x}{1+\cos^2 x}\mathrm{d}x &= \frac{\pi}{2}\int_0^{\pi} \frac{\sin x}{1+\cos^2 x}\mathrm{d}x = -\frac{\pi}{2}\int_0^{\pi} \frac{1}{1+\cos^2 x}\mathrm{d}(\cos x) \\ &= -\frac{\pi}{2}\arctan(\cos x)\Big|_0^{\pi} \\ &= -\frac{\pi}{2}\left(-\frac{\pi}{4} - \frac{\pi}{4}\right) = \frac{\pi^2}{4}.\end{aligned}$$

二、定积分的分部积分法

设 $u(x)$，$v(x)$ 在区间 $[a, b]$ 上有连续导数，则有

$$\mathrm{d}(uv) = v\mathrm{d}u + u\mathrm{d}v,$$

移项，得

$$u\mathrm{d}v = \mathrm{d}(uv) - v\mathrm{d}u,$$

于是

$$\int_a^b u\mathrm{d}v = \int_a^b \mathrm{d}(uv) - \int_a^b v\mathrm{d}u,$$

或

$$\int_a^b u\mathrm{d}v = uv\Big|_a^b - \int_a^b v\mathrm{d}u.$$

这就是**定积分的分部积分公式**.

例 5.3.8 求定积分 $\int_1^3 \ln x\,\mathrm{d}x$.

解 $\int_1^3 \ln x\,dx = x\ln x\Big|_1^3 - \int_1^3 x\,d(\ln x) = (3\ln 3 - 0) - \int_1^3 x\,\frac{1}{x}dx = 3\ln 3 - \int_1^3 dx$

$$= 3\ln 3 - x\Big|_1^3 = 3\ln 3 - (3-1) = 3\ln 3 - 2.$$

例 5.3.9 求定积分$\int_0^1 x e^{-x}\,dx$.

解 $\int_0^1 x e^{-x}\,dx = -\int_0^1 x\,d(e^{-x}) = -(x e^{-x})\Big|_0^1 - \int_0^1 e^{-x}\,dx$

$$= -\left[(e^{-1}-0) + \int_0^1 e^{-x}\,d(-x)\right] = -\left(e^{-1} + e^{-x}\Big|_0^1\right)$$

$$= -[e^{-1} + (e^{-1}-1)] = 1 - 2e^{-1}.$$

例 5.3.10 求定积分$\int_0^{\frac{1}{2}} \arcsin x\,dx$.

解 令 $u = \arcsin x$，$dv = dx$，则 $du = \frac{dx}{\sqrt{1-x^2}}$，$v = x$. 于是

$$\int_0^{\frac{1}{2}} \arcsin x\,dx = (x\arcsin x)\Big|_0^{\frac{1}{2}} - \int_0^{\frac{1}{2}} \frac{x\,dx}{\sqrt{1-x^2}} = \frac{1}{2}\cdot\frac{\pi}{6} + \frac{1}{2}\int_0^{\frac{1}{2}} \frac{1}{\sqrt{1-x^2}}d(1-x^2)$$

$$= \frac{\pi}{12} + (\sqrt{1-x^2})\Big|_0^{\frac{1}{2}} = \frac{\pi}{12} + \frac{\sqrt{3}}{2} - 1.$$

例 5.3.11 求定积分$\int_0^{\frac{\pi}{2}} x^2\sin x\,dx$.

解 由分部积分公式得

$$\int_0^{\frac{\pi}{2}} x^2\sin x\,dx = \int_0^{\frac{\pi}{2}} x^2\,d(-\cos x) = x^2(-\cos x)\Big|_0^{\frac{\pi}{2}} + \int_0^{\frac{\pi}{2}} \cos x\,d(x^2) = 2\int_0^{\frac{\pi}{2}} x\cos x\,dx.$$

再用一次分部积分公式得

$$\int_0^{\frac{\pi}{2}} x\cos x\,dx = \int_0^{\frac{\pi}{2}} x\,d(\sin x) = x\sin x\Big|_0^{\frac{\pi}{2}} - \int_0^{\frac{\pi}{2}} \sin x\,dx = \frac{\pi}{2} + \cos x\Big|_0^{\frac{\pi}{2}} = \frac{\pi}{2} - 1.$$

从而

$$\int_0^{\frac{\pi}{2}} x^2\sin x\,dx = 2\int_0^{\frac{\pi}{2}} x\cos x\,dx = \pi - 2.$$

例 5.3.12 求定积分$\int_{\frac{1}{2}}^1 e^{-\sqrt{2x-1}}\,dx$.

解 令 $t = \sqrt{2x-1}$，则 $t\,dt = dx$. 当 $x = \frac{1}{2}$ 时，$t = 0$；当 $x = 1$ 时，$t = 1$. 于是

$$\int_{\frac{1}{2}}^1 e^{-\sqrt{2x-1}}\,dx = \int_0^1 t e^{-t}\,dt,$$

使用分部积分法，令 $u = t$，$dv = e^{-t}dt$，则 $du = dt$，$v = -e^{-t}$. 于是

$$\int_0^1 t e^{-t}\,dt = -t e^{-t}\Big|_0^1 + \int_0^1 e^{-t}\,dt = -\frac{1}{e} - (e^{-t})\Big|_0^1 = 1 - \frac{2}{e}.$$

例 5.3.13 导出 $I_n = \int_0^{\frac{\pi}{2}} \sin^n x\,dx$（$n$ 为非负整数）的递推公式.

解　易见 $I_0=\int_0^{\frac{\pi}{2}}\mathrm{d}x=\frac{\pi}{2}$，$I_1=\int_0^{\frac{\pi}{2}}\sin x\,\mathrm{d}x=1$，当 $n\geqslant 2$ 时，

$$\begin{aligned}I_n&=\int_0^{\frac{\pi}{2}}\sin^n x\,\mathrm{d}x=-\int_0^{\frac{\pi}{2}}\sin^{n-1}x\,\mathrm{d}(\cos x)\\&=(-\sin^{n-1}x\cos x)\Big|_0^{\frac{\pi}{2}}+(n-1)\int_0^{\frac{\pi}{2}}\sin^{n-2}x\cos^2 x\,\mathrm{d}x\\&=(n-1)\int_0^{\frac{\pi}{2}}\sin^{n-2}x(1-\sin^2 x)\,\mathrm{d}x\\&=(n-1)\int_0^{\frac{\pi}{2}}\sin^{n-2}x\,\mathrm{d}x-(n-1)\int_0^{\frac{\pi}{2}}\sin^n x\,\mathrm{d}x\\&=(n-1)I_{n-2}-(n-1)I_n.\end{aligned}$$

从而得到递推公式

$$I_n=\frac{n-1}{n}I_{n-2}.$$

反复用此公式直到下标为 0 或 1，得

$$I_n=\begin{cases}\dfrac{2m-1}{2m}\cdot\dfrac{2m-3}{2m-2}\cdot\cdots\cdot\dfrac{5}{6}\cdot\dfrac{3}{4}\cdot\dfrac{1}{2}\cdot\dfrac{\pi}{2}, & n=2m,\\[2ex]\dfrac{2m}{2m+1}\cdot\dfrac{2m-2}{2m-1}\cdot\cdots\cdot\dfrac{6}{7}\cdot\dfrac{4}{5}\cdot\dfrac{2}{3}, & n=2m+1,\end{cases}$$

其中 m 为自然数.

注： $\int_0^{\frac{\pi}{2}}\sin^n x\,\mathrm{d}x=\int_0^{\frac{\pi}{2}}\cos^n x\,\mathrm{d}x$.

例 5.3.14　求定积分 $\int_0^{\pi}\sin^5\frac{x}{2}\mathrm{d}x$.

解　令 $\frac{x}{2}=t$，则 $\mathrm{d}x=2\mathrm{d}t$，于是

$$\int_0^{\pi}\sin^5\frac{x}{2}\mathrm{d}x=2\int_0^{\frac{\pi}{2}}\sin^5 t\,\mathrm{d}t=2\times\frac{4}{5}\times\frac{2}{3}=\frac{16}{15}.$$

习题 5-3

(A)

1. 应用定积分换元法时，强调换元必须换限. 凑微分法是换元法的一种，用凑微分法时是否一定要换积分限呢？

2. 用换元积分法计算下列定积分：

(1) $\int_0^1(x+2)^2\mathrm{d}x$；　　(2) $\int_0^{\frac{\pi}{6}}\cos\left(x+\frac{\pi}{6}\right)\mathrm{d}x$；

(3) $\int_0^{\ln 2}\mathrm{e}^{-x}\mathrm{d}x$；　　(4) $\int_0^1\sqrt{1-x^2}\,\mathrm{d}x$；

(5) $\int_0^4\frac{\mathrm{d}x}{1+\sqrt{x}}$；　　(6) $\int_{-1}^1\frac{x}{\sqrt{5-4x}}\mathrm{d}x$；

(7) $\int_1^e \frac{1+\ln x}{x}dx$;　　(8) $\int_{-\frac{\pi}{2}}^{\frac{\pi}{2}} \sqrt{\cos x-\cos^3 x}\,dx$;

(9) $\int_1^3 \frac{dx}{x+x^2}$.

3. 利用函数的奇偶性计算下列定积分:

(1) $\int_{-\frac{1}{2}}^{\frac{1}{2}} \frac{(\arcsin x)^2}{\sqrt{1-x^2}}dx$;　　(2) $\int_{-\pi}^{\pi} x^4 \sin x\,dx$;

(3) $\int_{-1}^{1} \frac{\arcsin x}{x^2+1}dx$;　　(4) $\int_{-1}^{1} (|x|+\sin x)x^2 dx$.

4. 设函数 $f(x)$ 在所给区间上连续,证明:

(1) $\int_{-b}^{b} f(x)dx=\int_{-b}^{b} f(-x)dx$;

(2) $\int_0^1 x^m(1-x)^n dx=\int_0^1 x^n(1-x)^m dx$;

(3) $\int_0^{\frac{\pi}{2}} f(\sin x)dx=\int_0^{\frac{\pi}{2}} f(\cos x)dx$.

5. 用分部积分法计算下列各定积分:

(1) $\int_0^1 x\arctan x\,dx$;　　(2) $\int_0^{\frac{\pi}{2}} \cos x\sin x\,dx$;

(3) $\int_1^2 x\ln x\,dx$;　　(4) $\int_0^{\pi} x\cos x\,dx$;

(5) $\int_0^{e-1} \ln(x+1)dx$;　　(6) $\int_0^{\frac{1}{2}} \arcsin x\,dx$;

(7) $\int_3^8 e^{\sqrt{x+1}}dx$;　　(8) $\int_1^4 \frac{\ln x}{\sqrt{x}}dx$.

6. 设 $f''(x)$ 在[0,1]上连续,且 $f(0)=1$,$f(2)=3$,$f'(2)=5$,求$\int_0^2 xf''(x)dx$.

(B)

1. 下列定积分为零的是(　　).

A. $\int_{-1}^{1} \frac{e^x+e^{-x}}{2}dx$　　B. $\int_{-1}^{1} (x^2+x)\sin x\,dx$

C. $\int_{-1}^{1} \frac{\arctan x}{1+x^2}dx$　　D. $\int_{-1}^{1} x\arcsin x\,dx$

2. 已知 $f(0)=2$,$f(2)=4$,$f'(2)=6$,则$\int_0^2 xf''(x)dx=$(　　).

A. 10　　B. 4　　C. 8　　D. 6

3. $\int_0^2 \sqrt{4-x^2}\,dx=$(　　).

A. $\frac{\pi}{2}$　　B. π　　C. 2π　　D. 4π

4. 已知 $f(x)$ 在区间[0, 1]上连续，且 $f(x)=x+2\int_0^1 f(t)\mathrm{d}t$，则$\int_0^1 f(x)\mathrm{d}x=$(　　).

A. $\frac{1}{2}$　　B. -1　　C. 1　　D. $-\frac{1}{2}$

5. 已知$\int_0^x f(t)\mathrm{d}t=\frac{x^4}{2}$，则$\int_0^4 \frac{1}{\sqrt{x}}f(\sqrt{x})\mathrm{d}x=$(　　).

A. 16　　B. 4　　C. 8　　D. 2

5.4　广 义 积 分

前面介绍的定积分有两个最基本的约束条件：积分区间的有限性和被积函数的有界性. 但在某些实际问题中，常常需要突破这些约束条件. 因此在定积分的计算中，我们也要研究无穷区间上的积分和无界函数的积分. 这两类积分通称为广义积分或反常积分，相应地，前面的定积分则称为常义积分或正常积分.

一、无穷区间上的广义积分

定义 5.4.1　设函数 $f(x)$ 在区间$(-\infty, b]$上连续，任取 $a<b$，我们把极限

$$\lim_{a\to-\infty}\int_a^b f(x)\mathrm{d}x$$

称为函数 $f(x)$ 在无穷区间$(-\infty, b]$上的广义积分，记作$\int_{-\infty}^b f(x)\mathrm{d}x$，即

$$\int_{-\infty}^b f(x)\mathrm{d}x=\lim_{a\to-\infty}\int_a^b f(x)\mathrm{d}x.$$

如果上述极限存在，则称广义积分$\int_{-\infty}^b f(x)\mathrm{d}x$ **收敛**，否则，称此广义积分**发散**.

定义 5.4.2　设函数 $f(x)$ 在区间$[a, +\infty)$上连续，任取 $b>a$，我们把极限

$$\lim_{b\to+\infty}\int_a^b f(x)\mathrm{d}x$$

称为函数 $f(x)$ 在无穷区间$[a, +\infty)$上的广义积分，记作$\int_a^{+\infty} f(x)\mathrm{d}x$，即

$$\int_a^{+\infty} f(x)\mathrm{d}x=\lim_{b\to+\infty}\int_a^b f(x)\mathrm{d}x.$$

如果上述极限存在，则称广义积分$\int_a^{+\infty} f(x)\mathrm{d}x$ **收敛**，否则，称此广义积分**发散**.

定义 5.4.3　设函数 $f(x)$ 在区间$(-\infty, +\infty)$上连续，我们可以定义函数 $f(x)$ 在无穷区间$(-\infty, +\infty)$上的广义积分为

$$\int_{-\infty}^{+\infty} f(x)\mathrm{d}x=\int_{-\infty}^{c} f(x)\mathrm{d}x+\int_{c}^{+\infty} f(x)\mathrm{d}x,$$

其中 c 为任意给定的实数.

如果上式中两个广义积分$\int_{-\infty}^{c} f(x)\mathrm{d}x$ 和$\int_{c}^{+\infty} f(x)\mathrm{d}x$ 都收敛，则称广义积分

$\int_{-\infty}^{+\infty} f(x)\mathrm{d}x$ **收敛**；如果上式中两个广义积分至少有一个发散，则称广义积分$\int_{-\infty}^{+\infty} f(x)\mathrm{d}x$ **发散**.

上述三种广义积分统称为**无穷区间上的广义积分**.

为书写方便，有时在计算过程中省去极限记号，例如在$[a, +\infty)$上，$F'(x)=f(x)$，则可记

$$\int_a^{+\infty} f(x)\mathrm{d}x = F(x)\Big|_a^{+\infty} = F(+\infty)-F(a),$$

$$\int_{-\infty}^{b} f(x)\mathrm{d}x = F(x)\Big|_{-\infty}^{b} = F(b)-F(-\infty),$$

$$\int_{-\infty}^{+\infty} f(x)\mathrm{d}x = F(x)\Big|_{-\infty}^{+\infty} = F(+\infty)-F(-\infty),$$

其中，$F(+\infty)=\lim\limits_{x\to+\infty} F(x)$，$F(-\infty)=\lim\limits_{x\to-\infty} F(x)$.

例 5.4.1 计算广义积分$\int_0^{+\infty} \frac{\mathrm{d}x}{1+x^2}$、$\int_{-\infty}^{0} \frac{\mathrm{d}x}{1+x^2}$和$\int_{-\infty}^{+\infty} \frac{\mathrm{d}x}{1+x^2}$.

解
$$\int_0^{+\infty} \frac{\mathrm{d}x}{1+x^2} = \arctan x\Big|_0^{+\infty} = \frac{\pi}{2}-0=\frac{\pi}{2},$$

$$\int_{-\infty}^{0} \frac{\mathrm{d}x}{1+x^2} = \arctan x\Big|_{-\infty}^{0} = 0-\left(-\frac{\pi}{2}\right)=\frac{\pi}{2},$$

$$\int_{-\infty}^{+\infty} \frac{\mathrm{d}x}{1+x^2} = \arctan x\Big|_{-\infty}^{+\infty} = \frac{\pi}{2}-\left(-\frac{\pi}{2}\right)=\pi.$$

例 5.4.2 判断广义积分$\int_0^{+\infty} \mathrm{e}^{-x}\mathrm{d}x$ 的敛散性.

解 因为

$$\int_0^{+\infty} \mathrm{e}^{-x}\mathrm{d}x = (-\mathrm{e}^{-x})\Big|_0^{+\infty} = 1-0=1.$$

所以此广义积分收敛.

例 5.4.3 判断广义积分$\int_0^{+\infty} \sin x\,\mathrm{d}x$ 的敛散性.

解 因为$\int_0^{+\infty} \sin x\,\mathrm{d}x = -\cos x\Big|_0^{+\infty} = 1-\lim\limits_{x\to+\infty}\cos x$，且$\lim\limits_{x\to+\infty}\cos x$不存在，故广义积分$\int_0^{+\infty} \sin x\,\mathrm{d}x$ 发散.

例 5.4.4 讨论广义积分$\int_a^{+\infty} \frac{1}{x^p}\mathrm{d}x\,(a>0)$ 的敛散性.

解 (1) 当$p=1$时，$\int_a^{+\infty} \frac{1}{x^p}\mathrm{d}x = \int_a^{+\infty} \frac{1}{x}\mathrm{d}x = \ln x\Big|_a^{+\infty} = +\infty$；

(2) 当$p\neq 1$时，$\int_a^{+\infty} \frac{1}{x^p}\mathrm{d}x = \frac{x^{1-p}}{1-p}\Big|_a^{+\infty} = \begin{cases} +\infty, & p<1, \\ \frac{a^{1-p}}{p-1}, & p>1. \end{cases}$

因此，当$p>1$时，题设广义积分收敛，其值为$\frac{a^{1-p}}{p-1}$；当$p\leqslant 1$时，题设广义积分发散.

例 5.4.5　计算广义积分 $\int_0^{+\infty} t\mathrm{e}^{-pt}\mathrm{d}t$（$p$ 是常数，且 $p>0$ 时收敛）.

解　$$\int_0^{+\infty} t\mathrm{e}^{-pt}\mathrm{d}t = -\frac{1}{p}\int_0^{+\infty} t\mathrm{d}\mathrm{e}^{-pt} = -\frac{1}{p}t\mathrm{e}^{-pt}\Big|_0^{+\infty} + \frac{1}{p}\int_0^{+\infty}\mathrm{e}^{-pt}\mathrm{d}t$$
$$= -\frac{1}{p}t\mathrm{e}^{-pt}\Big|_0^{+\infty} - \frac{1}{p^2}\mathrm{e}^{-pt}\Big|_0^{+\infty}$$
$$= -\frac{1}{p}\lim_{t\to+\infty} t\mathrm{e}^{-pt} + 0 - \frac{1}{p^2}(0-1) = \frac{1}{p^2}.$$

注：其中未定式 $\lim\limits_{t\to+\infty} t\mathrm{e}^{-pt} = \lim\limits_{t\to+\infty}\frac{t}{\mathrm{e}^{pt}} = \lim\limits_{t\to+\infty}\frac{1}{p\mathrm{e}^{pt}} = 0$.

二、无界函数的广义积分

如果函数 $f(x)$ 在点 a 的任一邻域内都无界，则称点 a 为函数 $f(x)$ 的瑕点（也称为无界间断点）. 无界函数的广义积分也称瑕积分.

定义 5.4.4　设函数 $f(x)$ 在 $(a, b]$ 上连续，点 a 为函数 $f(x)$ 的瑕点，任取 $\varepsilon>0$，如果

$$\lim_{\varepsilon\to0^+}\int_{a+\varepsilon}^{b} f(x)\mathrm{d}x$$

存在，则称此极限为函数 $f(x)$ **在区间 $(a, b]$ 上的广义积分**，记为 $\int_a^b f(x)\mathrm{d}x$，即

$$\int_a^b f(x)\mathrm{d}x = \lim_{\varepsilon\to0^+}\int_{a+\varepsilon}^{b} f(x)\mathrm{d}x.$$

如果上述极限存在，则称广义积分 $\int_a^b f(x)\mathrm{d}x$ **收敛**；否则称此广义积分**发散**.

定义 5.4.5　设函数 $f(x)$ 在 $[a, b)$ 上连续，点 b 为函数 $f(x)$ 的瑕点，任取 $\varepsilon>0$，如果

$$\lim_{\varepsilon\to0^+}\int_{a}^{b-\varepsilon} f(x)\mathrm{d}x$$

存在，则称此极限为函数 $f(x)$ **在区间 $[a, b)$ 上的广义积分**，记为 $\int_a^b f(x)\mathrm{d}x$，即

$$\int_a^b f(x)\mathrm{d}x = \lim_{\varepsilon\to0^+}\int_{a}^{b-\varepsilon} f(x)\mathrm{d}x.$$

如果上述极限存在，则称广义积分 $\int_a^b f(x)\mathrm{d}x$ **收敛**；否则称此广义积分**发散**.

定义 5.4.6　设函数 $f(x)$ 在 $[a, b]$ 上除一点 c 外都连续，点 c 为函数 $f(x)$ 的瑕点，如果 $\int_a^c f(x)\mathrm{d}x$ 及 $\int_c^b f(x)\mathrm{d}x$ 均收敛，则定义

$$\int_a^b f(x)\mathrm{d}x = \int_a^c f(x)\mathrm{d}x + \int_c^b f(x)\mathrm{d}x,$$

否则称积分发散.

上述三种广义积分统称为**无界函数的广义积分**.

为书写方便，有时我们省略极限记号.

若 $F'(x)=f(x)$，$x\in(a, b)$，则 $\int_a^b f(x)\mathrm{d}x = F(b)-F(a)$.

当 a 为 $f(x)$ 的瑕点且 $F'(a)=f(a)$ 时，$F(a)=\lim\limits_{x\to a+}F(x)$；

当 b 为 $f(x)$ 的瑕点且 $F'(b)=f(b)$ 时，$F(b)=\lim\limits_{x\to b-}F(x)$.

例 5.4.6 计算广义积分$\int_0^a \frac{\mathrm{d}x}{\sqrt{a^2-x^2}}\quad(a>0)$.

解 $x=a$ 是瑕点.

$$\int_0^a \frac{\mathrm{d}x}{\sqrt{a^2-x^2}}=\arcsin\frac{x}{a}\bigg|_0^a=\lim_{x\to a^-}\arcsin\frac{x}{a}-\arcsin 0=\frac{\pi}{2}.$$

例 5.4.7 计算广义积分$\int_1^2 \frac{\mathrm{d}x}{x\ln x}$.

解 $x=1$ 是瑕点.

因为

$$\int_1^2 \frac{\mathrm{d}x}{x\ln x}=\int_1^2 \frac{\mathrm{d}(\ln x)}{\ln x}=\ln(\ln x)\bigg|_1^2=\ln(\ln 2)-\lim_{x\to 1+}\ln(\ln x)=\infty,$$

故题设广义积分发散.

例 5.4.8 讨论广义积分$\int_0^1 \frac{1}{x^q}\mathrm{d}x$ 的敛散性.

解 $x=0$ 是瑕点.

(1) 当 $q=1$ 时，$\int_0^1 \frac{1}{x^q}\mathrm{d}x=\int_0^1 \frac{1}{x}\mathrm{d}x=\ln x\bigg|_0^1=+\infty$；

(2) 当 $q\neq 1$ 时，$\int_0^1 \frac{1}{x^q}\mathrm{d}x=\frac{x^{1-q}}{1-q}\bigg|_0^1=\begin{cases}+\infty, & q>1,\\ \frac{1}{1-q}, & q<1.\end{cases}$

因此，当 $q<1$ 时，广义积分收敛，其值为$\frac{1}{1-q}$；当 $q\geqslant 1$ 时，广义积分发散.

例 5.4.9 讨论广义积分$\int_{-1}^1 \frac{1}{x^2}\mathrm{d}x$ 的敛散性.

解 $x=0$ 是瑕点.

$$\int_{-1}^1 \frac{1}{x^2}\mathrm{d}x=\int_{-1}^0 \frac{1}{x^2}\mathrm{d}x+\int_0^1 \frac{1}{x^2}\mathrm{d}x;$$

$$\int_0^1 \frac{1}{x^2}\mathrm{d}x=\left(-\frac{1}{x}\right)\bigg|_0^1=-1+\lim_{x\to 0+}\frac{1}{x}=+\infty，积分 \int_0^1 \frac{1}{x^2}\mathrm{d}x 发散.$$

根据定义 5.4.6 可知，不论广义积分$\int_{-1}^0 \frac{1}{x^2}\mathrm{d}x$ 是否收敛，广义积分$\int_{-1}^1 \frac{1}{x^2}\mathrm{d}x$ 总是发散的.

注：如果忽略了 $x=0$ 是瑕点，就会把这个无界函数的广义积分误认为定积分，从而得到以下的错误结果：

$$\int_{-1}^1 \frac{1}{x^2}\mathrm{d}x=\left(-\frac{1}{x}\right)\bigg|_{-1}^1=-1+(-1)=-2.$$

例 5.4.10 计算广义积分$\int_0^1 \frac{\arcsin\sqrt{x}}{\sqrt{x(1-x)}}\mathrm{d}x$.

解 被积函数有两个可疑的瑕点：$x=0$ 和 $x=1$.

因为 $\lim\limits_{x\to 0^+}\dfrac{\arcsin\sqrt{x}}{\sqrt{x(1-x)}}=1$，所以 $x=1$ 是被积函数的唯一瑕点，从而

$$\int_0^1 \frac{\arcsin\sqrt{x}}{\sqrt{x(1-x)}}dx=(\arcsin\sqrt{x})^2\Big|_0^1=\frac{\pi^2}{4}.$$

习题 5-4

(A)

1. 广义积分使用了与定积分完全相同的记号，两者的意义是否相同？

2. 判别下列广义积分是否收敛，若收敛，求广义积分的值.

(1) $\int_{-1}^1 \frac{1}{x}dx$；　　(2) $\int_0^{+\infty} \frac{1}{x^2}dx$；

(3) $\int_{-\infty}^{+\infty} e^{-x}dx$；　　(4) $\int_0^1 \frac{1}{x-1}dx$；

(5) $\int_2^{+\infty} \frac{1}{\sqrt{x}}dx$；　　(6) $\int_0^{\frac{1}{2}} \frac{1}{\sqrt{x(1-x)}}dx$；

(7) $\int_{-\infty}^0 x e^{-x^2}dx$；　　(8) $\int_1^2 \frac{1}{x\ln x}dx$；

(9) $\int_{-\infty}^{+\infty} \frac{dx}{x^2+2x+2}$；　　(10) $\int_1^{+\infty} \frac{dx}{x^2(1+x)}$.

(B)

1. 下列广义积分中，收敛的是(　　).

A. $\int_1^{+\infty} \frac{1}{\sqrt{x}}dx$　　B. $\int_1^{+\infty} \frac{1}{x}dx$

C. $\int_2^{+\infty} \frac{1}{x\ln x}dx$　　D. $\int_1^{+\infty} \frac{1}{x^2}dx$

2. 下列广义积分中，发散的是(　　).

A. $\int_{-\infty}^0 \frac{dx}{1+x^2}$　　B. $\int_0^1 \frac{dx}{\sqrt{1-x^2}}$

C. $\int_e^{+\infty} \frac{\ln x}{x}dx$　　D. $\int_0^{+\infty} e^{-x}dx$

3. 下列广义积分中，收敛的是(　　).

A. $\int_1^{+\infty} \frac{1}{\sqrt[3]{x^2}}dx$　　B. $\int_0^1 \frac{1}{\sqrt{x}}dx$

C. $\int_0^1 \frac{1}{x^2}dx$　　D. $\int_1^{+\infty} \frac{1}{x}dx$

4. $\int_0^1 \ln x \, dx =$(   ).

A. 1　　B. -1　　C. 0　　D. 发散

5. 下列各积分中，不属于广义积分的是(   ).

A. $\int_0^{+\infty} \ln(1+x)dx$　　B. $\int_2^4 \frac{1}{x^2-1}dx$

C. $\int_{-1}^1 \frac{1}{x^2}dx$　　D. $\int_{-3}^0 \frac{1}{1+x}dx$

5.5 定积分在几何学上的应用

定积分是求某种总量的数学模型，它在几何学、物理学、经济学、社会学等方面都有着广泛的应用. 在学习的过程中，我们不仅要掌握计算某些实际问题的公式，更重要的还在于深刻领会用定积分解决实际问题的基本思想和方法——微元法，不断积累和提高数学的应用能力.

一、微元法

1. 定积分求曲边梯形面积的过程回顾

设 $f(x)$ 在区间$[a, b]$上连续，且 $f(x) \geqslant 0$，求曲线 $y=f(x)$ 及直线 $x=a$、$x=b$、$y=0$ 所围成的曲边梯形的面积 A.

其求解步骤如下：

第一步，分割. 将区间$[a, b]$任意分成 n 个小区间$[x_{i-1}, x_i]$($i=1, 2, \cdots, n$)，曲边梯形就相应地分成 n 个小曲边梯形；

第二步，作近似. 任意小区间$[x_{i-1}, x_i]$上的小曲边梯形的面积 ΔA_i 用高为 $f(\xi_i)$、底为 $\Delta x_i = x_i - x_{i-1}$ 的小矩形面积 $f(\xi_i)\Delta x_i$ 近似代替，其中 $\xi_i \in [x_{i-1}, x_i]$.

第三步，求和. 曲边梯形面积 A 的近似值为

$$A \approx \sum_{i=1}^{n} f(\xi_i)\Delta x_i.$$

第四步，取极限. 曲边梯形的面积为

$$A = \lim_{\lambda \to 0} \sum_{i=1}^{n} f(\xi_i)\Delta x_i = \int_a^b f(x)dx,$$

其中 $\lambda = \max\limits_{1 \leqslant i \leqslant n}\{\Delta x_i\}$.

由第一步知，所求的面积 A 与区间$[a, b]$有关，如果把区间$[a, b]$分成许多小区间，那么我们所求的面积 A 相应地被分成许多部分量，而 A 是所有部分量之和. 这种性质称为所求量 A 对区间$[a, b]$具有可加性. 这样就确定了$[a, b]$是定积分的积分区间.

由第二步的近似表达式 $\Delta A_i \approx f(\xi_i)\Delta x_i$ 可确定出定积分的被积表达式 $f(x)dx$. 我们称 $dA = f(x)dx$ 为所求面积 A 的微元，也是被积表达式. 于是所求量 $A = \int_a^b f(x)dx$.

2. 微元法

定积分的所有应用问题，一般可按“分割”“作近似”“求和”“取极限”四个步骤把所求的量表示为定积分的形式. 将所求量 U(**总量**) 表示为定积分的方法，即**微元法**，其主要步骤如下：

(1) **由分割写出微元.** 根据具体问题，选取一个积分变量，例如 x 为积分变量，并确定它的变化区间$[a, b]$，任取$[a, b]$的一个区间微元$[x, x+\mathrm{d}x]$，求出相应于这个区间微元上部分量 ΔU 的近似值，即求出所求总量 U 的**微元**：

$$\mathrm{d}U = f(x)\mathrm{d}x.$$

(2) **由微元写出积分.** 根据 $\mathrm{d}U = f(x)\mathrm{d}x$ 写出表示总量 U 的定积分：

$$U = \int_a^b \mathrm{d}U = \int_a^b f(x)\mathrm{d}x.$$

二、平面图形的面积

1. 直角坐标系下平面图形的面积

利用定积分，不仅可以计算曲边梯形的面积，还可以计算一些比较复杂的平面图形的面积.

设在区间$[a, b]$上，$f(x)$ 和 $g(x)$ 均为连续函数，且 $f(x) \geqslant g(x)$，求由曲线 $y = f(x)$、$y = g(x)$ 与直线 $x = a$、$x = b(a < b)$ 所围成的图形(见图 5-5-1) 的面积.

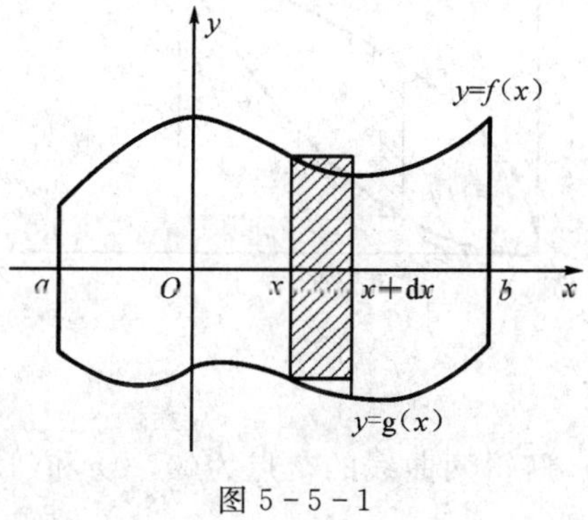

图 5-5-1

采用微元法，步骤如下：

(1) 选取横坐标 x 为积分变量，其积分区间为$[a, b]$.

(2) 在区间$[a, b]$上任取一代表性小区间$[x, x+\mathrm{d}x]$，该小区间上的图形面积可以用高为 $f(x)-g(x)$、底为 $\mathrm{d}x$ 的矩形面积来近似代替(如图5-5-1中阴影部分的面积). 我们称该矩形面积为面积微元，用 $\mathrm{d}A$ 表示，即

$$\mathrm{d}A = [f(x) - g(x)]\mathrm{d}x.$$

(3) 以面积元素 $\mathrm{d}A = [f(x) - g(x)]\mathrm{d}x$ 为被积表达式，在区间上作定积分，便得所求面积为

$$A = \int_a^b [f(x) - g(x)]\mathrm{d}x.$$

类似地，若在区间$[c, d]$上，$\varphi(y)$ 和 $\psi(y)$ 均为连续函数，且 $\varphi(y) \geqslant \psi(y)$，则由曲线 $x=\varphi(y)$、$x=\psi(y)$ 与直线 $y=c$、$y=d(c<d)$ 所围成的平面图形(见图 5-5-2)的面积为

$$A=\int_c^d [\varphi(y)-\psi(y)]\mathrm{d}y.$$

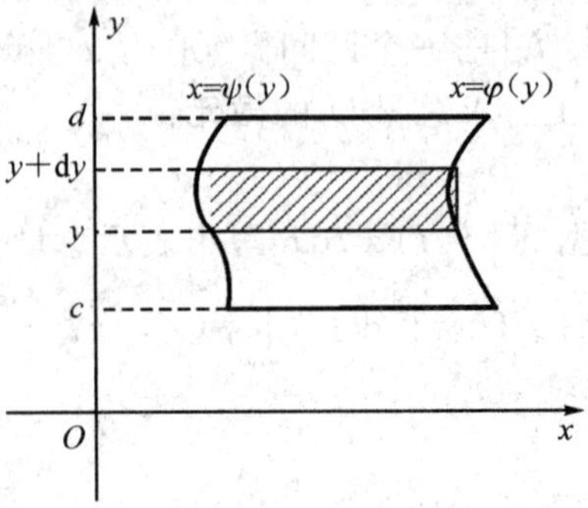

图 5-5-2

例 5.5.1 求由 $y^2=x$ 和 $y=x^2$ 所围成的图形的面积(见图 5-5-3).

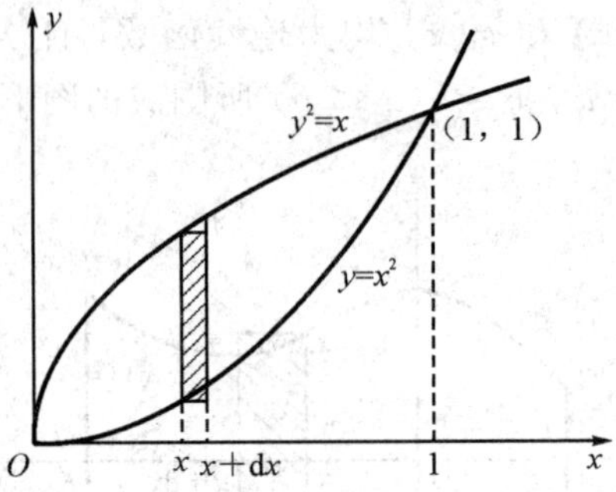

图 5-5-3

解 由方程组$\begin{cases} y=x^2, \\ y^2=x \end{cases}$解得两曲线的交点为(0, 0) 和(1, 1).

取 x 为积分变量，$x \in [0, 1]$，面积微元为

$$\mathrm{d}A=(\sqrt{x}-x^2)\mathrm{d}x,$$

故所求面积为

$$A=\int_0^1 (\sqrt{x}-x^2)\mathrm{d}x=\left(\frac{2}{3}x^{\frac{3}{2}}-\frac{x^3}{3}\right)\Big|_0^1=\frac{1}{3}.$$

例 5.5.2 求曲线 $y=x^2$、$y=(x-2)^2$ 与 x 轴围成的平面图形的面积(见图 5-5-4).

解 由方程组$\begin{cases} y=x^2, \\ y=(x-2)^2 \end{cases}$解得两曲线的交点为(1, 1)，而曲线 $y=x^2$、$y=(x-2)^2$ 与 x 轴的交点为(0, 0) 及(2, 0).

所求面积要分成两个区间[0, 1] 及[1, 2] 来考虑.

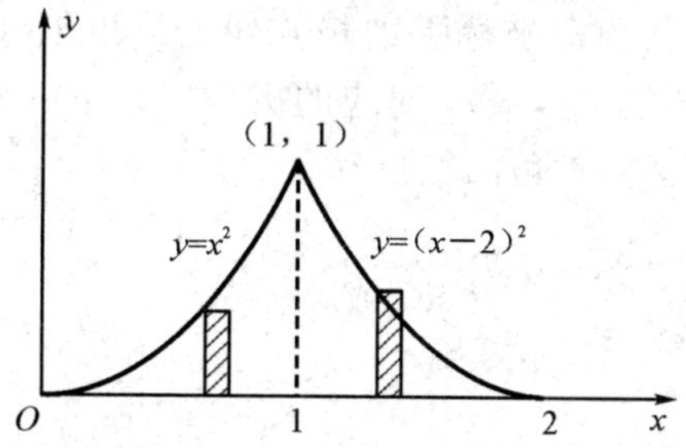

图 5-5-4

取 x 为积分变量，$x\in[0,1]$，面积微元为 $dA_1=x^2dx$；$x\in[1,2]$，面积微元为 $dA_2=(x-2)^2dx$.

故所求面积为

$$A=\int_0^1 x^2dx+\int_1^2(x-2)^2dx=\frac{x^3}{3}\bigg|_0^1=\frac{1}{3}(x-2)^3\bigg|_1^2=\frac{1}{3}+\frac{1}{3}=\frac{2}{3}.$$

例 5.5.3　求由 $y^2=x+2$ 和 $y=x$ 所围成的图形的面积(见图 5-5-5).

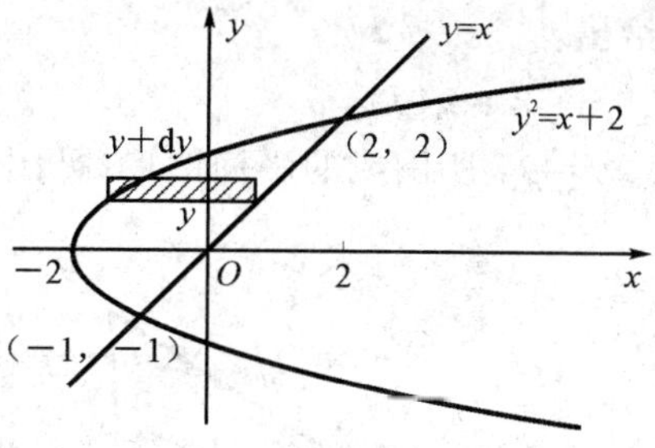

图 5-5-5

解　由方程组 $\begin{cases}y=x,\\y^2=x+2\end{cases}$ 解得它们的交点为$(-1,-1)$和$(2,2)$.

取 y 为积分变量，$y\in[-1,2]$，面积微元为

$$dA=[y-(y^2-2)]dy,$$

故所求面积为

$$A=\int_{-1}^2[y-(y^2-2)]dy=\left(\frac{1}{2}y^2-\frac{1}{3}y^3+2y\right)\bigg|_{-1}^2=\frac{9}{2}.$$

注：本题若以 x 为积分变量(留作练习)，计算会不方便，可见积分变量选取得当，会使计算简化.

2. 极坐标系下平面图形的面积

某些平面图形，用极坐标计算它的面积比较方便.

在平面内取一个定点 O，叫作**极点**，引一条射线 Ox，叫作**极轴**，再选一个长度单位和角度的正方向(通常取逆时针方向). 对于平面内的任意一点 M，用 r 表示线段 OM 的长度，θ 表示从 Ox 到 OM 的角，r 叫作点 M 的**极径**，θ 叫作点 M 的**极角**，有序数对(r,θ)叫作点 M 的**极坐标**，这样建立的坐标系叫作**极坐标系**(见图 5-5-6).

如果让直角坐标系的原点和极坐标系的极点重合，极轴和直角坐标系的 x 正半轴重合，设在直角坐标系下的坐标为(x, y)，对应的极坐标系下的坐标为(r, θ)(见图5-5-7)，则可以得到两个坐标系下的坐标直角的变量互化关系式：

$$\begin{cases} x = r\cos\theta, \\ y = r\sin\theta, \end{cases} \quad 或 \quad \begin{cases} x^2 + y^2 = r^2, \\ \dfrac{y}{x} = \tan\theta. \end{cases}$$

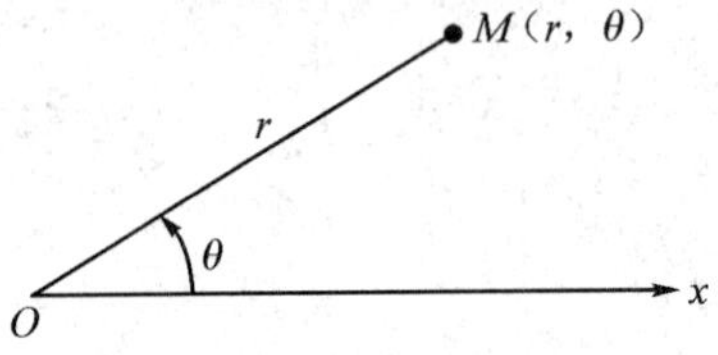

图 5-5-6

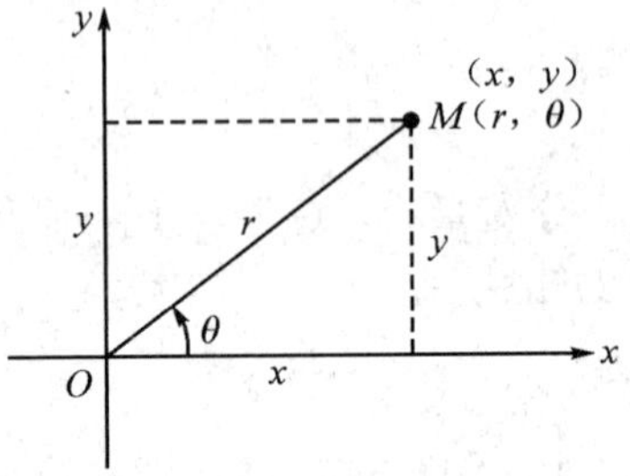

图 5-5-7

设曲线的方程由极坐标给出：

$$r = r(\theta), \alpha \leqslant \theta \leqslant \beta.$$

由曲线 $r = r(\theta)$ 及射线 $\theta = \alpha$、$\theta = \beta$，所围成的平面图形(见图5-5-8)称为曲边扇形，现在要计算它的面积.

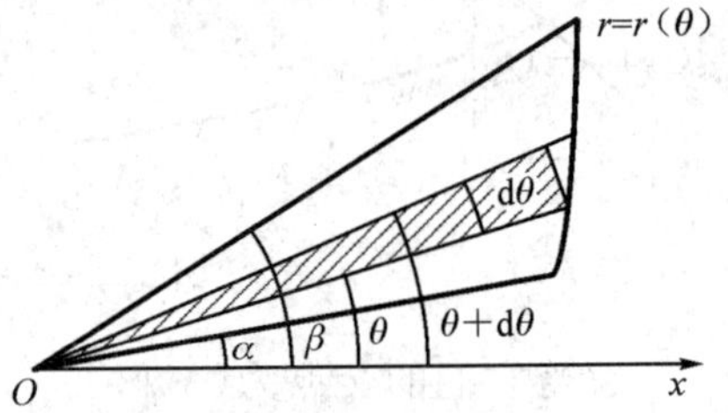

图 5-5-8

微元法，取极角 θ 为积分变量，$\theta \in [\alpha, \beta]$. 任意小区间$[\theta, \theta + \mathrm{d}\theta]$上的窄曲边扇形面积可用半径为 $r = r(\theta)$、中心角为 $\mathrm{d}\theta$ 的扇形面积近似代替，即曲边扇形的面积微元为 $\mathrm{d}A = \dfrac{1}{2}[r(\theta)]^2 \mathrm{d}\theta$. 因此曲边扇形的面积为以面积微元作为被积表达式，在闭区间$[\alpha, \beta]$上的定积分：

$$A = \int_{\alpha}^{\beta} \frac{1}{2}[r(\theta)]^2 \mathrm{d}\theta.$$

例 5.5.4 求心形线 $r = a(1 + \cos\theta)$ 所围平面图形的面积($a > 0$)(见图 5-5-9).

解 面积微元为

$$\mathrm{d}A = \frac{1}{2}a^2 (1 + \cos\theta)^2 \mathrm{d}\theta,$$

故所求面积为

$$A=2\int_0^{\pi}\mathrm{d}A=a^2\int_0^{\pi}(1+2\cos\theta+\cos^2\theta)\mathrm{d}\theta=a^2\left(\frac{3\theta}{2}+2\sin\theta+\frac{1}{4}\sin2\theta\right)\bigg|_0^{\pi}=\frac{3}{2}\pi a^2.$$

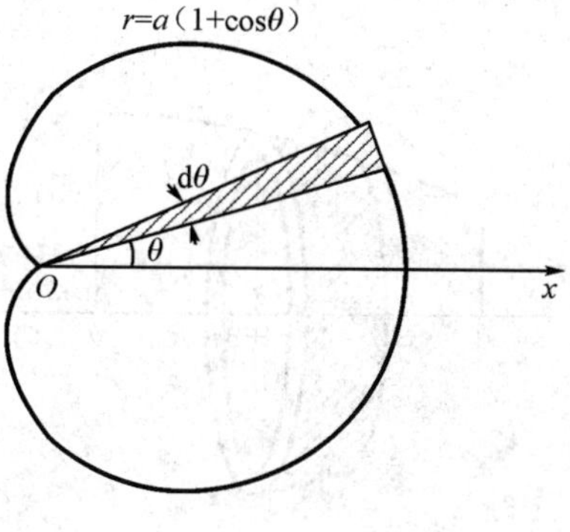

图 5－5－9

例 5.5.5　求双纽线 $r^2=a^2\cos2\theta$ 所围平面图形的面积(见图 5－5－10).

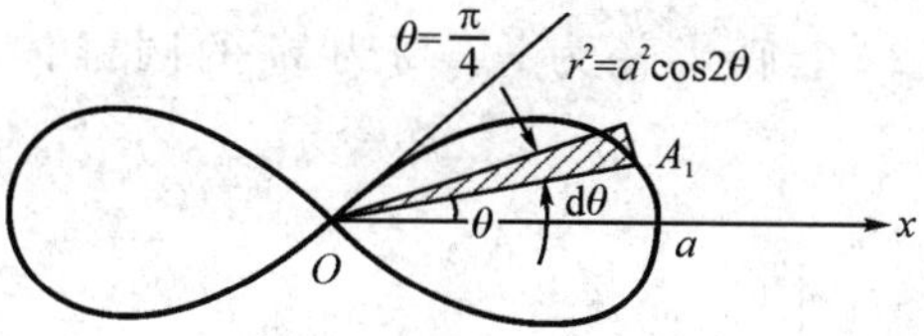

图 5－5－10

解　面积微元为

$$\mathrm{d}A=\frac{1}{2}a^2\cos2\theta\,\mathrm{d}\theta,$$

故所求面积为

$$A=4\int_0^{\frac{\pi}{4}}\mathrm{d}A=4\int_0^{\frac{\pi}{4}}\frac{1}{2}a^2\cos2\theta\,\mathrm{d}\theta=(a^2\sin2\theta)\bigg|_0^{\frac{\pi}{4}}=a^2.$$

三、空间立体的体积

1. 旋转体的体积

由一个平面图形绕该平面内一条直线旋转一周而成的立体称为**旋转体**. 这条直线称为**旋转轴**.

设旋转体由连续曲线 $y=f(x)$，直线 $x=a$、$x=b(a<b)$ 及 $y=0$ 所围成的曲边梯形(见图 5－5－11) 绕 x 轴旋转一周而成. 现在我们求这个旋转体的体积.

取 x 为积分变量，$x\in[a,b]$，过$[a,b]$上任一点 x 作垂直于 x 轴的平面，所得截面是半径为 $f(x)$ 的圆，其面积为 $A=\pi[f(x)]^2$，在 x 附近另取一点 $x+\mathrm{d}x$ 再作截面，构成厚度为 $\mathrm{d}x$ 的圆柱体，从而形成体积微元，由圆柱体体积公式可知该旋转体的体积微元为

$$\mathrm{d}V=\pi[f(x)]^2\mathrm{d}x,$$

故所求旋转体的体积为

$$V=\int_a^b \pi\left[f(x)\right]^2 \mathrm{d}x .$$

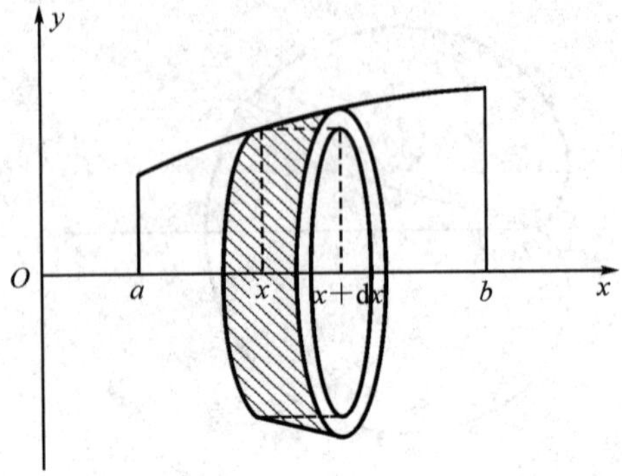

图 5-5-11

例 5.5.6　连接坐标原点 O 及点 $P(h, r)$ 的直线、直线 $x=h$ 及 x 轴围成一个直角三角形. 将它绕 x 轴旋转构成一个底半径为 r、高为 h 的圆锥体，计算圆锥体的体积(见图5-5-12).

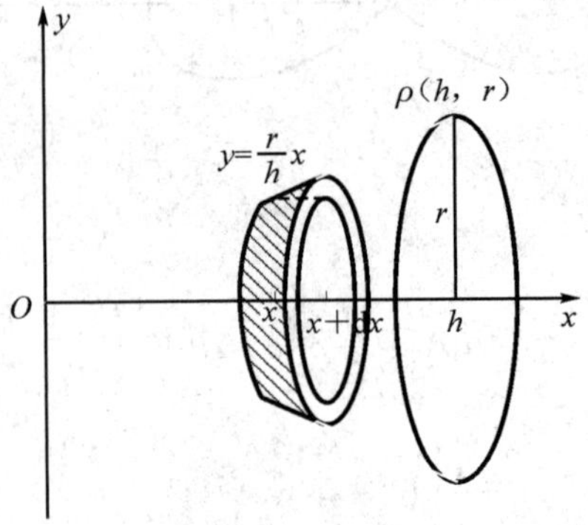

图 5-5-12

解　所求立体是由直线 $y=\frac{r}{h}x$、$y=0$、$x=h$ 围成的图形绕 x 轴旋转而成的旋转体.

取 x 为积分变量，$x\in[0, h]$，体积微元为

$$\mathrm{d}V=\pi\left(\frac{r}{h}x\right)^2\mathrm{d}x ,$$

故所求体积为

$$V=\int_0^h \pi\left(\frac{r}{h}x\right)^2\mathrm{d}x=\frac{\pi r^2}{h^2}\left(\frac{x^3}{3}\right)\Bigg|_0^1=\frac{\pi h r^2}{3}.$$

例 5.5.7　计算由椭圆$\frac{x^2}{a^2}+\frac{y^2}{b^2}=1$围成的平面图形绕 x 轴旋转而成的旋转椭球体的体积(见图 5-5-13).

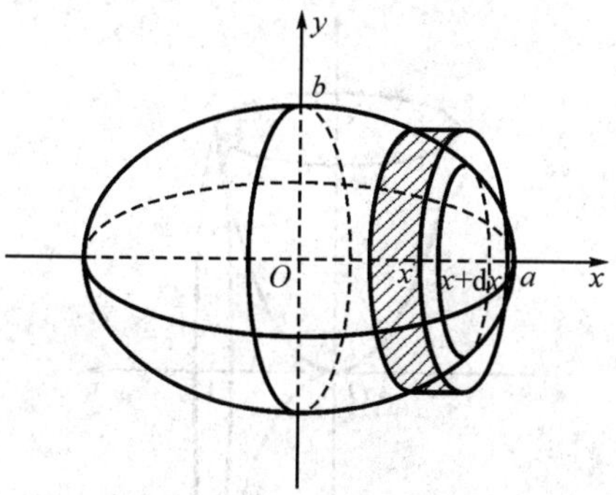

图 5-5-13

解　该旋转体是由上半椭圆 $y=\dfrac{b}{a}\sqrt{a^2-x^2}$ 及 x 轴所围成的图形绕 x 轴旋转而成的立体.

取 x 为自变量，其变化区间为 $[-a, a]$，体积微元为

$$dV=\pi\frac{b^2}{a^2}(a^2-x^2)dx,$$

故所求旋转椭球体的体积为

$$V=\int_{-a}^{a}dV=\int_{-a}^{a}\pi\frac{b^2}{a^2}(a^2-x^2)dx=2\pi\frac{b^2}{a^2}\int_0^a(a^2-x^2)dx=2\pi\frac{b^2}{a^2}\left(a^2x-\frac{x^3}{3}\right)\Big|_0^a=\frac{4}{3}\pi ab^2.$$

特别地，当 $a=b=R$ 时，可得半径为 R 的球体的体积 $V=\dfrac{4}{3}\pi R^3$.

用类似的方法，可以推得曲线 $x=\varphi(y)$，直线 $y=c$、$y=d(c<d)$ 及 y 轴所围成的曲边梯形绕 y 轴旋转一周而成的旋转体(见图 5-5-14)的体积：

$$V=\int_c^d\pi[\varphi(y)]^2dy.$$

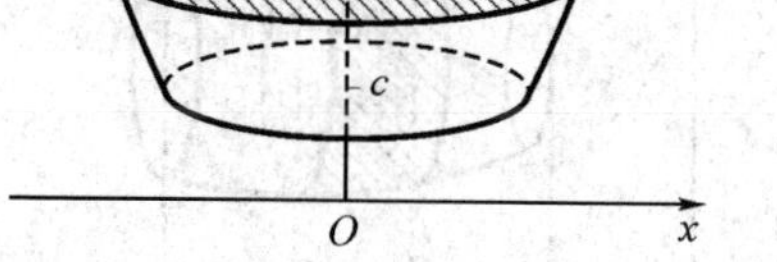

图 5-5-14

例 5.5.8　求由曲线 $y=2x^2$，直线 $x=1$ 及 x 轴所围成的图形分别绕 x 轴和 y 轴旋转而成的旋转体的体积(见图 5-5-15).

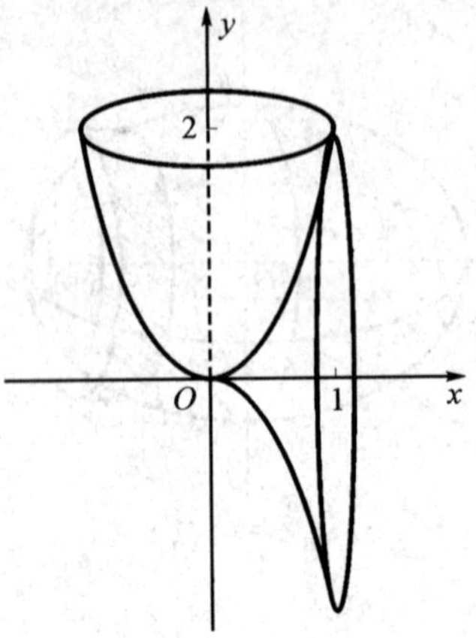

图 5-5-15

解　先求绕 x 轴旋转而成的旋转体的体积. 取 x 为积分变量 $x\in[0,1]$，则

$$V_x=\pi\int_0^1(2x^2)^2\,\mathrm{d}x=\frac{4}{5}\pi.$$

再求绕 y 轴旋转而成的旋转体的体积. 取 y 为积分变量，$y\in[0,2]$，则

$$V_y=\pi\int_0^2\left[1^2-\left(\sqrt{\frac{y}{2}}\right)^2\right]\mathrm{d}y=\pi.$$

2. 平行截面面积为已知的立体体积

设一立体位于过点 $x=a$，$x=b(a<b)$ 且垂直于 x 轴的两平面之间，用垂直于 x 轴的任一平面截此立体所得的截面面积 $A(x)$ 是 x 的已知连续函数，现在求该立体的体积(见图 5-5-16). 取 x 为体积变量，$x\in[a,b]$，在区间 $[a,b]$ 上任意小区间 $[x,x+\mathrm{d}x]$ 上小立体的体积近似等于以 $A(x)$ 为底、$\mathrm{d}x$ 为高的柱体的体积，即体积微元为

$$\mathrm{d}V=A(x)\mathrm{d}x,$$

故所求立体体积为

$$V=\int_a^b A(x)\mathrm{d}x.$$

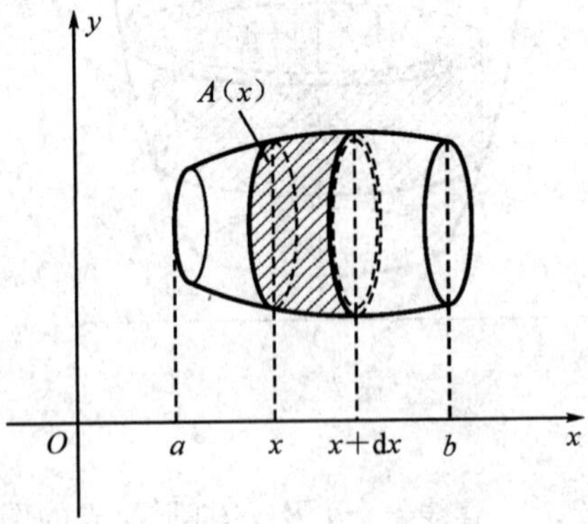

图 5-5-16

例 5.5.9　一平面经过半径为 R 的正圆柱体的底圆中心，与底面交成 α 角(见图 5-5-17). 求这平面截圆柱体所得立体体积.

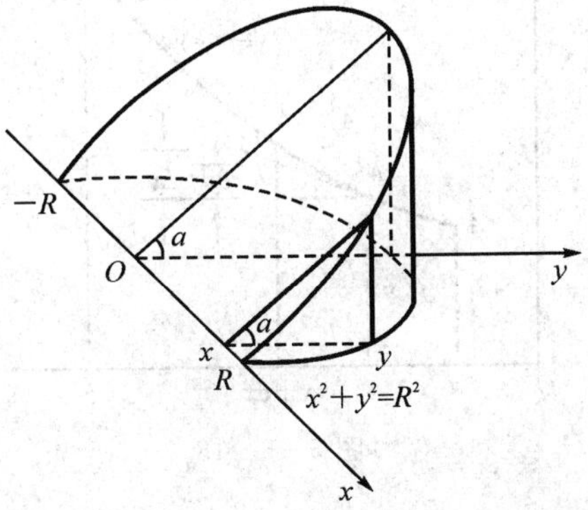

图 5-5-17

解　取这平面与正圆柱体底面的交线为 x 轴，底面上过圆中心且垂直于 x 轴的直线为 y 轴，于是底面圆的方程为 $x^2+y^2=R^2$. 取 x 为积分变量，$x\in[-R, R]$. 立体中过点 x 且垂直于 x 轴的截面是一直角三角形，它的两条直角边的长分别为 $y=\sqrt{R^2-x^2}$ 和 $y\tan\alpha=\sqrt{R^2-x^2}\tan\alpha$，因而截面面积为

$$A(x)=\frac{1}{2}\sqrt{R^2-x^2}\cdot\sqrt{R^2-x^2}\tan\alpha=\frac{1}{2}(R^2-x^2)\tan\alpha,$$

于是体积微元为

$$\mathrm{d}V=\frac{1}{2}(R^2-x^2)\tan\alpha\,\mathrm{d}x,$$

所以立体体积为

$$V=\int_{-R}^{R}\frac{1}{2}(R^2-x^2)\tan\alpha\,\mathrm{d}x=\frac{1}{2}\tan\alpha\left(R^2x-\frac{1}{3}x^3\right)\Big|_{-R}^{R}=\frac{2}{3}R^3\tan\alpha.$$

四、曲线的弧长

在平面几何中，直线段的长度容易计算，而除了圆弧以外的曲线长度的计算就比较困难，现在将讨论这一问题.

圆周长是用圆内接多边形的周长，当边数无限增加时的极限来确定的. 一般平面曲线弧长的计算也可运用这一思想.

1. 直角坐标系中的弧长公式

设有光滑曲线 $y=f(x)$(即 $f'(x)$ 是连续的)，求曲线从 $x=a$ 到 $x=b$ 的一段弧 $\overset{\frown}{AB}$ 的长度(见图 5-5-18).

取 x 为积分变量，$x\in[a, b]$，则曲线 $y=f(x)$ 相应于 $[a, b]$ 内任一小区间 $[x, x+\mathrm{d}x]$ 的一段弧的长度 $\Delta s=\overset{\frown}{MN}$ 可以用该曲线在点 $(x, f(x))$ 处的切线上对应的一小段 MT 的长度来近似，这一小段的长度为

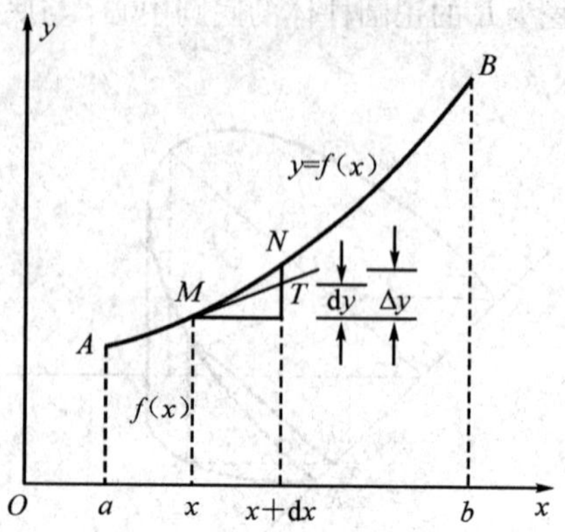

图 5-5-18

$$\sqrt{(\mathrm{d}x)^2+(\mathrm{d}y)^2}=\sqrt{1+y'^2}\,\mathrm{d}x,$$

从而得弧长的微元为

$$\mathrm{d}s=\sqrt{1+y'^2}\,\mathrm{d}x.$$

以$\sqrt{1+y'^2}\,\mathrm{d}x$ 为被积表达式，在$[a, b]$上作定积分，便得所求的弧长为

$$s=\int_a^b\sqrt{1+y'^2}\,\mathrm{d}x.$$

例 5.5.10 求曲线 $y=\dfrac{2}{3}x^{\frac{3}{2}}$ 上相应于 x 从 a 到 b 的一段弧的长度.

解 $y'=x^{\frac{1}{2}}$， 弧长微元为

$$\mathrm{d}s=\sqrt{1+y'^2}\,\mathrm{d}x=\sqrt{1+x}\,\mathrm{d}x,$$

故所求弧长为

$$s=\int_a^b\sqrt{1+x}\,\mathrm{d}x=\frac{2}{3}\left[(1+b)^{\frac{3}{2}}-(1+a)^{\frac{3}{2}}\right].$$

2. 由参数方程表示的弧长公式

若曲线由方程$\begin{cases}x=\varphi(t),\\ y=\psi(t)\end{cases}$ $(\alpha\leqslant t\leqslant\beta)$ 给出，其中 $\varphi(t)$、$\psi(t)$ 在$[\alpha, \beta]$上具有连续导数，则弧长微元为

$$\mathrm{d}s=\sqrt{(\mathrm{d}x)^2+(\mathrm{d}y)^2}=\sqrt{\varphi'^2(t)+\psi'^2(t)}\,\mathrm{d}t,$$

所求光滑曲线的弧长为

$$s=\int_\alpha^\beta\sqrt{\varphi'^2(t)+\psi'^2(t)}\,\mathrm{d}t.$$

例 5.5.11 求圆 $x^2+y^2=R^2$ 的周长.

解 将圆的方程化为参数方程：

$$\begin{cases}x=R\cos\theta,\\ y=R\sin\theta\end{cases}\quad(0\leqslant\theta\leqslant 2\pi),$$

则所求圆周长为

$$s=\int_0^{2\pi}\sqrt{(x'_\theta)^2+(y'_\theta)^2}\,d\theta=\int_0^{2\pi}\sqrt{(-R\sin\theta)^2+(R\cos\theta)^2}\,d\theta=R\int_0^{2\pi}d\theta=2\pi R.$$

例 5.5.12　求星形线$\begin{cases}x=a\cos^3 t,\\ y=a\sin^3 t\end{cases}$的全长.

解　由图形(见图 5-5-19)的对称性可知，星形线的全长为其在第一象限部分的 4 倍，则由弧长公式得

$$\begin{aligned}s&=\int_\alpha^\beta\sqrt{\varphi'^2(t)+\psi'^2(t)}\,dt\\&=4\int_0^{\frac{\pi}{2}}\sqrt{9a^2\cos^4 t\sin^2 t+9a^2\sin^4 t\cos^2 t}\,dt\\&=4\int_0^{\frac{\pi}{2}}3a\,|\sin t\cos t|\,dt\\&=4\int_0^{\frac{\pi}{2}}3a\sin t\,d\sin t\\&=12a\cdot\frac{1}{2}(\sin^2 t)\Big|_0^{\frac{\pi}{2}}=6a.\end{aligned}$$

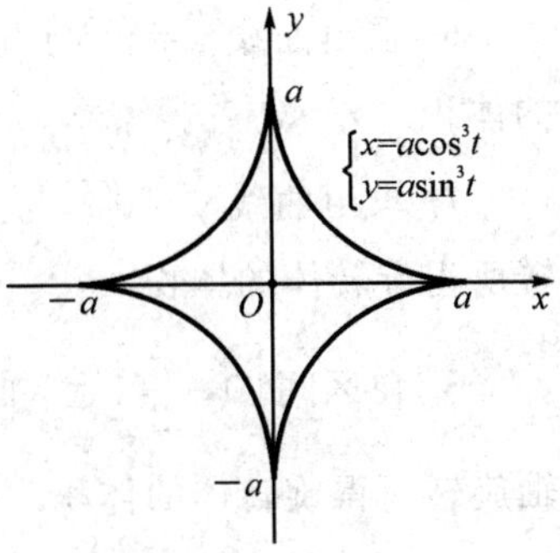

图 5-5-19

注：计算弧长时，由于被积函数都是正的，因此，为使弧长是正值，定积分限时应保持积分的下限小于上限.

3. 极坐标系下的弧长公式

设曲线弧由极坐标方程 $r=r(\theta)$ $(\alpha\leqslant\theta\leqslant\beta)$ 给出，其中 $r(\theta)$ 在$[\alpha,\beta]$上具有连续导数，则弧长微元为

$$ds=\sqrt{(dx)^2+(dy)^2}=\sqrt{r^2(\theta)+r'^2(\theta)}\,d\theta,$$

所求光滑曲线的弧长为

$$s=\int_\alpha^\beta\sqrt{r^2(\theta)+r'^2(\theta)}\,d\theta.$$

例 5.5.13　求心形线 $r=a(1+\cos\theta)$ 的全长.

解　心形线关于极轴对称.

$$\begin{aligned}s&=2\int_0^\pi\sqrt{[a(1+\cos\theta)]^2+(-a\sin\theta)^2}\,d\theta=2a\int_0^\pi\sqrt{2(1+\cos\theta)}\,d\theta\\&=4a\int_0^\pi\cos\frac{\theta}{2}d\theta=8a\sin\frac{\theta}{2}\Big|_0^\pi=8a.\end{aligned}$$

习题 5-5

(A)

1. 求由正弦曲线 $y=\sin x$，$x\in\left[0,\frac{3\pi}{2}\right]$和直线 $x=\frac{3}{2}\pi$ 及 x 轴所围成的平面图形的面积.

2. 求由曲线 $xy=1$ 及直线 $y=x$、$y=3$ 所围成的平面图形的面积.

3. 求由曲线 $y=\ln x$、$y=\ln a$、$y=\ln b$ 与 $x=0(b>a>0)$ 所围成的平面图形的面积.

4. 求由曲线 $y=\frac{1}{x}$ 与直线 $y=4x$、$x=2$、$y=0$ 所围成图形的面积.

5. 求由曲线 $y=\mathrm{e}^{x}$、$y=\mathrm{e}^{-x}$ 与直线 $x=1$ 所围成图形的面积.

6. 求由曲线 $y=x^3$ 与直线 $x=2$、$y=0$ 所围成的图形分别绕 x 轴和 y 轴旋转所得旋转体的体积.

7. 求由曲线 $y=\sqrt{x}$ 与直线 $x=1$、$x=4$ 及 x 轴所围成的平面图形分别绕 x 轴和 y 轴旋转所得旋转体的体积.

8. 在区间 $\left[0,\frac{\pi}{2}\right]$ 上，曲线 $y=\sin x$ 与直线 $x=\frac{\pi}{2}$、$y=0$ 所围成的图形分别绕 x 轴和 y 轴旋转所得旋转体的体积.

9. 设直线 $y=ax+b$ 与直线 $x=0$、$x=1$ 及 $y=0$ 所围成的梯形面积等于 A，试求 a，b，使这个梯形绕 x 轴旋转所得旋转体的体积最小($a\geqslant 0$，$b>0$).

10. 求曲线 $\rho\theta=1$ 相应于 $\frac{3}{4}\leqslant\theta\leqslant\frac{4}{3}$ 的一段弧长.

(B)

1. 曲线 $y=x$ 及抛物线 $y=x^2$ 所围平面图形的面积 $S=$(　　).

A. $\frac{1}{6}$　　B. 6　　C. $\frac{1}{2}$　　D. $\frac{1}{3}$

2. 由曲线 $y=x^2$ 和直线 $x=0$、$x=1$ 及 x 轴所围的曲边梯形绕 y 轴旋转的体积是(　　).

A. $\frac{\pi}{2}$　　B. $\frac{2\pi}{3}$　　C. 1　　D. $\frac{1}{2}$

3. 由曲线 $y=f(x)$、$y=g(x)$ 与直线 $x=a$、$x=b(a<b)$ 所围成的图形绕 x 轴旋转一周所得旋转体的体积是(　　).

A. $\int_a^b \pi[f(x)-g(x)]^2\mathrm{d}x$　　B. $\int_a^b [\pi f(x)-\pi g(x)]^2\mathrm{d}x$

C. $\int_a^b \pi\,|f(x)-g(x)|\,\mathrm{d}x$　　D. $\int_a^b \pi[f^2(x)-g^2(x)]\mathrm{d}x$

4. 用定积分表示双曲线 $xy=1$ 上点(1, 1) 到点 $\left(2,\frac{1}{2}\right)$ 之间的一段弧长是(　　).

A. $\int_1^2 \frac{\sqrt{x^2+1}}{x^2}\mathrm{d}x$　　B. $\int_1^2 \frac{\sqrt{x^4+1}}{x^2}\mathrm{d}x$

C. $\int_1^2 \frac{\sqrt{x^2+1}}{x}\mathrm{d}x$　　D. $\int_1^2 \frac{\sqrt{x^4+1}}{x}\mathrm{d}x$

5. 阿基米德螺线 $r=a\theta(a>0)$ 上相应于 θ 从 0 到 2π 一段的弧与极轴所围成的图形的

面积为(　　).

A. $\dfrac{2a^2\pi^3}{3}$　　B. $\dfrac{4a^2\pi^3}{3}$　　C. $\dfrac{a^2\pi^3}{3}$　　D. $\dfrac{a^2\pi^3}{2}$

*5.6　定积分在物理学上的应用

一、变力沿直线所做的功

由物理学知识可知，某物体在常力 F 的作用下沿直线运动，且力的方向与物体运动的方向一致，那么在物体移动了 s 距离时，力 F 对物体所做的功为

$$W=F\cdot s.$$

设一物体受连续变力 $F(x)$ 的作用，沿力的方向作直线运动，求物体从点 a 移动到点 b 时，变力 $F(x)$ 所做的功 W.

设 $F(x)$ 是连续函数，在 $[a,b]$ 上任取一小区间 $[x,x+\mathrm{d}x]$ 上变力所做的功可以近似地表示为

$$\mathrm{d}W=F(x)\mathrm{d}x.$$

这就是功的微元，因此从 a 到 b 这一段上变力 $F(x)$ 所做的功为

$$W=\int_a^b F(x)\mathrm{d}x.$$

例 5.6.1　一个带 $+q$ 电量的点电荷放在 r 轴上坐标原点处，形成一电场. 求单位正电荷在电场中沿 r 轴的方向从 $r=a$ 处移动到 $r=b$ 处时，电场力对它所做的功.

解　根据静电学，如果有一单位正电荷放在电场中距离原点为 r 的地方，则电荷对它的作用力的大小为

$$F=k\cdot\frac{q}{r^2}\quad(k\text{ 为常数}).$$

因此，在单位正电荷移动的过程中，电场对它的作用力是变力.

取 r 为积分变量，$r\in[a,b]$. 在 $[a,b]$ 的任意小区间 $[r,r+\mathrm{d}r]$ 上，当单位正电荷从 r 处移动到 $r+\mathrm{d}r$ 处时，电场所做功的近似值，即功的微元为

$$\mathrm{d}W=k\cdot\frac{q}{r^2}\mathrm{d}r.$$

从而所求的功为

$$W=\int_a^b k\cdot\frac{q}{r^2}\mathrm{d}r=k\left.\frac{q}{-r}\right|_a^b=kq\left(\frac{1}{a}-\frac{1}{b}\right).$$

注：将单位正电荷从 $r=a$ 处移动到无限远时，电场力所做的功为

$$W=\int_a^{+\infty}\frac{kq}{r^2}\mathrm{d}r=kq\left(-\frac{1}{r}\right)\Bigg|_a^{+\infty}=\frac{kq}{a}.$$

例 5.6.2　一圆柱形蓄水池高为 5 m，底半径为 3 m，池内盛满了水. 问要把池内的水全部吸出，需做多少功?

解　建立如图 5-6-1 所示的坐标系，取 x 为积分变量，$x \in [0, 5]$，取任一小区间 $[x, x+\mathrm{d}x]$，这一薄层水的重力为 $9.8\pi \cdot 3^2 \mathrm{d}x$，功微元为

$$\mathrm{d}W = 88.2\pi \cdot x \cdot \mathrm{d}x,$$

故所求功为

$$W = \int_0^5 88.2\pi \cdot x \cdot \mathrm{d}x = 88.2\pi\left(\frac{x^2}{2}\right)\Big|_0^5 \approx 3462(\mathrm{kJ}).$$

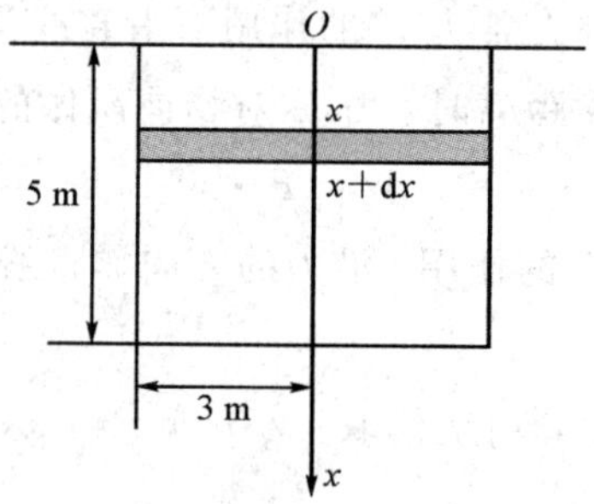

图 5-6-1

二、水压力

由物理学知识可知，水深为 h 时的压强为 $P=\rho g h$(ρ 为水的密度，g 是重力加速度). 如一平板面积为 A，水平地置入水深 h 处，则平板一侧所受压力为

$$P = \rho g h A.$$

如果将平板垂直地插入水中(见图 5-6-2)，由于深度不同处压强不相同，故平板一侧所受的压力是不同的，此时可采用微元法来计算.

假设平板的形状为一曲边梯形，图形及坐标系的设置如图 5-6-2 所示，它是由曲线 $y=f(x)$，与直线 $x=a$、$x=b(a<b)$ 所围成的. 取 x 为积分变量，任取微元 $[x, x+\mathrm{d}x]$，它所对应的小窄条平板上所受压力可以近似地看作是深度为 x、长度为 y、宽度为 $\mathrm{d}x$ 的小矩

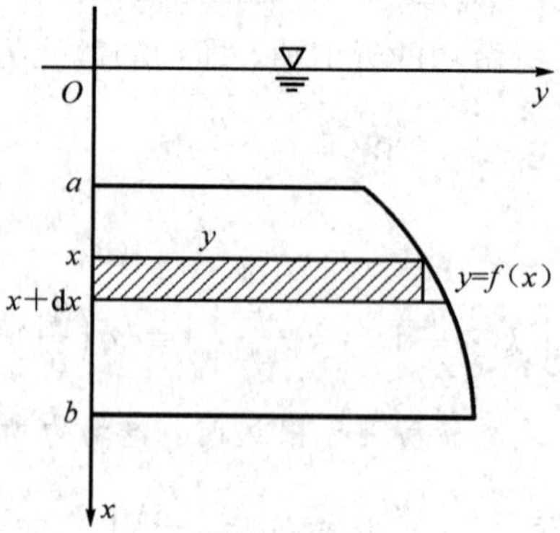

图 5-6-2

形所受的压力，于是所求的压力微元为

$$dP = \rho g x f(x) dx.$$

在上作定积分，便得整个平板上一侧所受压力为

$$P = \int_a^b \rho g x f(x) dx.$$

例 5.6.3 一薄板形状为椭圆形，椭圆的轴为 2 m 和 1 m. 将此薄板一半铅直置入水中，并使椭圆短轴与水平面相齐(见图 5-6-3). 计算此薄板一侧所受水压力.

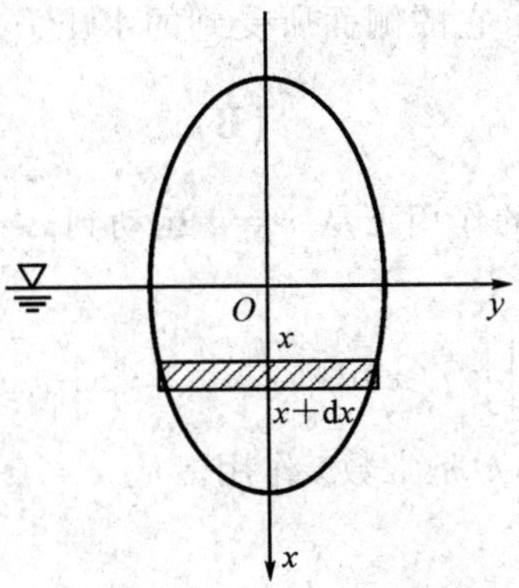

图 5-6-3

解 选坐标系如图 5-6-3 所示. 椭圆方程为 $\frac{x^2}{1^2} + \frac{y^2}{\left(\frac{1}{2}\right)^2} = 1$，所以 $y = \frac{1}{2}\sqrt{1-x^2}$. 取 x 为积分变量，$x \in [0, 1]$，在 $[0, 1]$ 的任一小区间 $[x, x+dx]$ 上压力微元为

$$dP = \rho g x \cdot 2y dx = 9.8 \times 10^3 x \sqrt{1-x^2} dx,$$

在 $[0, 1]$ 上作定积分，便得所求压力为

$$P = \int_0^1 9.8 \times 10^3 x \sqrt{1-x^2} dx = 9.8 \times 10^3 \int_0^1 \left(-\frac{1}{2}\right) \sqrt{1-x^2} d(1-x^2)$$

$$= 9.8 \times 10^3 \times \left(-\frac{1}{2}\right) \times \frac{2}{3} (1-x^2)^{\frac{3}{2}} \Big|_0^1$$

$$= 3.27 \times 10^3 (N).$$

习题 5-6

(A)

1. 设有一长为 25 cm 的弹簧，若加以 0.98 N 之力，则弹簧伸长到 30 cm，求使弹簧由 25 cm 伸长到 40 cm 所做的功.

2. 如果 1 N 的力能使弹簧伸长 0.01 m，现要使弹簧伸长 0.1m，需做多少功?

3. 有一圆柱形贮水桶，高 2 m，底圆半径为 0.8 m，桶内装 1 m 深的水，试问要将桶内水全部吸出，需做多少功?

4. 有一形如圆台的水桶盛满了水，桶高 3 m，上、下底半径分别为 1 m 和 2 m，试计算吸尽桶中水所做的功.

5. 一个横放的半径为 R m 的圆柱形水桶，里面有半桶水，水的密度为 ρ，计算桶的端面所受的压力.

6. 有一等腰梯形的闸门，它的两条底边各长为 5 m 和 3 m，高为 10 m，较长的边与水面相齐，计算闸门上所受水压力.

7. 一底为 8 cm、高为 6 cm 的等腰三角形薄片，铅直地沉在水中，顶在上底在下且与水面平行，而顶距水面 3 m，试求它的侧面所受到的水压力.

(B)

1. 物体在变力 $F=f(x)$ 的作用下从 $x=a$ 运动到 $x=b$ 时，变力 $F=f(x)$ 所做的功为(　　).

A. $\int_a^b f(x)\mathrm{d}x$　　B. $\left|\int_a^b f(x)\mathrm{d}x\right|$　　C. $\int_a^b |f(x)|\mathrm{d}x$　　D. $f(x)(b-a)$

2. 一物体在变力 $F=kx^2$(k 是常数) 作用下从 $x=0$ 运动到 $x=1$ 时变力 F 所做的功为(　　).

A. k　　B. $\frac{k}{2}$　　C. $\frac{k}{3}$　　D. $\frac{k}{4}$

3. 已知电场对一距离原点 O 为 r 的单位正电荷的电场力为 $F=k\cdot\frac{q}{r^2}$(k、q 均为常数)，则该单位正电荷在电场中从 $r=a$ 处移动到 $r=b$ 处电场力对它所做的功为(　　).

A. kq　　B. $kq\left(\frac{1}{a}-\frac{1}{b}\right)$　　C. $kq\left(\frac{1}{b}-\frac{1}{a}\right)$　　D. $kq(b-a)$

4. 长为 a、宽为 b 的矩形平板铅直放在水中(宽平行于水面)，水的密度为 ρ，取过矩形中心且铅直向下的直线为 x 轴，过中心的水平为 y 轴，则平板所受到的水压力微元可表示为(　　).

A. $ab\rho gx\,\mathrm{d}x$　　B. $\rho gx\,\mathrm{d}x$　　C. $a\rho gx\,\mathrm{d}x$　　D. $b\rho gx\,\mathrm{d}x$

5. 等腰三角形薄板铅直沉入水中，水的密度为 ρ，其底与水面相齐，薄板的高为 h，底为 a，则薄板一侧所受压力微元可表示为(　　).

A. $\rho xa\left(1-\frac{x}{h}\right)\mathrm{d}x$　　B. $\frac{1}{2}\rho xa\left(1-\frac{x}{h}\right)\mathrm{d}x$

C. $\frac{1}{2}\rho xh\left(1-\frac{x}{a}\right)\mathrm{d}x$　　D. $\rho xh\left(1-\frac{x}{a}\right)\mathrm{d}x$

章节测试五

一、填空题：

1. 设 $f(x)$ 为连续函数，且 $\int_0^{x^3-1} f(t)\mathrm{d}t=x$，则 $f(7)=$ __________；

2. 设 $f(x)=\dfrac{1}{1+x^2}+x^3\int_0^1 f(x)\mathrm{d}x$，则$\int_0^1 f(x)\mathrm{d}x=$________；

3. 设 $f(x)$ 有一个原函数为$\dfrac{\sin x}{x}$，则$\int_{\frac{\pi}{2}}^{\pi} xf'(x)\mathrm{d}x=$________；

4. $\int_{-1}^{1}(x+\sqrt{1-x^2})^2\mathrm{d}x=$________；

5. $\int_1^{+\infty}\dfrac{1}{\mathrm{e}^x+\mathrm{e}^{2-x}}\mathrm{d}x=$________.

二、计算下列定积分：

1. $\int_{-1}^{1}\left(x^2\mathrm{e}^{x^3}+\dfrac{x^3\sin^4 x}{1+x^2}\right)\mathrm{d}x$；

2. $\int_1^{\mathrm{e}}\dfrac{\mathrm{d}x}{x\sqrt{1+\ln x}}$；

3. $\int_{\frac{1}{\mathrm{e}}}^{\mathrm{e}}|\ln x|\mathrm{d}x$；

4. $\int_0^{-\ln 2}\sqrt{1-\mathrm{e}^{2x}}\mathrm{d}x$.

三、计算$\lim\limits_{x\to 0}\dfrac{\sin x-x}{\int_0^x \mathrm{e}^{t^2}\mathrm{d}t-x}$.

四、若 $f(x)=\begin{cases}\dfrac{1}{1+x^2}, & x\leqslant 0,\\ \dfrac{1}{\sqrt{x}(1+x)}, & x>0,\end{cases}$ 求$\int_{-\infty}^{x} f(t)\mathrm{d}t$.

五、求由曲线 $y=x^2$、$y=2-x^2$ 所围成的图形的面积，并求该图形分别绕 x 轴和 y 轴旋转所得旋转体的体积.

六、设 $f(x)$ 在所给区间上连续，证明：

1. $\int_{-a}^{a} f(x)\mathrm{d}x=\int_0^a[f(x)+f(x-a)]\mathrm{d}x$；

2. $\int_0^{\pi} f(\sin x)\mathrm{d}x=2\int_0^{\frac{\pi}{2}} f(\sin x)\mathrm{d}x$.

第6章 微分方程

函数是客观事物的内部联系在数量方面的反映，利用函数关系可以对客观事物的规律进行研究. 但在多数情况下，无法直接找到要研究的问题所需的函数关系，却比较容易建立起该函数及其导数的关系式，即微分方程. 通过解这种方程，可得到该函数关系. 微分方程是研究函数变化规律的有力工具，在科技、工程、生态、环境、人口、交通、经济管理等各个领域有着广泛的应用. 本章主要介绍微分方程的基本概念及几种常见类型微分方程的解法.

6.1 微分方程的基本概念

定义 6.1.1 凡含有未知函数导数或微分的方程称为**微分方程**. 未知函数是一元函数的微分方程称为**常微分方程**，未知函数是多元函数的微分方程称为**偏微分方程**. 本章仅讨论常微分方程，以下简称微分方程或方程.

例如，方程 $y'+y-2x=0$，$\mathrm{d}y+y\mathrm{d}x=x^2$，$y''-4=0$ 和 $y''+y'-2y=0$ 都是微分方程.

定义 6.1.2 微分方程中出现的未知函数导数(或微分)的最高阶数，称为微分方程的**阶**.

例如，方程 $y'-2y=x+1$ 和 $\mathrm{d}y+y\mathrm{d}x=x^2$ 都是一阶微分方程，方程 $y''-3y'+2y=\ln x$ 和 $y''-4=0$ 都是二阶微分方程，方程 $y^{(5)}=1$ 是五阶微分方程.

定义 6.1.3 如果一个函数代入微分方程后能使方程成为恒等式，则称这个函数为该微分方程的**解**.

例如，$y=x^2$ 和 $y=x^2+C$(C 为任意常数) 都是微分方程 $y'=2x$ 的解；$y=2x^2+x$ 和 $y=2x^2+C_1x+C_2$ (C_1、C_2 均为任意常数) 都是微分方程 $y''-4=0$ 的解.

由此可见，若微分方程有解，则有无穷多个解.

定义 6.1.4 微分方程的每个解都对应着平面内的一条曲线，该曲线称为微分方程的**积分曲线**，而这无穷多个解所对应的一族积分曲线称为微分方程的**积分曲线族**.

定义 6.1.5 如果微分方程的解中所含任意常数的个数等于微分方程的阶数，这样的解称为微分方程的**通解**；不含任意常数的解，称为微分方程的**特解**.

例如 $y=x^2$ 和 $y=x^2+C$ 分别是方程 $y'=2x$ 的特解和通解；$y=2x^2+x$ 和 $y=2x^2+C_1x+C_2$ 分别是方程 $y''-4=0$ 的特解和通解.

一般来说，特解是由给定的条件代入通解，确定出任意常数的特定值后得到的，这种用来确定特解的条件，称为**初始条件**.

设微分方程中的未知函数为 $y=y(x)$，通常一阶微分方程的初始条件为

$$y\Big|_{x=x_0}=y_0,$$

即

$$y(x_0)=y_0,$$

其中 x_0、y_0 都是给定的值；二阶微分方程的初始条件为

$$y\Big|_{x=x_0}=y_0,\ y'\Big|_{x=x_0}=y'_0,$$

即

$$y(x_0)=y_0 \text{ 与 } y'(x_0)=y'_0,$$

其中 x_0、y_0 和 y'_0 都是给定的值.

例如，对于方程 $y'=2x$，它的通解是 $y=x^2+C$，由初始条件 $y\Big|_{x=0}=0$ 可确定其通解中的任意常数 $C=0$，从而得到其特解 $y=x^2$.

通常，我们把求微分方程满足初始条件的特解的这类问题称为**初值问题**.

例如，求一阶微分方程 $y'=f(x, y)$ 满足初始条件 $y\Big|_{x=x_0}=y_0$ 的特解这样一个问题，称为一阶微分方程的初值问题，记作

$$\begin{cases} y'=f(x, y), \\ y\Big|_{x=x_0}=y_0, \end{cases}$$

二阶微分方程 $y''=f(x, y, y')$ 满足初始条件 $y\Big|_{x=x_0}=y_0$，$y'\Big|_{x=x_0}=y'_0$ 的初值问题，记作

$$\begin{cases} y''=f(x, y, y'), \\ y\Big|_{x=x_0}=y_0,\ y'\Big|_{x=x_0}=y'_0. \end{cases}$$

例 6.1.1 验证函数 $y=Cx^3$ 是微分方程 $xy'-3y=0$ 的通解，并求方程满足初始条件 $y\Big|_{x=1}=2$ 的特解.

解 由 $y=Cx^3$，得

$$y'=3Cx^2,$$

将 y' 代入原方程左边，得

$$xy'-3y=x\cdot 3Cx^2-3Cx^3=0,$$

所以函数 $y=Cx^3$ 是微分方程 $xy'-3y=0$ 的解. 又因这个解中含有一个任意常数，因此函数 $y=Cx^3$ 是微分方程 $xy'-3y=0$ 的通解.

将初始条件 $y|_{x=1}=2$ 代入通解，有 $2=C\cdot 1^3$，故 $C=2$.

因此所求特解为

$$y=2x^3.$$

例 6.1.2 验证函数 $y=C_1\mathrm{e}^x+C_2\mathrm{e}^{-2x}$（$C_1$、$C_2$ 均为任意常数）是二阶微分方程 $y''+y'-2y=0$的通解，并求方程满足初始条件 $y\Big|_{x=0}=0$，$y'\Big|_{x=0}=1$ 的特解.

解 由 $y=C_1e^x+C_2e^{-2x}$，得

$$y'=C_1e^x-2C_2e^{-2x}$$

及

$$y''=C_1e^x+4C_2e^{-2x},$$

将 y，y'，y''代入原方程左边，得

$$\begin{aligned}y''+y'-2y&=C_1e^x+4C_2e^{-2x}+(C_1e^x-2C_2e^{-2x})-2(C_1e^x+C_2e^{-2x})\\&=(C_1+C_1-2C_1)e^x+(4C_2-2C_2-2C_2)e^{-2x}=0.\end{aligned}$$

所以函数 $y=C_1e^x+C_2e^{-2x}$是所给微分方程的解. 由于它含有两个相互独立的任意常数，与方程的阶数相同，所以它是原方程的通解.

将初始条件 $y|_{x=0}=0$，$y'|_{x=0}=1$ 代入 y 及 y'，得 $C_1+C_2=0$ 及 $C_1-2C_2=1$，解之，得 $C_1=\dfrac{1}{3}$，$C_2=-\dfrac{1}{3}$，故所求方程的特解为

$$y=\frac{1}{3}e^x-\frac{1}{3}e^{-2x}.$$

习题 6-1

(A)

1. 试说出下列各微分方程的阶数：

(1) $(y')^2-2yy'+x=0$；

(2) $x^2y'-xy'+y=0$；

(3) $xy'''+2y'+x^2y=0$；

(4) $x(y''')^2-2yy'+x=0$；

(5) $\left(\dfrac{dy}{dt}\right)^2=y\tan t+3t^3\sin t+1$；

(6) $(7x-6y)dx+(x+y)dy=0$.

2. 判断下列各题中的函数是否为所给微分方程的解：

(1) $xy'=2y$，$y=5x^2$；

(2) $y''-2y'+y=0$，$y=x^2e^x$；

(3) $y=xy'+f(y')$，$y=Cx+f(C)$；

(4) $(x-2y)y'=2x-y$，$x^2-xy+y^2=0$.

3. 验证 $y=Cx^3$ 是方程 $3y-xy'=0$ 的通解(C 为任意常数)，并求满足初始条件 $y\Big|_{x=1}=\dfrac{1}{3}$的特解.

4. 设函数 $y=(1+x)^2u(x)$是方程 $y'-\dfrac{2}{x+1}y=(1+x)^3$ 的通解，求 $u(x)$.

5. 消去下列各式中的任意常数 C、C_1、C_2，写出相应的微分方程.

(1) $y=Cx+C^2$；　　(2) $(y-C_1)^2=C_2x$.

(B)

1. 微分方程 $xy'''-3(y')^2=x^5$ 的阶数是(　　).

A. 2　　B. 3　　C. 4　　D. 5

2. 下列函数中，是微分方程 $y''-7y'+12y=0$ 的解的是（　　）.

A. $y=x^2$　　B. $y=x^3$　　C. e^{3x}　　D. e^{2x}

3. 微分方程 $y''+y=0$ 的通解是（　　）.

A. $y=C_1\sin x+C_2\cos x$　　B. $y=\sin x+C\cos x$

C. $y=C\sin x$　　D. $y=C\cos x$

4. 下列方程中，不是微分方程的是（　　）.

A. $(y')^2+3y=0$　　B. $dy-\frac{1}{x}dx=2dx$

C. $y''=e^{x-y}$　　D. $y^2+x^2=a^2$

5. 下列函数中，是微分方程 $S''(t)=-g$ 的解的是（　　）.

A. $S=-gt$　　B. $S=-gt^2$　　C. $S=-\frac{1}{2}gt^2$　　D. $S=\frac{1}{2}gt^2$

6.2　可分离变量的微分方程

一、可分离变量的微分方程

定义 6.2.1　形如

$$\frac{dy}{dx}=f(x)g(y) \tag{6-2-1}$$

的微分方程，称为**可分离变量的微分方程**.

方程(6-2-1) 可化为

$$\frac{dy}{g(y)}=f(x)dx \quad (g(y)\neq 0)$$

的形式. 而此方程中的变量 x 和 y 分别各自处在方程的左右两端，即变量分离. 所以，我们称方程(6-2-1) 为可分离变量的微分方程.

一般地，求解可分离变量的微分方程的步骤如下：

第一步，分离变量，得

$$\frac{dy}{g(y)}=f(x)dx \quad (g(y)\neq 0),$$

第二步，两边同时积分，得

$$\int\frac{dy}{g(y)}=\int f(x)dx,$$

第三步，求出积分. 若 $\frac{1}{g(y)}$ 和 $f(x)$ 的原函数都存在且分别为 $G(y)$ 和 $F(x)$，则方程(6-2-1) 的解为

$$G(y)=F(x)+C \quad (C \text{ 为任意常数}).$$

我们把这种求解微分方程的方法称为**分离变量法**.

例 6.2.1　求微分方程 $\frac{dy}{dx}=2xy$ 的通解.

解 这是一个可分离变量的微分方程.

当 $y \neq 0$ 时，分离变量，得

$$\frac{\mathrm{d}y}{y} = 2x\,\mathrm{d}x,$$

两边积分，得

$$\int \frac{\mathrm{d}y}{y} = \int 2x\,\mathrm{d}x,$$

求积分，得

$$\ln|y| = x^2 + C_1 \quad 或 \quad y = C\mathrm{e}^{x^2},$$

其中 $C = \pm\, \mathrm{e}^{C_1}$ 是非零任意常数.

显然，$y=0$ 也是原方程的解，只要允许 $C=0$，那么此解就可以包含在 $y=C\mathrm{e}^{x^2}$ 中，因此原方程的通解为

$$y = C\mathrm{e}^{x^2} \quad (C\ 为任意常数).$$

注： 由例 6.2.1 可以看出，在积分过程中，原函数出现对数函数时，真数一般可以不加绝对值，任意常数也可写为 $\ln C$，这样可使运算方便，也可简化结果.

例 6.2.2 求微分方程 $2\mathrm{d}y = (y^2-1)\mathrm{d}x$ 满足初始条件 $y(0)=0$ 的特解.

解 将原方程整理，得

$$\frac{2\mathrm{d}y}{y^2-1} = \mathrm{d}x,$$

当 $y \neq \pm 1$ 时，两边积分，得

$$\int \frac{2\mathrm{d}y}{y^2-1} = \int \mathrm{d}x,$$

求积分，得

$$\ln\left|\frac{y-1}{y+1}\right| = x + \ln C,$$

因此

$$\frac{y-1}{y+1} = C\mathrm{e}^x \quad (C \neq 0).$$

故原方程的通解为

$$y = \frac{1+C\mathrm{e}^x}{1-C\mathrm{e}^x}.$$

将初始条件 $y(0)=0$ 代入通解，得 $C=-1$. 因此所求特解为

$$y = \frac{1-\mathrm{e}^x}{1+\mathrm{e}^x}.$$

另外，易知 $y=\pm 1$ 也是原方程的解.

例 6.2.3 求微分方程 $y - xy' = y^2 + y'$ 的通解.

解 原方程化为

$$y'(x+1) = y(1-y),$$

分离变量，得

$$\frac{\mathrm{d}y}{y(1-y)}=\frac{\mathrm{d}x}{x+1},$$

两边积分，得

$$\int\left(\frac{1}{y}+\frac{1}{1-y}\right)\mathrm{d}y=\int\frac{\mathrm{d}x}{x+1},$$

求积分，得

$$\ln y-\ln(1-y)=\ln(1+x)+C,$$

故所求通解为

$$\frac{y}{1-y}=C(1+x).$$

二、齐次方程

定义 6.2.2　形如

$$\frac{\mathrm{d}y}{\mathrm{d}x}=f\left(\frac{y}{x}\right) \tag{6-2-2}$$

的一阶微分方程称为**齐次微分方程**，简称**齐次方程**.

在齐次方程$\frac{\mathrm{d}y}{\mathrm{d}x}=f\left(\frac{y}{x}\right)$中，令 $u=\frac{y}{x}$，即 $y=ux$，则有

$$u+x\frac{\mathrm{d}u}{\mathrm{d}x}=f(u).$$

分离变量，得

$$\frac{\mathrm{d}u}{f(u)-u}=\frac{\mathrm{d}x}{x}.$$

两边积分，得

$$\int\frac{\mathrm{d}u}{f(u)-u}=\int\frac{\mathrm{d}x}{x}.$$

求出积分后，再用$\frac{y}{x}$代替 u，便得所给齐次方程的通解.

例 6.2.4　求微分方程$\frac{\mathrm{d}y}{\mathrm{d}x}=\frac{y}{x}+\tan\frac{y}{x}$满足初始条件$y\Big|_{x=1}=\frac{\pi}{6}$的特解.

解　题设方程为齐次方程，设 $u=\frac{y}{x}$，则

$$\frac{\mathrm{d}y}{\mathrm{d}x}=u+x\frac{\mathrm{d}u}{\mathrm{d}x},$$

代入原方程，得

$$u+x\frac{\mathrm{d}u}{\mathrm{d}x}=u+\tan u,$$

分离变量，得

$$\cot u\,\mathrm{d}u=\frac{1}{x}\mathrm{d}x,$$

两边积分，得

$$\ln|\sin u| = \ln|x| + \ln|C|,$$

即

$$\sin u = Cx.$$

将 $u = \frac{y}{x}$ 代入 $\sin u = Cx$，则得到题设方程的通解为 $\sin\frac{y}{x} = Cx$.

利用初始条件 $y\Big|_{x=1} = \frac{\pi}{6}$，得到 $C = \frac{1}{2}$.

因此所求题设方程的特解为 $\sin\frac{y}{x} = \frac{1}{2}x$.

例 6.2.5 求微分方程 $x(\ln x - \ln y)\mathrm{d}y - y\mathrm{d}x = 0$ 的通解.

解 原方程变形为 $\ln\frac{y}{x}\mathrm{d}y + \frac{y}{x}\mathrm{d}x = 0$，令 $u = \frac{y}{x}$，则

$$\frac{\mathrm{d}y}{\mathrm{d}x} = u + \frac{\mathrm{d}u}{\mathrm{d}x},$$

代入原方程并整理，得

$$\frac{\ln u}{u(\ln u + 1)}\mathrm{d}u = -\frac{\mathrm{d}x}{x}.$$

两边积分，得

$$\ln u - \ln(\ln u + 1) = -\ln x + \ln C,$$

即

$$y = C(\ln u + 1).$$

变量回代得所求通解为

$$y = C\left(\ln\frac{y}{x} + 1\right).$$

例 6.2.6 利用变量代换法求方程 $\frac{\mathrm{d}y}{\mathrm{d}x} = (x+y)^2$ 的通解.

解 令 $x + y = u$，则

$$\frac{\mathrm{d}y}{\mathrm{d}x} = \frac{\mathrm{d}u}{\mathrm{d}x} - 1,$$

代入原方程，得

$$\frac{\mathrm{d}u}{\mathrm{d}x} = 1 + u^2,$$

分离变量，得

$$\frac{\mathrm{d}u}{1+u^2} = \mathrm{d}x,$$

两边积分，得

$$\arctan u = x + C,$$

变量回代，得

$$\arctan(x+y) = x + C,$$

故原方程的通解为

$$y=\tan(x+C)-x.$$

习题 6－2

(A)

1. 求下列微分方程的通解：

(1) $\sqrt{1-x^2}\,y'=\sqrt{1-y^2}$；

(2) $\sec^2 x\cdot\tan y\,dx+\sec^2 y\cdot\tan x\,dy=0$；

(3) $\dfrac{dy}{dx}-3xy=xy^2$；

(4) $(2^{x+y}-2^x)dx+(2^{x+y}+2^y)dy=0$.

2. 求下列微分方程的特解：

(1) $y'=e^{2x-y}$，$y\Big|_{x=0}=0$；　　(2) $xy'+y=y^2$，$y\Big|_{x=1}=\dfrac{1}{2}$.

3. 求下列微分方程的通解：

(1) $xy'=y\left(\ln\dfrac{y}{x}+1\right)$；　　(2) $(x^3+y^3)dx-3xy^2dy=0$.

4. 求下列微分方程的特解：

(1) $\dfrac{dy}{dx}=\dfrac{xy}{x^2-y^2}$，$y\Big|_{x=0}=1$；

(2) $(y^2-3x^2)dy+2xy\,dx=0$，$y\Big|_{x=0}=1$.

5. 用适当的变换替换化简方程，并求解下列方程：

(1) $y'=(x+y)^2$；　　(2) $xy'+y=y(\ln x+\ln y)$；

(3) $y'=\dfrac{1}{x-y}+1$；　　(4) $y(xy+1)dx+x(1+xy+x^2y^2)dy=0$.

(B)

1. 下列方程中是可分离变量的微分方程是(　　).

A. $3y^2dy+3x^2dx=1$　　B. $(x^2+y^2)dx=xy\,dy$

C. $y'=e^{x+y}$　　D. $y''+y=x$

2. 微分方程 $y\,dx+x\,dy=0$ 的通解是(　　).

A. $xy=1$　　B. $xy=C$

C. $x^2+y^2=1$　　D. $x^2+y^2=C$

3. 下列函数中，是微分方程$\dfrac{dy}{dx}-\dfrac{1}{2(y+1)}=0$的解的是(　　).

A. $y=y^2+1$　　B. $y=x^2+1$

C. $y=(x+1)^2$　　D. $x=(y+1)^2$

4. 微分方程 $y\ln x\,dx = x\ln y\,dy$ 满足 $y\Big|_{x=1}=1$ 的特解是(　　).

A. $\ln^2 x+\ln^2 y=0$　　B. $\ln^2 x+\ln^2 y=1$

C. $\ln^2 x=\ln^2 y$　　D. $\ln^2 x=\ln^2 y+1$

5. 微分方程 $\frac{dy}{dx}=\frac{y}{x}+\tan\frac{y}{x}$ 的通解是(　　).

A. $\sin\frac{y}{x}=Cx$　　B. $\sin\frac{x}{y}=Cx$

C. $\sin\frac{y}{x}=\frac{1}{Cx}$　　D. $\sin\frac{x}{y}=\frac{1}{Cx}$

6.3　一阶线性微分方程

上节我们已介绍可分离变量的一阶微分方程$\left(\text{如}\frac{dy}{dx}=2xy\right)$，本节我们再介绍两种特殊类型的一阶微分方程及其解法.

定义 6.3.1　形如

$$y'+P(x)y=Q(x) \tag{6-3-1}$$

的方程，称为**一阶线性微分方程**. 其中 $P(x)$，$Q(x)$ 为已知的连续函数.

其线性的含义是指它关于未知函数 y 及其导数 y' 的幂都是一次的. 它的特点是：右边是已知函数，左边的每项中仅含 y 和 y' 的一次项.

若 $Q(x)=0$，则方程(6-3-1)变为

$$y'+P(x)y=0, \tag{6-3-2}$$

方程(6-3-2)称为**一阶齐次线性微分方程**.

若 $Q(x)\neq 0$，则称方程(6-3-1)为**一阶非齐次线性微分方程**. 通常把方程(6-3-2)称为方程(6-3-1)所对应的齐次方程.

下面分别讨论一阶线性齐次方程和一阶线性非齐次方程的求解方法.

一、一阶齐次线性微分方程的解法

显然，一阶线性齐次方程(6-3-2)是可分离变量的方程. 分离变量，得

$$\frac{dy}{y}=-P(x)dx,$$

两边积分，得

$$\ln y=-\int P(x)dx+\ln C,$$

即

$$y=Ce^{-\int P(x)dx}. \tag{6-3-3}$$

式(6-3-3)称为一阶线性齐次方程(6-3-2)的**通解公式**.

注：这里的记号$\int P(x)dx$ 表示 $P(x)$ 的某个确定的原函数.

例 6.3.1　求微分方程 $y'+2y=0$ 的通解.

解　此方程为一阶线性齐次方程，可以直接用分离变量法求通解，也可以代入公式(6-3-3). 将 $P(x)=2$ 代入公式(6-3-3) 得通解为

$$y=Ce^{-\int 2dx}=Ce^{-2x}.$$

例 6.3.2　求微分方程 $y'+\frac{y}{x^2}=0$ 的通解.

解　这是一阶线性齐次方程，并且

$$-\int P(x)dx=-\int \frac{1}{x^2}dx=\frac{1}{x},$$

因此由通解公式(6-3-3) 可得原方程的通解为

$$y=Ce^{\frac{1}{x}}.$$

二、一阶非齐次线性微分方程的解法

一阶线性非齐次方程可用**常数变易法**求解：为了求出方程(6-3-1)的通解，可先将对应的线性齐次方程的通解(6-3-3) 中的任意常数 C 换成待定函数 $C(x)$，然后将其代入原方程(6-3-1)，从而确定 $C(x)$.

设方程(6-3-1)的通解为

$$y=C(x)e^{-\int P(x)dx}.$$

两边求导，得

$$y'=C'(x)e^{-\int P(x)dx}-C(x)P(x)e^{-\int P(x)dx}.$$

将两式同时代入方程(6-3-1)，得

$$C'(x)=Q(x)e^{\int P(x)dx},$$

两边积分，得

$$C(x)=\int Q(x)e^{\int P(x)dx}dx+C.$$

将此结果代入通解公式(6-3-3)，得

$$y=e^{-\int P(x)dx}\left[\int Q(x)e^{\int P(x)dx}dx+C\right]. \qquad (6-3-4)$$

式(6-3-4)称为非齐次线性微分方程(6-3-1)的**通解公式**.

例 6.3.3　求微分方程 $y'+2xy=x$ 的通解.

解　该方程是一阶线性非齐次方程，$P(x)=2x$，$Q(x)=x$，代入通解公式(6-3-4)，得

$$\begin{aligned}y&=e^{-\int 2xdx}\left(\int xe^{\int 2xdx}dx+C\right)=e^{-x^2}\left(\int xe^{x^2}dx+C\right)\\&=e^{-x^2}\left(\frac{1}{2}\int e^{x^2}d(x^2)+C\right)\\&=e^{-x^2}\left(\frac{1}{2}e^{x^2}+C\right)\\&=Ce^{-x^2}+\frac{1}{2}.\end{aligned}$$

例 6.3.4 求微分方程 $xy'+2x^2y=e^{-x^2}$ 的通解.

解 这是一阶线性非齐次方程，先将其化为标准形式，得

$$y'+2xy=\frac{1}{x}e^{-x^2},$$

其中 $P(x)=2x$, $Q(x)=\frac{1}{x}e^{-x^2}$. 因为

$$\int P(x)dx=\int 2x dx=x^2,$$

$$\int Q(x)e^{\int P(x)dx}dx=\int \frac{1}{x}\cdot e^{-x^2}\cdot e^{x^2}dx=\int \frac{1}{x}dx=\ln x,$$

所以由通解公式(6-3-4)得原方程的通解为

$$y=e^{-x^2}(C+\ln x).$$

习题 6-3

(A)

1. 求下列微分方程满足初始条件的特解：

(1) $(y+1)^2y'+x^3=0$, $y|_{x=0}=-1$； (2) $\frac{dy}{dx}=-\frac{x(1+y^2)}{y(1+x^2)}$, $y|_{x=1}=1$.

2. 求下列微分方程的通解：

(1) $xy'-y=x\tan\frac{y}{x}$； (2) $xy'+x+\sin(x+y)=0$.

3. 求下列微分方程的通解：

(1) $(1+x^2)y'-2xy=(1+x^2)^2$； (2) $y'+y\tan x=\sin 2x$；

(3) $y'=\frac{1}{e^y+x}$； (4) $2ydx-(y^2-6x)dy=0$.

(B)

1. 下列等式中是一阶线性微分方程的是(　　).

A. $y''+y=x$ B. $y'=ye^x+\sin x$

C. $\sin y'+e^x=1$ D. $y''+3y'+4y=0$

2. 微分方程 $y'-y=1$ 的通解是(　　).

A. $y=Ce^x$ B. $y=Ce^x+1$

C. $y=Ce^x-1$ D. $y=(C+1)e^x$

3. 微分方程 $y'+\frac{y}{x}=\frac{1}{x(x^2+1)}$ 的通解是(　　).

A. $\arctan x+C$ B. $\frac{1}{x}(\arctan x+C)$

C. $\frac{1}{x}\arctan x+C$ D. $\arctan x+\frac{C}{x}$

4. 微分方程 $xy'+y=3$ 满足初始条件 $y(1)=0$ 的解是(　　).

A. $y=3\left(1-\dfrac{1}{x}\right)$　　　　B. $y=3(1-x)$

C. $y=1-\dfrac{1}{x}$　　　　D. $y=1-x$

5. 微分方程$(1-x^2)y-xy'=0$ 的通解是 $y=$(　　).

A. $y=C\sqrt{1-x^2}$　　　　B. $y=\dfrac{C}{\sqrt{1-x^2}}$

C. $y=Cx\mathrm{e}^{-\frac{1}{2}x^2}$　　　　D. $y=-\dfrac{1}{2}x^3+Cx$

6.4　二阶线性微分方程

定义 6.4.1　形如

$$y''+py'+qy=f(x) \tag{6-4-1}$$

的方程称为二阶常系数线性微分方程. 其中 p、q 均为实数，$f(x)$为已知的连续函数.

如果 $f(x)\equiv 0$，则方程式 (6－4－1) 变成

$$y''+py'+qy=0. \tag{6-4-2}$$

我们把方程(6－4－2) 叫作**二阶常系数齐次线性微分方程**，把方程式(6－4－1)叫作**二阶常系数非齐次线性微分方程**. 通常把方程(6－4－2) 称为方程(6－4－1) 所对应的齐次方程.

一、线性微分方程解的结构

1. 函数组的线性相关、线性无关

设 $y_1, y_2, \cdots, y_n$ 为定义在区间 I 内的 n 个函数，若存在不全为零的常数 $k_1, k_2, \cdots, k_n$，使得当在该区间内有 $k_1y_1+k_2y_2+\cdots+k_ny_n\equiv 0$，则称这 n 个函数在区间 I 内**线性相关**，否则称**线性无关**.

例如 $1, \cos^2 x, \sin^2 x$ 在实数范围内是线性相关的，因为

$$1-\cos^2 x-\sin^2 x\equiv 0.$$

又如 $1, x, x^2$ 在任何区间(a, b)内是线性无关的，因为在该区间内要使

$$k_1+k_2x+k_3x^2\equiv 0,$$

必须 $k_1=k_2=k_3=0$.

对于 y_1, y_2 两个函数，若$\dfrac{y_1}{y_2}=$常数，则 y_1, y_2 线性相关；若$\dfrac{y_1}{y_2}\neq$常数，则 y_1, y_2 线性无关.

2. 解的性质与通解结构

定理 6.4.1　如果函数 y_1 与 y_2 是方程(6－4－2)的两个解，则 $y=C_1y_1+C_2y_2$ 也是方程(6－4－2)的解，其中 C_1, C_2 均为任意常数.

证明　因为 y_1 与 y_2 是方程(6－4－2)的解，所以有

$$y''_1+py'_1+qy_1=0,$$
$$y''_2+py'_2+qy_2=0,$$

将 $y=C_1y_1+C_2y_2$ 代入方程(6-4-2)的左边，得

$$(C_1y''_1+C_2y''_2)+p(C_1y'_1+C_2y'_2)+q(C_1y_1+C_2y_2)$$
$$=C_1(y''_1+py'_1+qy_1)+C_2(y''_2+py'_2+qy_2)=0,$$

所以 $y=C_1y_1+C_2y_2$ 是方程(6-4-2)的解.

定理 6.4.1 说明齐次线性方程的解具有叠加性. 叠加起来的解从形式看含有 C_1，C_2 两个任意常数，但它不一定是方程(6-4-2)的通解.

例 6.4.1 对于二阶线性微分方程

$$y''-3y'+2y=0,$$

验证 $y_1=e^x$，$y_2=e^{2x}$，$y_3=e^{2+x}$ 是它的解，并证明 $C_1e^x+C_2e^{2x}$ 是原方程的通解，而 $C_1e^x+C_3e^{2+x}$ 是原方程的解，但不是通解.

证明 把 $y_1=e^x$ 代入方程的左端，得

$$y''-3y'+2y=(e^x)''-3(e^x)'+2e^x=e^x-3e^x+2e^x\equiv 0,$$

故 $y_1=e^x$ 是 $y''-3y'+2y=0$ 的解.

同理，

$$y''-3y'+2y=(e^{2x})''-3(e^{2x})'+2e^{2x}=4e^{2x}-3\cdot 2e^{2x}+2e^{2x}\equiv 0,$$
$$y''-3y'+2y=(e^{2+x})''-3(e^{2+x})'+2e^{2+x}=e^{2+x}-3e^{2+x}+2e^{2+x}\equiv 0,$$

所以 $y_2=e^{2x}$，$y_3=e^{2+x}$ 也是原微分方程的解.

由定理 6.4.1 可得，$C_1e^x+C_2e^{2x}$ 是原方程的解. 又因为两个任意常数 C_1，C_2 不可能合并为一个任意常数，而所给的方程是二阶的，因此 $C_1e^x+C_2e^{2x}$ 是 $y''-3y'+2y=0$ 的通解.

而 $C_1e^x+C_3e^{2+x}=C_1e^x+C_3e^2\cdot e^x=Ce^x$(其中 $C=C_1+C_3e^2$)是微分方程的解，但不是通解.

由例 6.4.1 可知，$\dfrac{y_1}{y_2}=\dfrac{e^x}{e^{2x}}=e^{-x}$ 不恒为常数($y_1=e^x$ 与 $y_2=e^{2x}$ 线性无关)，所以 $C_1e^x+C_2e^{2x}$ 是 $y''-3y'+2y=0$ 的通解. 而 $\dfrac{y_3}{y_1}=\dfrac{e^{2+x}}{e^x}=e^2$ 恒为常数($y_1=e^x$ 与 $y_3=e^{2+x}$ 线性相关)，所以 $C_1e^x+C_3e^{2+x}$ 中的常数可以合并为一个常数，从而它不能构成原方程的通解.

定理 6.4.2 如果 y_1 与 y_2 是方程(6-4-2)的两个线性无关的特解，则 $y=C_1y_1+C_2y_2$(C_1，C_2 均为任意常数)是方程(6-4-2)的通解.

例如，$y''+y=0$ 是二阶齐次线性方程，$y_1=\sin x$，$y_2=\cos x$ 是它的两个解，且 $\dfrac{y_1}{y_2}=\tan x\neq$ 常数，即 y_1，y_2 线性无关，所以 $y=C_1y_1+C_2y_2=C_1\sin x+C_2\cos x$ (C_1，C_2 均为任意常数) 是方程 $y''+y=0$ 的通解.

定理 6.4.3 设 y^* 是方程(6-4-1)的一个特解，Y 是方程(6-4-1) 所对应的齐次方程(6-4-2)的通解，则 $y=Y+y^*$ 是方程(6-4-1)的通解.

证明 把 $y=Y+y^*$ 代入方程(6-4-1)的左端，得

$$(Y''+y^{*''})+p(Y'+y^{*'})+q(Y+y^*)=(Y''+pY'+qY)+(y^{*''}+py^{*'}+qy^*)$$

$$=0+f(x)=f(x),$$

$y=Y+y^*$ 使方程(6-4-1)的两端恒等，所以 $y=Y+y^*$ 是方程(6-4-1)的解.

定理 6.4.4 设 y_1^* 与 y_2^* 分别是方程

$$y''+P(x)y'+Q(x)y=f_1(x)$$

与

$$y''+P(x)y'+Q(x)y=f_2(x)$$

的特解，则 $y_1^*+y_2^*$ 是方程

$$y''+P(x)y'+Q(x)y=f_1(x)+f_2(x)$$

的特解.

二、二阶常系数齐次线性微分方程的解法

现在我们研究二阶常系数齐次线性微分方程 $y''+py'+qy=0$ 的解法. 如何求得方程的两个线性无关的特解呢？我们知道，指数函数 $y=e^{rx}$（r 为常数）和它的各阶导数都只差一个常数因子，根据指数函数的这个特点，我们用 $y=e^{rx}$ 来试着看能否选取适当的常数 r，使 $y=e^{rx}$ 满足方程(6-4-2).

将 $y=e^{rx}$ 求导，得

$$y'=re^{rx},\ y''=r^2e^{rx},$$

把 y，y'，y''代入方程(6-4-2)，得

$$(r^2+pr+q)e^{rx}=0,$$

因为 $e^{rx}\neq0$，所以只有

$$r^2+pr+q=0. \tag{6-4-3}$$

只要 r 满足方程(6-4-3)，$y=e^{rx}$ 就是方程(6-4-2)的解.

称方程(6-4-3) 为微分方程(6-4-2)的**特征方程**，特征方程的根称为**特征根**.

特征方程(6-4-3)的两个根为 $r_{1,2}=\dfrac{-p\pm\sqrt{p^2-4q}}{2}$，因此方程(6-4-2)的通解有下列三种不同的情形.

(1) 当 $p^2-4q>0$ 时，r_1，r_2 方程是(6-4-3)的两个不相等的实根，

$$r_1=\frac{-p+\sqrt{p^2-4q}}{2},\ r_2=\frac{-p-\sqrt{p^2-4q}}{2},$$

$y_1=e^{r_1x}$，$y_2=e^{r_2x}$ 是方程(6-4-2)的两个特解，并且 $\dfrac{y_1}{y_2}=e^{(r_1-r_2)x}\neq$ 常数，即 y_1 与 y_2 线性无关. 根据定理 6.4.2，得方程(6-4-2)的通解为 $y=C_1e^{r_1x}+C_2e^{r_2x}$.

(2) 当 $p^2-4q=0$ 时，r_1，r_2 是方程(6-4-3)的两个相等的实根，$r_1=r_2=-\dfrac{p}{2}$，这时只能得到方程(6-4-2)的一个特解 $y_1=e^{r_1x}$，还需求出另一个解 y_2，且 $\dfrac{y_2}{y_1}\neq$ 常数，设 $\dfrac{y_2}{y_1}=u(x)$，即

$$y_2=e^{r_1x}u(x),$$

$$y'_2=e^{r_1x}(u'+r_1u),$$
$$y''_2=e^{r_1x}(u''+2r_1u'+r_1^2u).$$

将 y_2，y'_2，y''_2 代入方程(6-4-2)，得

$$e^{r_1x}[(u''+2r_1u'+r_1^2u)+p(u'+r_1u)+qu]=0.$$

整理，得

$$e^{r_1x}[u''+(2r_1+p)u'+(r_1^2+pr_1+q)u]=0.$$

因为 $e^{r_1x}\neq 0$，所以

$$u''+(2r_1+p)u'+(r_1{}^2+pr_1+q)u=0.$$

因为 r_1 是特征方程(6-4-3)的二重根，所以

$$r_1{}^2+pr_1+q=0,\quad 2r_1+p=0,$$

从而

$$u''=0.$$

因为我们只需一个不为常数的解，不妨取 $u=x$，可得到方程(6-4-2)的另一个解

$$y_2=xe^{r_1x}.$$

那么，方程(6-4-2)的通解为

$$y=C_1e^{r_1x}+C_2xe^{r_1x},$$

即

$$y=(C_1+C_2x)e^{r_1x}.$$

(3) 当 $p^2-4q<0$ 时，特征方程(6-4-3)有一对共轭复根，

$$r_1=\alpha+i\beta,\ r_2=\alpha-i\beta\ (\beta\neq 0),$$

于是

$$y_1=e^{(\alpha+i\beta)x},\ y_2=e^{(\alpha-i\beta)x}.$$

利用欧拉公式 $e^{ix}=\cos x+i\sin x$ 把 y_1，y_2 改写为

$$y_1=e^{(\alpha+i\beta)x}=e^{\alpha x}\cdot e^{i\beta x}=e^{\alpha x}(\cos\beta x+i\sin\beta x),$$
$$y_2=e^{(\alpha-i\beta)x}=e^{\alpha x}\cdot e^{-i\beta x}=e^{\alpha x}(\cos\beta x-i\sin\beta x).$$

y_1，y_2 之间成共轭关系，取

$$\overline{y_1}=\frac{1}{2}(y_1+y_2)=e^{\alpha x}\cos\beta x,$$

$$\overline{y_2}=\frac{1}{2i}(y_1-y_2)=e^{\alpha x}\sin\beta x,$$

$$\frac{\overline{y_2}}{\overline{y_1}}=\frac{e^{\alpha x}\sin\beta x}{e^{\alpha x}\cos\beta x}=\tan\beta x\neq \text{常数},$$

即 $\overline{y_1}$ 与 $\overline{y_2}$ 线性无关，所以方程(6-4-2)的通解为

$$y=e^{\alpha x}(C_1\cos\beta x+C_2\sin\beta x).$$

综上所述，求二阶常系数齐次线性微分方程通解的步骤如下：

(1) 写出方程(6-4-2)的特征方程

$$r^2+pr+q=0.$$

(2) 求特征方程的两个根 r_1，r_2.

(3) 根据 r_1，r_2 的不同情形，按下表写出方程(6-4-2)的通解.

特征方程 $r^2+pr+q=0$ 的两个根 r_1，r_2	方程 $y''+py'+qy=0$ 的通解
两个不相等的实根 $r_1\neq r_2$	$y=C_1\mathrm{e}^{r_1x}+C_2\mathrm{e}^{r_2x}$
两个相等的实根 $r_1=r_2$	$y=(C_1+C_2x)\mathrm{e}^{r_1x}$
一对共轭复根 $r_{1,2}=\alpha\pm\mathrm{i}\beta$	$y=\mathrm{e}^{\alpha x}(C_1\cos\beta x+C_2\sin\beta x)$

例 6.4.2 求方程 $y''+2y'-3y=0$ 的通解.

解 所给方程的特征方程为

$$r^2+2r-3=0,$$

其根为

$$r_1=-3,\ r_2=1,$$

所以原方程的通解为

$$y=C_1\mathrm{e}^{-3x}+C_2\mathrm{e}^{x}.$$

例 6.4.3 求方程 $y''+2y'+5y=0$ 的通解.

解 所给方程的特征方程为

$$r^2+2r+5=0,$$

其根为

$$r_1=-1+2\mathrm{i},\ r_2=-1-2\mathrm{i},$$

所以原方程的通解为

$$y=\mathrm{e}^{-x}(C_1\cos 2x+C_2\sin 2x).$$

例 6.4.4 求方程 $\frac{\mathrm{d}^2S}{\mathrm{d}t^2}+2\frac{\mathrm{d}S}{\mathrm{d}t}+S=0$ 满足初始条件 $S\Big|_{t=0}=4$，$S'\Big|_{t=0}=-2$ 的特解.

解 所给方程的特征方程为

$$r^2+2r+1=0,$$

其根为

$$r_1=r_2=-1,$$

故通解为

$$S=(C_1+C_2t)\mathrm{e}^{-t}.$$

将初始条件 $S\Big|_{t=0}=4$ 代入，得 $C_1=4$，于是

$$S=(4+C_2t)\mathrm{e}^{-t},$$

对其求导，得

$$S'=(C_2-4-C_2t)\mathrm{e}^{-t}.$$

将初始条件 $S'\Big|_{t=0}=-2$ 代入，得 $C_2=2$.

因此所求特解为

$$S=(4+2t)\mathrm{e}^{-t}.$$

三、二阶常系数非齐次线性微分方程的解法

二阶常系数非齐次线性微分方程的一般形式为 $y''+py'+qy=f(x)$，其中 p、q 均为实数，根据解的结构，其通解为 $y=Y+y^*$，其中 Y 为对应的齐次方程式的通解，y^* 是该非齐次方程的一个特解. 下面主要针对两种形式的自由项 $f(x)$，用待定系数法得到 y^*.

1. $f(x)=e^{\lambda x}P_m(x)$ 型的解法

$f(x)=e^{\lambda x}P_m(x)$，其中 λ 为常数，$P_m(x)$ 是关于 x 的一个 m 次多项式.

方程(6-4-1)的右端 $f(x)$ 是多项式 $P_m(x)$ 与指数函数 $e^{\lambda x}$ 乘积的导数仍为同一类型函数，因此方程(6-4-1)的特解可能为 $y^*=Q(x)e^{\lambda x}$，其中 $Q(x)$ 是某个多项式函数.

把
$$y^*=Q(x)e^{\lambda x},$$
$$y^{*\prime}=[\lambda Q(x)+Q'(x)]e^{\lambda x},$$
$$y^{*\prime\prime}=[\lambda^2 Q(x)+2\lambda Q'(x)+Q''(x)]e^{\lambda x}$$

代入方程(6-4-1)并消去 $e^{\lambda x}$，得

$$Q''(x)+(2\lambda+p)Q'(x)+(\lambda^2+p\lambda+q)Q(x)=P_m(x). \tag{6-4-4}$$

以下分三种不同的情形，分别讨论函数 $Q(x)$ 的确定方法：

(1) 若 λ 不是方程(6-4-2)的特征方程 $r^2+pr+q=0$ 的根，即 $\lambda^2+p\lambda+q\neq 0$，要使式(6-4-4)的两端恒等，可令 $Q(x)$ 为另一个 m 次多项式 $Q_m(x)$：

$$Q_m(x)=b_0+b_1x+b_2x^2+\cdots+b_mx^m.$$

代入式(6-4-4)，并比较两端关于 x 同次幂的系数，就得到关于未知数 b_0，b_1，…，b_m 的 $m+1$ 个方程. 联立解方程组可以确定出 $b_i(i=0,1,\cdots,m)$. 从而得到所求方程的特解为

$$y^*=Q_m(x)e^{\lambda x}.$$

(2) 若 λ 是特征方程 $r^2+pr+q=0$ 的单根，即 $\lambda^2+p\lambda+q=0$，$2\lambda+p\neq 0$，要使式(6-4-4)成立，则 $Q'(x)$ 必须是 m 次多项式函数，可令

$$Q(x)=xQ_m(x),$$

用同样的方法来确定 $Q_m(x)$ 的系数 $b_i(i=0,1,\cdots,m)$.

(3) 若 λ 是特征方程 $r^2+pr+q=0$ 的重根，即 $\lambda^2+p\lambda+q=0$，$2\lambda+p=0$，要使式(6-4-4)成立，则 $Q''(x)$ 必须是一个 m 次多项式，可令

$$Q(x)=x^2Q_m(x),$$

用同样的方法来确定 $Q_m(x)$ 的系数.

综上所述，若方程(6-4-1)中的 $f(x)=P_m(x)e^{\lambda x}$，则方程(6-4-1)的特解为

$$y^*=x^kQ_m(x)e^{\lambda x},$$

其中 $Q_m(x)$ 是与 $P_m(x)$ 同次多项式，k 按 λ 不是特征方程的根、是特征方程的单根或是特征方程的重根依次取 0、1、2.

求解二阶常系数非齐次线性微分方程通解的步骤如下：

(1) 写出特征方程，并求出特征根；

(2) 求出对应齐次方程的通解 Y；

(3) 根据 λ 与特征根的关系确定特解形式，并代入原方程后确定其中的系数，从而得到 y^*；

(4) 写成 $y=Y+y^*$.

例 6.4.5 下列方程具有什么样形式的特解？

(1) $y''+5y'+6y=e^{3x}$；

(2) $y''+5y'+6y=3xe^{-2x}$；

(3) $y''+2y'+y=-(3x^2+1)e^{-x}$.

解 (1) 因为 $\lambda=3$ 不是特征方程 $r^2+5r+6=0$ 的根，所以方程具有特解形式：

$$y^*=b_0e^{3x};$$

(2) 因为 $\lambda=-2$ 是特征方程 $r^2+5r+6=0$ 的单根，所以方程具有特解形式：

$$y^*=x(b_0x+b_1)e^{-2x};$$

(3) 因为 $\lambda=-1$ 是特征方程 $r^2+2r+1=0$ 的二重根，所以方程具有特解形式：

$$y^*=x^2(b_0x^2+b_1x+b_2)e^{-x}.$$

例 6.4.6 求方程 $y''+2y'=3e^{-2x}$ 的一个特解.

解 $f(x)$是 $P_m(x)e^{\lambda x}$型，且 $P_m(x)=3$，$\lambda=-2$，对应齐次方程的特征方程为 $r^2+2r=0$，特征根为 $r_1=0$，$r_2=-2$.

$\lambda=-2$ 是特征方程的单根，令

$$y^*=xb_0e^{-2x},$$

代入原方程，解得

$$b_0=-\frac{3}{2}.$$

故所求特解为

$$y^*=-\frac{3}{2}xe^{-2x}.$$

例 6.4.7 求方程 $y''-2y'-3y=3x+1$ 的一个特解.

解 题设方程右端的自由项为 $f(x)=P_m(x)e^{\lambda x}$ 型，其中 $P_m(x)=3x+1$，$\lambda=0$. 对应的齐次方程的特征方程为 $r^2-2r-3=0$，特征根为 $r_1=-1$，$r_2=3$.

因为 $\lambda=0$ 不是特征方程的根，所以设特解为 $y^*=b_0x+b_1$. 把它代入题设方程，得

$$-3b_0x-2b_0-3b_1=3x+1,$$

比较系数得 $\begin{cases}-3b_0=3,\\-2b_0-3b_1=1,\end{cases}$ 解得 $\begin{cases}b_0=-1,\\b_1=\dfrac{1}{3}.\end{cases}$

于是所求特解为

$$y^*=-x+\frac{1}{3}.$$

例 6.4.8 求方程 $y''-2y'=(x-1)e^x$ 的通解.

解 先求对应齐次方程 $y''-2y'+y=0$ 的通解. 其特征方程为

$$r^2-2r+1=0,\quad r_1=r_2=1,$$

齐次方程的通解为

$$Y=(C_1+C_2x)e^x.$$

再求所给方程的特解

$$\lambda=1,\ P_m(x)=x-1,$$

因为 $\lambda=1$ 是特征方程的二重根，所以

$$y^*=x^2(b_0x+b_1)e^x,$$

把它代入所给方程，并约去 e^x，得

$$6b_0x+2b_1=x-1.$$

比较系数，得

$$b_0=\frac{1}{6},\quad b_1=-\frac{1}{2}.$$

于是

$$y^*=x^2\left(\frac{x}{6}-\frac{1}{2}\right)e^x.$$

所给方程的通解为

$$y=Y+y^*=\left(C_1+C_2x-\frac{1}{2}x^2+\frac{1}{6}x^3\right)e^x.$$

例 6.4.9 求微分方程 $y''+y=x+e^x$ 的通解.

解 特征方程为 $r^2+1=0$，特征根为 $r_1=i$，$r_2=-i$，故对应齐次方程的通解为

$$Y=C_1\cos x+C_2\sin x,$$

观察可得 $y''+y=x$ 的一个特解为 $y_1^*=x$，$y''+y=e^x$ 的一个特解为 $y_2^*=\frac{1}{2}e^x$.

因此所求方程的特解为

$$y^*=x+\frac{1}{2}e^x.$$

所给方程的通解为

$$y=Y+y^*=C_1\cos x+C_2\sin x+x+\frac{1}{2}e^x.$$

2. $f(x)=e^{\lambda x}(A\cos\omega x+B\sin\omega x)$型的解法

$f(x)=e^{\lambda x}(A\cos\omega x+B\sin\omega x)$，其中 A、B、ω 均为常数.

此时，方程(6-4-1)成为

$$y''+py'+q=e^{\lambda x}(A\cos\omega x+B\sin\omega x). \tag{6-4-5}$$

这种类型的三角函数的导数，仍属同一类型，因此方程(6-4-5)的特解 y^* 也应属同一类型，可以证明方程(6-4-5)的特解形式为

$$y^*=x^ke^{\lambda x}(a\cos\omega x+b\sin\omega x),$$

其中 a，b 为待定常数. k 的取法规则是：

当 $\lambda\pm\omega i$ 不是特征方程 $r^2+pr+q=0$ 的根时，取 $k=0$；

当 $\lambda\pm\omega i$ 是特征方程 $r^2+pr+q=0$ 的根时，取 $k=1$.

例 6.4.10 求方程 $y''+2y'-3y=4\sin x$ 的一个特解.

解 $\lambda=0$，$\omega=1$，$\lambda\pm\omega i=\pm i$ 不是特征方程为 $r^2+2r-3=0$ 的根，$k=0$，因此原方程的特解形式为

$$y^*=a\cos x+b\sin x.$$

于是

$$y^{*\prime}=-a\sin x+b\cos x,$$
$$y^{*\prime\prime}=-a\cos x-b\sin x.$$

将 y^*，$y^{*\prime}$，$y^{*\prime\prime}$代入原方程，得

$$\begin{cases}-4a+2b=0,\\ -2a-4b=4.\end{cases}$$

解得

$$a=-\frac{2}{5},\ b=-\frac{4}{5}.$$

故原方程的特解为

$$y^*=-\frac{2}{5}\cos x-\frac{4}{5}\sin x.$$

例 6.4.11 求方程 $y''-3y'+2y=\mathrm{e}^{-x}\cos x$ 的一个特解.

解 $\lambda=-1$，$\omega=2$，$\lambda\pm\omega\mathrm{i}=-1\pm2\mathrm{i}$ 不是特征方程 $r^2+1=0$ 的根，$k=0$，因此原方程的特解形式为

$$y^*=\mathrm{e}^{-x}(a\cos x+b\sin x).$$

于是

$$\begin{aligned}y^{*\prime}&=-\mathrm{e}^{-x}(a\cos x+b\sin x)+\mathrm{e}^{-x}(-a\sin x+b\cos x)\\&=\mathrm{e}^{-x}[(-a+b)\cos x-(a+b)\sin x],\end{aligned}$$
$$y^{*\prime\prime}=-\mathrm{e}^{-x}[(-a+b)\cos x-(a+b)\sin x]+\mathrm{e}^{-x}[(a-b)\sin x-(a+b)\cos x].$$

将 y^*，$y^{*\prime}$，$y^{*\prime\prime}$代入原方程，得

$$\begin{cases}5(a+b)=0,\\ 5(a-b)=1.\end{cases}$$

解得

$$a=\frac{1}{10},\ b=-\frac{1}{10}.$$

故原方程的一个特解为

$$y^*=\frac{1}{10}\mathrm{e}^{-x}(\cos x-\sin x).$$

例 6.4.12 求方程 $y''-2y'-3y=\mathrm{e}^x+\sin x$ 的通解.

解 先求对应的齐次方程的通解 Y. 对应的齐次方程的特征方程为

$$r^2-2r-3=0,$$

解得

$$r_1=-1,\ r_2=3.$$
$$Y=C_1\mathrm{e}^{-x}+C_2\mathrm{e}^{3x}.$$

再求非齐次方程的一个特解 y^*.

由于 $f(x)=\mathrm{e}^x+\sin x$，分别求出方程对应的右端项为 $f_1(x)=\mathrm{e}^x$，$f_2(x)=\sin x$ 的特解 y_1^*，y_2^*，则 $y^*=y_1^*+y_2^*$ 是原方程的一个特解.

由于 $\lambda=1$，$\lambda\pm\omega\mathrm{i}=1\pm\mathrm{i}$ 均不是特征方程的根，故特解为

$$y^*=y_1^*+y_2^*=ae^x+(b\cos x+c\sin x).$$

代入原方程，得

$$-4ae^x-(4b+2c)\cos x+(2b-4c)\sin x=e^x\sin x.$$

比较系数，得

$$-4a=1,\quad 4b+2c=0,\quad 2b-4c=1.$$

解得

$$a=-\frac{1}{4},\ b=\frac{1}{10},\ c=-\frac{1}{5}.$$

于是所给方程的一个特解为

$$y^*=-\frac{1}{4}e^x+\frac{1}{10}\cos x-\frac{1}{5}\sin x.$$

所以所求方程的通解为

$$y=Y+y^*=C_1e^{-x}+C_2e^{3x}-\frac{1}{4}e^x+\frac{1}{10}\cos x-\frac{1}{5}\sin x.$$

习题 6-4

(A)

1. 求下列微分方程的通解：

(1) $y''+y'-2y=0$； (2) $y''+6y'+13y=0$；

(3) $y''+4y'+4y=0$.

2. 求下列微分方程的特解：

(1) $y''-4y'+3y=0$，$y\Big|_{x=0}=6$，$y'\Big|_{x=0}=10$；

(2) $y''+25y=0$，$y\Big|_{x=0}=2$，$y'\Big|_{x=0}=5$；

(3) $y''-4y'+13y=0$，$y\Big|_{x=0}=2$，$y'\Big|_{x=0}=3$.

3. 求下列微分方程的通解：

(1) $y''+3y'+2y=3xe^{-x}$； (2) $y''+5y'+4y=3-2x$；

(3) $y''+4y'=x\cos x$； (4) $y''-y=\sin^2 x$.

4. 求下列微分方程的特解：

(1) $y''-3y'+2y=5$，$y(0)=6$，$y'(0)=2$；

(2) $y''+y+\sin 2x=0$，$y(\pi)=1$，$y'(\pi)=1$.

(B)

1. 下列函数组在定义域内线性无关的是(　　).

A. e^x，e^{x+1} B. x^2，$-2x^2$

C. 0，1，x D. e^x，e^{-x}

2. 三个函数 $y_1=e^x$，$y_2=e^{x-1}$，$y_3=e^{-x}$ 都是微分方程 $y''-y=0$ 的解，这个方程的通

解是(　　).

A. $y=C_1y_1+C_2y_2$　　B. $y=C_1y_1-C_2y_2+C_3y_3$

C. $y=C_2y_2+C_3y_3$　　D. $y=C_1y_1+C_2y_2+C_3y_3$

3. 设微分方程 $y''+2y'+y=0$，函数 $y^*=Cxe^{-x}$(其中 C 为任意常数)，则(　　).

A. y^* 是方程的通解　　B. y^* 是方程的特解

C. y^* 不是方程的解　　D. y^* 是方程的解

4. 微分方程 $y''+y'=0$ 的通解是(　　).

A. $y=C_1e^{-2x}+C_2$　　B. $y=C_1+C_2e^x$

C. $y=C_1+C_2e^{-x}$　　D. $y=C_1e^{2x}+C_2$

5. 微分方程 $y''+4y'+13y=0$ 的通解是(　　).

A. $y=(C_1\cos3x+C_2\sin3x)e^{2x}$　　B. $y=(C_1\cos2x+C_2\sin2x)e^{-3x}$

C. $y=(C_1\cos2x+C_2\sin2x)e^{3x}$　　D. $y=(C_1\cos3x+C_2\sin3x)e^{-2x}$

章节测试六

一、填空题：

1. 通解为 $y=Ce^x+x$ 的微分方程是__________；

2. 微分方程 $xyy'=1-x^2$ 的通解是__________；

3. 微分方程 $y'+y\tan x=\cos x$ 的通解是__________；

4. 用待定系数法求微分方程 $y''+2y'=2x^2-1$ 的一个特解时，应设特解的形式是__________；

5. 微分方程 $y''-3y'-4y=0$，满足 $y\Big|_{x=0}=0$，$y'\Big|_{x=0}=-5$ 的特解是__________.

二、求下列微分方程的通解：

1. $y'+\dfrac{e^{y^3+x}}{y^2}=0$；

2. $y'=\dfrac{y}{y-x}$；

3. $y''-3y'+2y=xe^{2x}$.

三、求下列微分方程满足所给初始条件的特解：

1. $xy\,dy=(x^2+y^2)dx$，$y|_{x=e}=2e$；

2. $y''-2y'-e^{2x}=0$，$y|_{x=0}=1$，$y'|_{x=0}=1$；

3. $y''+2y'+y=\cos x$ $y|_{x=0}=0$，$y'|_{x=0}=\dfrac{3}{2}$.

四、若方程 $y''+a^2y=0(a>0)$ 有满足 $y|_{x=0}=0$、$y'|_{x=1}=0$ 的非零解，求 a 的值.

五、一曲线过点(e，1)且在曲线上任一点的法线斜率为$\dfrac{-x\ln x}{x+y\ln x}$，求此曲线方程.

附　　录

附录 1　初等数学常用公式

一、代数

1. 绝对值

(1) 定义：$|a|=\begin{cases} a, & a\geqslant 0, \\ -a, & a<0. \end{cases}$

(2) 性质：$|a|=|a|$；$|ab|=|a|\cdot|b|$；　$\left|\dfrac{a}{b}\right|=\dfrac{|a|}{|b|}$　$(b\neq 0)$.

$$|a|\leqslant A \Leftrightarrow -A\leqslant a\leqslant A;\ |a|\geqslant A \Leftrightarrow a\geqslant A$$

或

$$a\leqslant -A;\ |a|-|b|\leqslant|a\pm b|\leqslant|a|+|b|.$$

2. 指数

(1) $a^m\cdot a^n=a^{m+n}$；

(2) $\dfrac{a^m}{a^n}=a^{m-n}$；

(3) $(ab)^m=a^m\cdot b^m$；

(4) $a^{\frac{m}{n}}=\sqrt[n]{a^m}$；

(5) $a^{-m}=\dfrac{1}{a^m}$；

(6) $a^0=1$　$(a\neq 0)$.

3. 对数

设 $a>0$，且 $a\neq 1$，则

(1) $\log_a 1=0$；

(2) $\log_a a=1$；

(3) $a^{\log_a N}=N$；

(4) $\log_a(MN)=\log_a M+\log_a N$；

(5) $\log_a\dfrac{M}{N}=\log_a M-\log_a N$；

(6) $\log_a M^n=n\log_a M$；

(7) $\log_a M=\dfrac{\log_b M}{\log_b a}$.

4. 二项式定理

$(a+b)^n=C_n^0a^n+C_n^1a^{n-1}b+\cdots+C_n^ra^{n-r}b^r+\cdots+C_n^nb^n$.

5. 数列

(1) $a+aq+aq^2+\cdots+aq^{n-1}=\dfrac{a(1-q^n)}{1-q}$　$(q\neq 1)$；

(2) $1+2+3+\cdots+n=\dfrac{n(n+1)}{2}$；

(3) $1+3+5+\cdots+(2n-1)=n^2$；

(4) $1^2+2^2+3^2+\cdots+n^2=\dfrac{n(n+1)(2n+1)}{6}$；

(5) $1^3+2^3+3^3+\cdots+n^3=\left[\dfrac{n(n+1)}{2}\right]^2$.

二、三角

1. 度与弧度

$1°=\dfrac{\pi}{180}$弧度，1 弧度$=\dfrac{180°}{\pi}$.

2. 三角恒等式

(1) 倒数关系：$\sin x\cdot\csc x=1$，$\cos x\cdot\sec x=1$，$\tan x\cot x=1$；

(2) 商关系：$\tan x=\dfrac{\sin x}{\cos x}$，$\cot x=\dfrac{\cos x}{\sin x}$；

(3) 平方关系：$\sin^2 x+\cos^2 x=1$，$\sec^2 x=1+\tan^2 x$，$\csc^2 x=1+\cot^2 x$.

3. 加法定理

(1) $\sin(x\pm y)=\sin x\cos y\pm\cos x\sin y$；

(2) $\cos(x\pm y)=\cos x\cos y\mp\sin x\sin y$；

(3) $\tan(x\pm y)=\dfrac{\tan x\pm\tan y}{1\mp\tan x\tan y}$.

4. 倍角公式

(1) $\sin 2x=2\sin x\cos x$；

(2) $\cos 2x=\cos^2 x-\sin^2 x=2\cos^2 x-1=1-2\sin^2 x$；

(3) $\tan 2x=\dfrac{2\tan x}{1-\tan^2 x}$.

5. 和差化积公式

(1) $\sin x+\sin y=2\sin\dfrac{x+y}{2}\cos\dfrac{x-y}{2}$；

(2) $\sin x-\sin y=2\cos\dfrac{x+y}{2}\sin\dfrac{x-y}{2}$；

(3) $\cos x+\cos y=2\cos\dfrac{x+y}{2}\cos\dfrac{x-y}{2}$；

(4) $\cos x-\cos y=-2\sin\dfrac{x+y}{2}\sin\dfrac{x-y}{2}$.

6. 积化和差公式

(1) $\sin x\cos y=\dfrac{1}{2}[\sin(x+y)+\sin(x-y)]$；

(2) $\cos x\sin y=\frac{1}{2}[\sin(x+y)-\sin(x-y)]$;

(3) $\cos x\cos y=\frac{1}{2}[\cos(x+y)+\cos(x-y)]$;

(4) $\sin x\sin y=-\frac{1}{2}[\cos(x+y)-\cos(x-y)]$.

7. 正弦定理

$$\frac{a}{\sin A}=\frac{b}{\sin B}=\frac{c}{\sin C}.$$

8. 余弦定理

$a^2=b^2+c^2-2bc\cos A$; $b^2=a^2+c^2-2ac\cos B$; $c^2=b^2+a^2-2ba\cos C$.

9. 三角形面积

$$S=\frac{1}{2}bc\sin A=\frac{1}{2}ac\sin B=\frac{1}{2}ab\sin C;$$

$S=\sqrt{p(p-a)(p-b)(p-c)}$,其中 $p=\frac{1}{2}(a+b+c)$.

三、几何

1. 圆　周长 $C=2\pi r$,面积 $S=\pi r^2$,其中 r 为圆的半径.

2. 平行四边形　面积 $S=bh$,其中 b 为底边长,h 为高.

3. 梯形　面积 $S=\frac{1}{2}(a+b)h$,其中 a,b 分别为上下底的长,h 为高.

4. 扇形　面积 $S=\frac{1}{2}\alpha r^2$,其中 α 为扇形的圆心角(弧度),r 为圆的半径.

5. 棱柱　体积 $V=Sh$,其中 S 为底面积,h 为高.

6. 圆柱　体积 $V=\pi r^2h$,侧面积 $S=2\pi rh$,其中 r 为底面半径,h 为高.

7. 棱锥　体积 $V=\frac{1}{3}Sh$,其中 S 为底面积,h 为高.

8. 圆锥　体积 $V=\frac{1}{3}\pi r^2h$,侧面积 $S=\pi rl$,其中 r 为底面半径,l 为母线长.

9. 棱台　体积 $V=\frac{1}{3}h(S_1+\sqrt{S_1S_2}+S_2)$,其中 S_1,S_2 分别为上下底的面积,h 为高.

10. 圆台　体积 $V=\frac{1}{3}\pi h(r^2+rR+R^2)$,侧面积 $S=\pi(r+R)l$,其中 r,R 分别为上下底面半径,h 为高,l 为母线长.

11. 球　体积 $V=\frac{4}{3}\pi r^3$,表面积 $S=4\pi r^2$,其中 r 为球的半径.

四、平面解析几何

1. 距离公式

$d=\sqrt{(x_2-x_1)^2+(y_2-y_1)^2}$，其中两点是$(x_1, y_1)$和$(x_2, y_2)$.

2. 斜率公式

$k=\dfrac{y_2-y_1}{x_2-x_1}$，其中两点是$(x_1, y_1)$和$(x_2, y_2)$.

3. 直线方程

(1) 点斜式

$y-y_1=k(x-x_1)$，其中斜率是 k，点是(x_1, y_1)；

(2) 斜截式

$y=kx+b$，其中斜率是 k，纵截距是 b；

(3) 两点式

$\dfrac{y-y_1}{y_2-y_1}=\dfrac{x-x_1}{x_2-x_1}$，其中两点是$(x_1, y_1)$和$(x_2, y_2)$；

(4) 截距式

$\dfrac{x}{a}+\dfrac{y}{b}=1$，其中横截距是 a，纵截距是 b.

4. 两直线的夹角

$\tan\theta=\dfrac{k_2-k_1}{1+k_2k_1}$，其中 k_1，k_2 分别是两直线的斜率，θ 是两直线的夹角.

5. 点到直线的距离

$d=\dfrac{|Ax_1+By_1+C|}{\sqrt{A^2+B^2}}$，其中点是$(x_1, y_1)$，直线是 $Ax+By+C=0$.

6. 直角坐标及极坐标的关系

$$\begin{cases}x=\rho\cos\theta,\\ y=\rho\sin\theta,\end{cases}\qquad \begin{cases}\rho=\sqrt{x^2+y^2},\\ \theta=\arctan\dfrac{y}{x}.\end{cases}$$

7. 圆的标准方程

$(x-a)^2+(y-b)^2=r^2$，其中圆心是(a, b)，r 为半径.

8. 椭圆的标准方程

$\dfrac{x^2}{a^2}+\dfrac{y^2}{b^2}=1$，焦点在 x 轴上；$\dfrac{y^2}{a^2}+\dfrac{x^2}{b^2}=1$，焦点在 y 轴上.

9. 双曲线的标准方程

$\dfrac{x^2}{a^2}-\dfrac{y^2}{b^2}=1$，焦点在 x 轴上；$\dfrac{y^2}{a^2}-\dfrac{x^2}{b^2}=1$，焦点在 y 轴上.

10. 抛物线的标准方程

$y^2=2px$，焦点是$\left(\frac{p}{2},\ 0\right)$，准线是 $x=-\frac{p}{2}$；

$y^2=-2px$，焦点是$\left(-\frac{p}{2},\ 0\right)$，准线是 $x=\frac{p}{2}$；

$x^2=2py$，焦点是$\left(0,\ \frac{p}{2}\right)$，准线是 $y=-\frac{p}{2}$；

$x^2=-2px$，焦点是$\left(0,\ -\frac{p}{2}\right)$，准线是 $y=\frac{p}{2}$.

附录 2　平面常用曲线及其方程

1. 笛卡儿叶形线

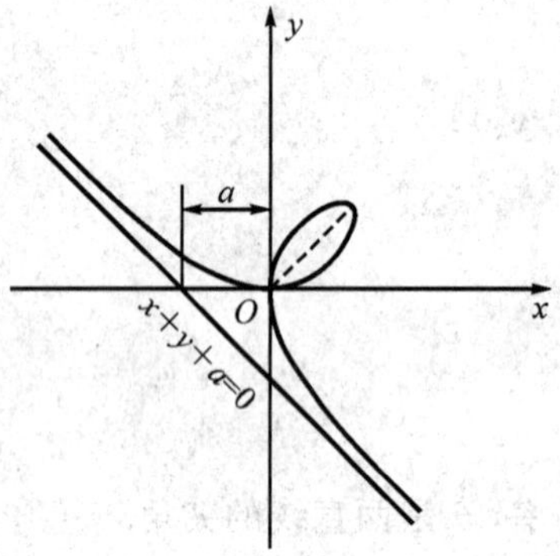

$$x^3+y^3-3axy=0$$

或 $x=\frac{3at}{1+t^3}$，$y=\frac{3at^2}{1+t^3}$

2. 抛物线

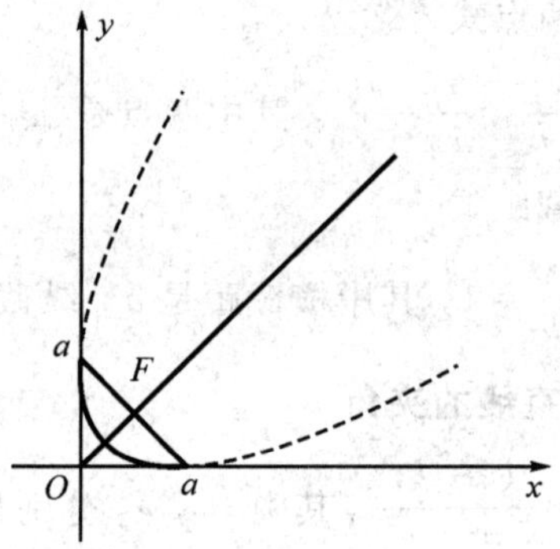

$$x^{\frac{1}{2}}+y^{\frac{1}{2}}=a^{\frac{1}{2}}$$

3. 伯努利双纽线

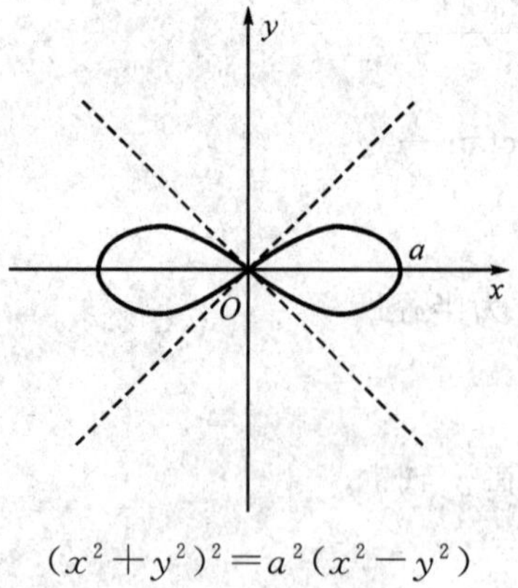

$$(x^2+y^2)^2=a^2(x^2-y^2)$$

或　$r^2=a^2\cos 2\varphi$

4. 摆线

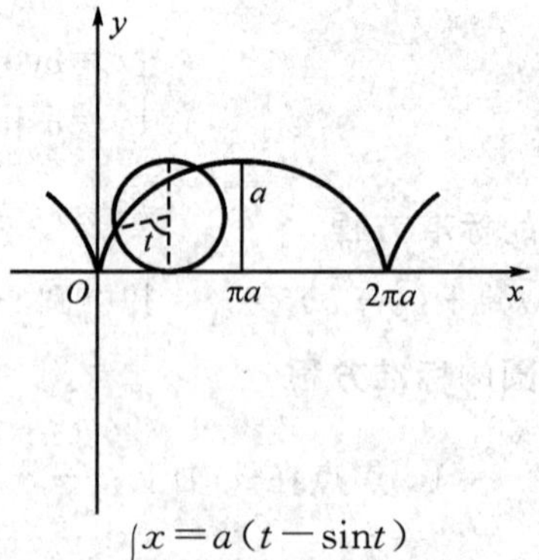

$$\begin{cases}x=a(t-\sin t)\\ y=a(1-\cos t)\end{cases}$$

5. 内摆线(星形线)

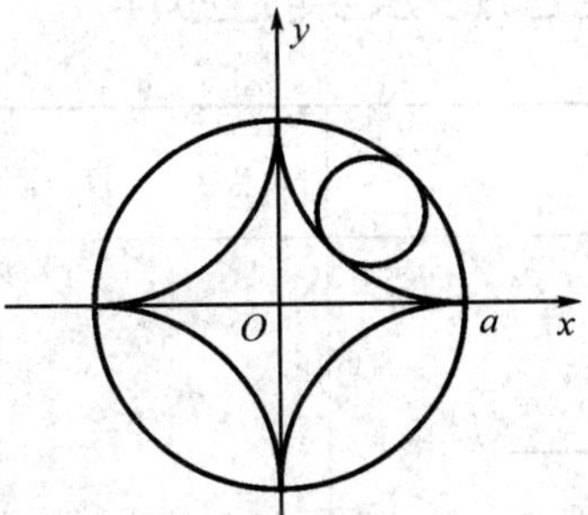

$$\begin{cases} x = a\cos^3 t \\ y = a\sin^3 t \end{cases}$$

或　$x^{\frac{2}{3}} + y^{\frac{2}{3}} = a^{\frac{2}{3}}$

6. 心脏形线

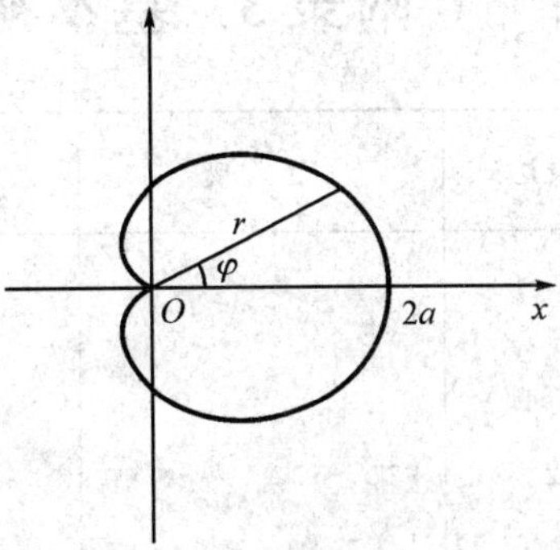

$$r = a(1 + \cos\varphi)$$

7. 圆的渐伸线(渐开线)

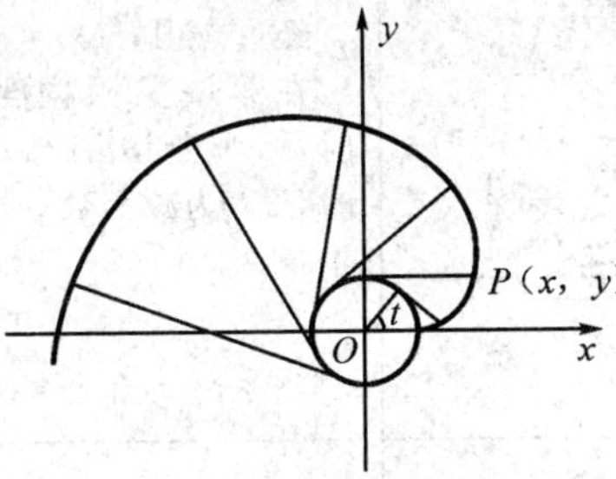

$$\begin{cases} x = a(\cos t + t\sin t) \\ y = a(\sin t - t\cos t) \end{cases}$$

8. 阿基米德螺线

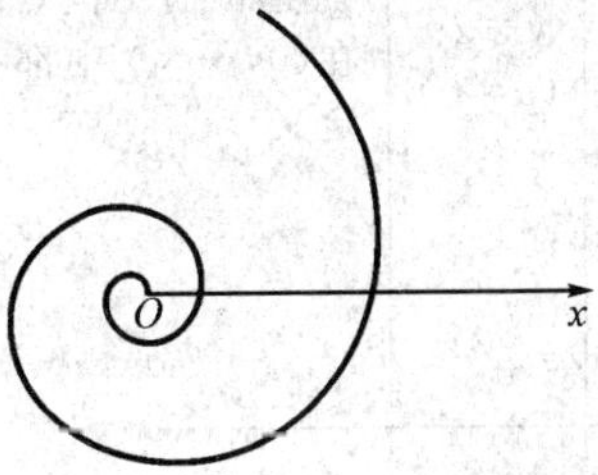

$$r = a\theta \quad (r \geqslant 0)$$

9. 双曲螺线

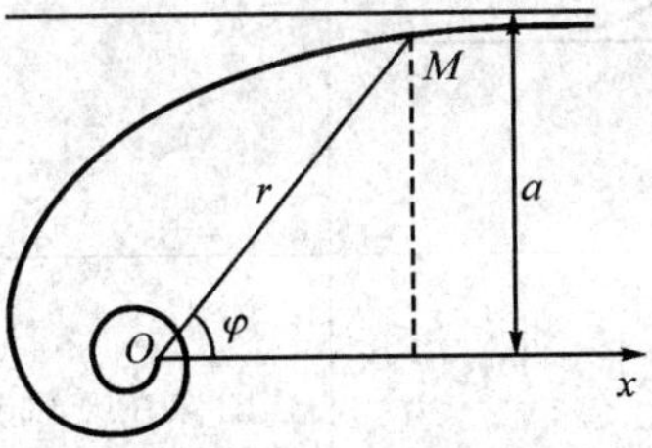

$$r = \frac{a}{\varphi} \quad (r > 0)$$

10. 对数螺线

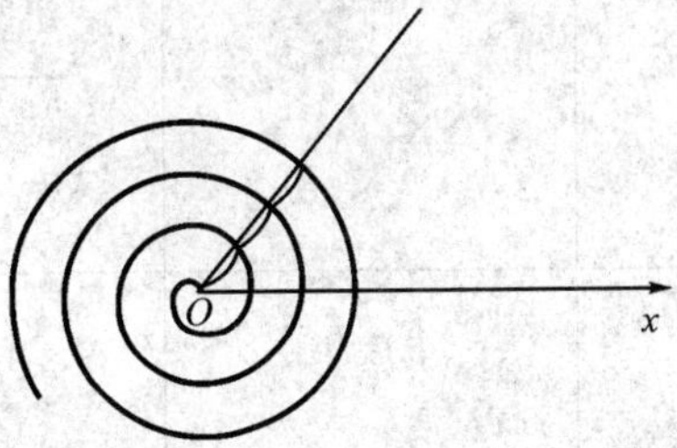

$$r = e^{a\varphi}$$

附录 3 基本初等函数的图形及其性质

<table>
<tr><th>名称</th><th>表达式</th><th>定义域</th><th>图　形</th><th>特　性</th></tr>
<tr><td>常数函数</td><td>$y=c$</td><td>$(-\infty,+\infty)$</td><td>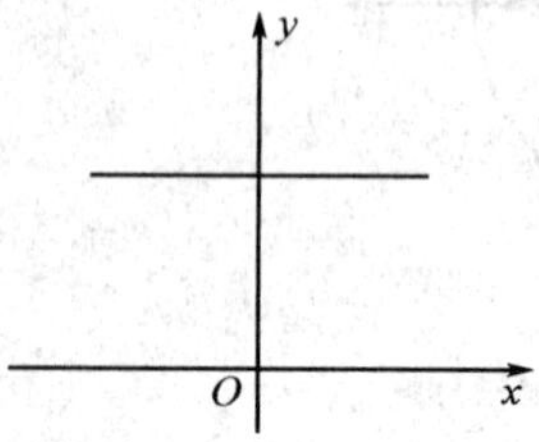</td><td></td></tr>
<tr><td>幂函数</td><td>$y=x^{\mu}$
$(\mu\neq 0)$</td><td>随 μ 而不同，但在$(0,+\infty)$中都有定义</td><td>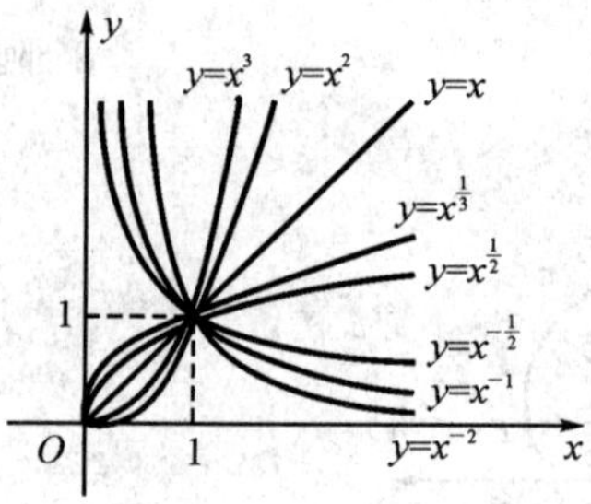</td><td>经过点(1，1)；
在第一象限内当 $\mu>0$ 时，x^{μ} 为增函数；$\mu<0$ 时，x^{μ} 为减函数</td></tr>
<tr><td>指数函数</td><td>$y=a^{x}$
$(a>0,$
$a\neq 1)$</td><td>$(-\infty,+\infty)$</td><td>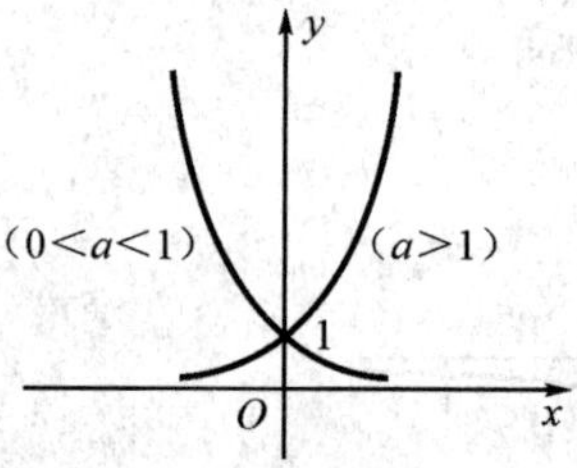</td><td>图像在 x 轴上方(因 $a^{x}>0$)，且都通过点(0，1)；
当 $0<a<1$ 时，ax 是减函数；当 $a>1$ 时，a^{x} 是增函数</td></tr>
<tr><td>对数函数</td><td>$y=\log_a x$
$(a>0,$
$a\neq 1)$</td><td>$(0,+\infty)$</td><td>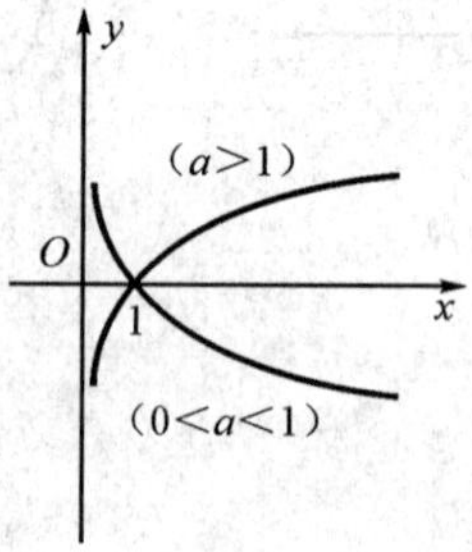</td><td>图像在 y 轴右侧(因 0 与负数都没有对数)，都通过点(1，0)；
当 $0<a<1$ 时，$\log_a x$ 是减函数；
当 $a>1$ 时，$\log_a x$ 是增函数</td></tr>
</table>

续表一

名称		表达式	定义域	图形	特性
三角函数	正弦函数	$y=\sin x$	$(-\infty,+\infty)$	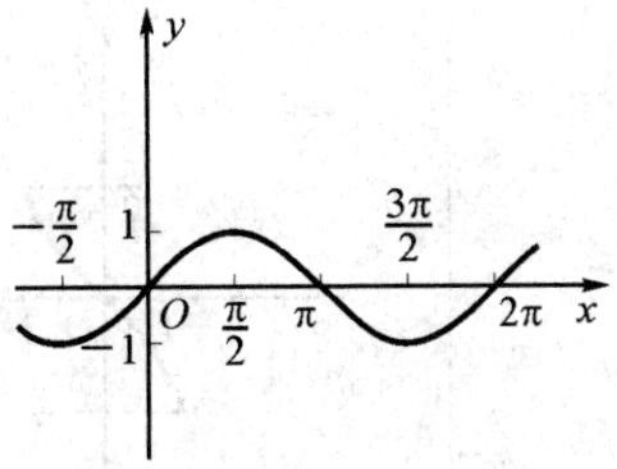	是以 2π 为周期的奇函数(图形关于原点对称)，图形在两直线 $y=1$ 与 $y=-1$ 之间，即 $\lvert\sin x\rvert\leqslant 1$
三角函数	余弦函数	$y=\cos x$	$(-\infty,+\infty)$	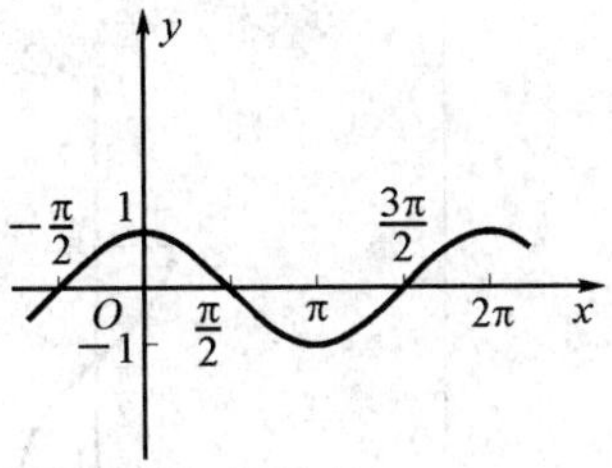	是以 2π 为周期的偶函数(图形关于 y 轴对称)，图形在两直线 $y=1$ 与 $y=-1$ 之间，即 $\lvert\cos x\rvert\leqslant 1$
三角函数	正切函数	$y=\tan x$	$x\neq(2k+1)\dfrac{\pi}{2}$ ($k=0,\ \pm1,\ \pm2,\ \cdots$)	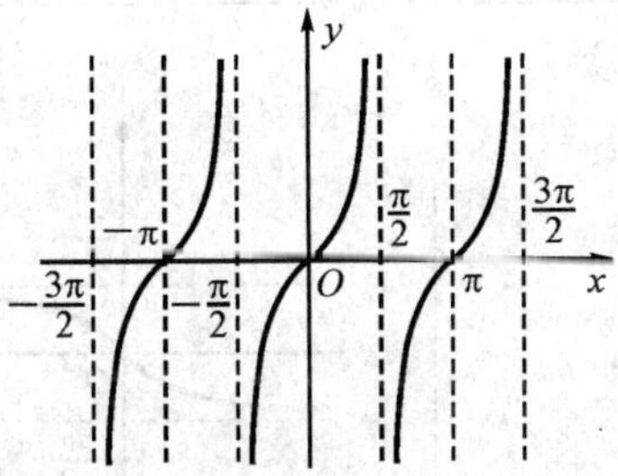	是以 π 为周期的奇函数，在 $\left(-\dfrac{\pi}{2},\ \dfrac{\pi}{2}\right)$ 内是增函数
三角函数	余切函数	$y=\cot x$	$x\neq k\pi$ ($k=0,\ \pm1,\ \pm2,\ \cdots$)	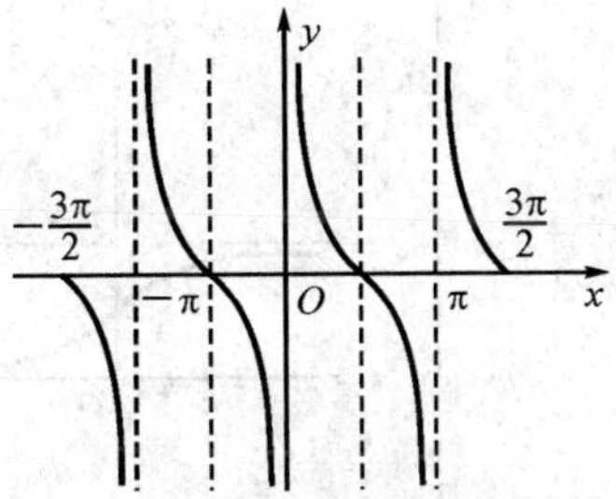	是以 π 为周期的奇函数，在 $(0,\ \pi)$ 内是减函数

续表二

名称		表达式	定义域	图　形	特　性
反三角函数	反正弦函数	$y=\arcsin x$	$[-1, 1]$	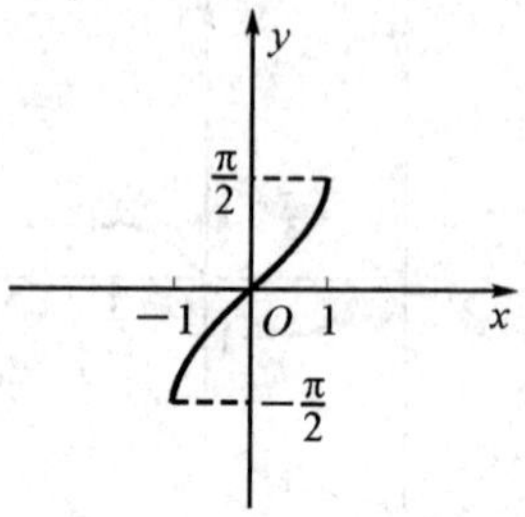	单调增加的奇函数， 值域：$-\frac{\pi}{2}\leqslant y\leqslant\frac{\pi}{2}$
	反余弦函数	$y=\arccos x$	$[-1, 1]$	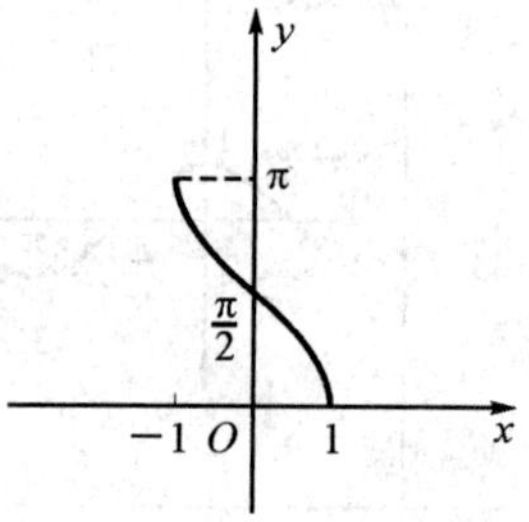	单调减少， 值域：$0\leqslant y\leqslant\pi$
	反正切函数	$y=\arctan x$	$(-\infty, +\infty)$	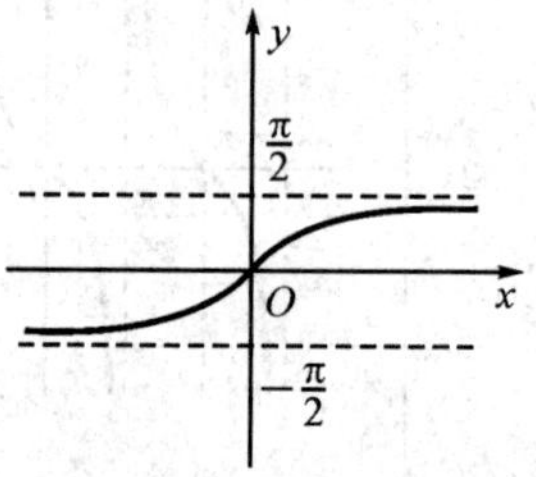	单调增加的奇函数， 值域：$-\frac{\pi}{2}<y<\frac{\pi}{2}$
	反余切函数	$y=\operatorname{arccot} x$	$(-\infty, \infty)$	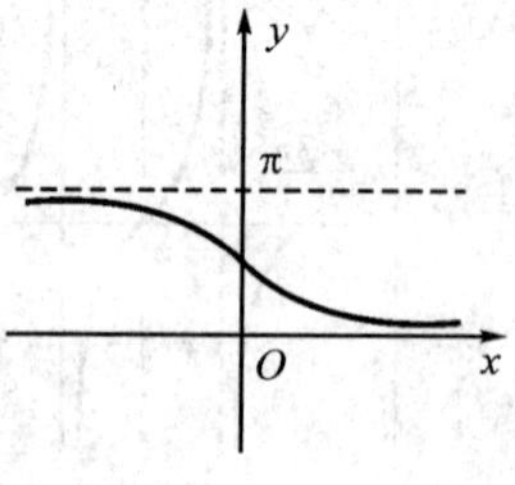	单调减少， 值域：$0<y<\pi$

附录 4　积分表大全

一、含有 $ax+b$ 的积分($a\neq 0$)

1. $\int \frac{dx}{ax+b}=\frac{1}{a}\ln|ax+b|+C$

2. $\int (ax+b)^{\mu}dx=\frac{1}{a(\mu+1)}(ax+b)^{\mu+1}+C\quad(\mu\neq -1)$

3. $\int \frac{x}{ax+b}dx=\frac{1}{a^2}(ax+b-b\ln|ax+b|)+C$

4. $\int \frac{x^2}{ax+b}dx=\frac{1}{a^3}\left[\frac{1}{2}(ax+b)^2-2b(ax+b)+b^2\ln|ax+b|\right]+C$

5. $\int \frac{dx}{x(ax+b)}=-\frac{1}{b}\ln\left|\frac{ax+b}{x}\right|+C$

6. $\int \frac{dx}{x^2(ax+b)}=-\frac{1}{bx}+\frac{a}{b^2}\ln\left|\frac{ax+b}{x}\right|+C$

7. $\int \frac{x}{(ax+b)^2}dx=\frac{1}{a^2}\left(\ln|ax+b|+\frac{b}{ax+b}\right)+C$

8. $\int \frac{x^2}{(ax+b)^2}dx=\frac{1}{a^3}\left(ax+b-2b\ln|ax+b|-\frac{b^2}{ax+b}\right)+C$

9. $\int \frac{dx}{x(ax+b)^2}=\frac{1}{b(ax+b)}-\frac{1}{b^2}\ln\left|\frac{ax+b}{x}\right|+C$

二、含有 $\sqrt{ax+b}$ 的积分

10. $\int \sqrt{ax+b}\,dx=\frac{2}{3a}\sqrt{(ax+b)^3}+C$

11. $\int x\sqrt{ax+b}\,dx=\frac{2}{15a^2}(3ax-2b)\sqrt{(ax+b)^3}+C$

12. $\int x^2\sqrt{ax+b}\,dx=\frac{2}{105a^3}(15a^2x^2-12abx+8b^2)\sqrt{(ax+b)^3}+C$

13. $\int \frac{x}{\sqrt{ax+b}}dx=\frac{2}{3a^2}(ax-2b)\sqrt{ax+b}+C$

14. $\int \frac{x^2}{\sqrt{ax+b}}dx=\frac{2}{15a^3}(3a^2x^2-4abx+8b^2)\sqrt{ax+b}+C$

15. $\int \frac{dx}{x\sqrt{ax+b}}=\begin{cases}\frac{1}{\sqrt{b}}\ln\left|\frac{\sqrt{ax+b}-\sqrt{b}}{\sqrt{ax+b}+\sqrt{b}}\right|+C & (b>0)\\ \frac{2}{\sqrt{-b}}\arctan\sqrt{\frac{ax+b}{-b}}+C & (b<0)\end{cases}$

16. $\int \frac{dx}{x^2\sqrt{ax+b}} = -\frac{\sqrt{ax+b}}{bx} - \frac{a}{2b}\int \frac{dx}{x\sqrt{ax+b}}$

17. $\int \frac{\sqrt{ax+b}}{x}dx = 2\sqrt{ax+b} + b\int \frac{dx}{x\sqrt{ax+b}}$

18. $\int \frac{\sqrt{ax+b}}{x^2}dx = -\frac{\sqrt{ax+b}}{x} + \frac{a}{2}\int \frac{dx}{x\sqrt{ax+b}}$

三、含有 $x^2 \pm a^2$ 的积分

19. $\int \frac{dx}{x^2+a^2} = \frac{1}{a}\arctan\frac{x}{a} + C$

20. $\int \frac{dx}{x^2-a^2} = \frac{1}{2a}\ln\left|\frac{x-a}{x+a}\right| + C$

21. $\int \frac{dx}{(x^2+a^2)^n} = \frac{x}{2(n-1)a^2(x^2+a^2)^{n-1}} + \frac{2n-3}{2(n-1)a^2}\int \frac{dx}{(x^2+a^2)^{n-1}}$

四、含有 $ax^2+b(a>0)$ 的积分

22. $\int \frac{dx}{ax^2+b} = \begin{cases} \frac{1}{\sqrt{ab}}\arctan\sqrt{\frac{a}{b}}x + C & (b>0) \\ \frac{1}{2\sqrt{-ab}}\ln\left|\frac{\sqrt{a}x-\sqrt{-b}}{\sqrt{a}x+\sqrt{-b}}\right| + C & (b<0) \end{cases}$

23. $\int \frac{x}{ax^2+b}dx = \frac{1}{2a}\ln|ax^2+b| + C$

24. $\int \frac{x^2}{ax^2+b}dx = \frac{x}{a} - \frac{b}{a}\int \frac{dx}{ax^2+b}$

25. $\int \frac{dx}{x(ax^2+b)} = \frac{1}{2b}\ln\frac{x^2}{|ax^2+b|} + C$

26. $\int \frac{dx}{x^2(ax^2+b)} = -\frac{1}{bx} - \frac{a}{b}\int \frac{dx}{ax^2+b}$

27. $\int \frac{dx}{x^3(ax^2+b)} = \frac{a}{2b^2}\ln\frac{|ax^2+b|}{x^2} - \frac{1}{2bx^2} + C$

28. $\int \frac{dx}{(ax^2+b)^2} = \frac{x}{2b(ax^2+b)} + \frac{1}{2b}\int \frac{dx}{ax^2+b}$

五、含有 $ax^2+bx+c(a>0)$ 的积分

29. $\int \frac{dx}{ax^2+bx+c} = \begin{cases} \frac{2}{\sqrt{4ac-b^2}}\arctan\frac{2ax+b}{\sqrt{4ac-b^2}} + C & (b^2<4ac) \\ \frac{1}{\sqrt{b^2-4ac}}\ln\left|\frac{2ax+b-\sqrt{b^2-4ac}}{2ax+b+\sqrt{b^2-4ac}}\right| + C & (b^2>4ac) \end{cases}$

30. $\int \frac{x}{ax^2+bx+c}\mathrm{d}x = \frac{1}{2a}\ln|ax^2+bx+c| - \frac{b}{2a}\int \frac{\mathrm{d}x}{ax^2+bx+c}$

六、含有$\sqrt{x^2+a^2}\,(a>0)$的积分

31. $\int \frac{\mathrm{d}x}{\sqrt{x^2+a^2}} = \operatorname{arsh}\frac{x}{a} + C_1 = \ln(x+\sqrt{x^2+a^2}) + C$

32. $\int \frac{\mathrm{d}x}{\sqrt{(x^2+a^2)^3}} = \frac{x}{a^2\sqrt{x^2+a^2}} + C$

33. $\int \frac{x}{\sqrt{x^2+a^2}}\mathrm{d}x = \sqrt{x^2+a^2} + C$

34. $\int \frac{x}{\sqrt{(x^2+a^2)^3}}\mathrm{d}x = -\frac{1}{\sqrt{x^2+a^2}} + C$

35. $\int \frac{x^2}{\sqrt{x^2+a^2}}\mathrm{d}x = \frac{x}{2}\sqrt{x^2+a^2} - \frac{a^2}{2}\ln(x+\sqrt{x^2+a^2}) + C$

36. $\int \frac{x^2}{\sqrt{(x^2+a^2)^3}}\mathrm{d}x = -\frac{x}{\sqrt{x^2+a^2}} + \ln(x+\sqrt{x^2+a^2}) + C$

37. $\int \frac{\mathrm{d}x}{x\sqrt{x^2+a^2}} = \frac{1}{a}\ln\frac{\sqrt{x^2+a^2}-a}{|x|} + C$

38. $\int \frac{\mathrm{d}x}{x^2\sqrt{x^2+a^2}} = -\frac{\sqrt{x^2+a^2}}{a^2x} + C$

39. $\int \sqrt{x^2+a^2}\,\mathrm{d}x = \frac{x}{2}\sqrt{x^2+a^2} + \frac{a^2}{2}\ln(x+\sqrt{x^2+a^2}) + C$

40. $\int \sqrt{(x^2+a^2)^3}\,\mathrm{d}x = \frac{x}{8}(2x^2+5a^2)\sqrt{x^2+a^2} + \frac{3}{8}a^4\ln(x+\sqrt{x^2+a^2}) + C$

41. $\int x\sqrt{x^2+a^2}\,\mathrm{d}x = \frac{1}{3}\sqrt{(x^2+a^2)^3} + C$

42. $\int x^2\sqrt{x^2+a^2}\,\mathrm{d}x = \frac{x}{8}(2x^2+a^2)\sqrt{x^2+a^2} - \frac{a^4}{8}\ln(x+\sqrt{x^2+a^2}) + C$

43. $\int \frac{\sqrt{x^2+a^2}}{x}\mathrm{d}x = \sqrt{x^2+a^2} + a\ln\frac{\sqrt{x^2+a^2}-a}{|x|} + C$

44. $\int \frac{\sqrt{x^2+a^2}}{x^2}\mathrm{d}x = -\frac{\sqrt{x^2+a^2}}{x} + \ln(x+\sqrt{x^2+a^2}) + C$

七、含有$\sqrt{x^2-a^2}\,(a>0)$的积分

45. $\int \frac{\mathrm{d}x}{\sqrt{x^2-a^2}} = \frac{x}{|x|}\operatorname{arch}\frac{|x|}{a} + C_1 = \ln\left|x+\sqrt{x^2-a^2}\right| + C$

46. $\int \frac{\mathrm{d}x}{\sqrt{(x^2-a^2)^3}} = -\frac{x}{a^2\sqrt{x^2-a^2}} + C$

47. $\int \frac{x}{\sqrt{x^2-a^2}}\mathrm{d}x=\sqrt{x^2-a^2}+C$

48. $\int \frac{x}{\sqrt{(x^2-a^2)^3}}\mathrm{d}x=-\frac{1}{\sqrt{x^2-a^2}}+C$

49. $\int \frac{x^2}{\sqrt{x^2-a^2}}\mathrm{d}x=\frac{x}{2}\sqrt{x^2-a^2}+\frac{a^2}{2}\ln\left|x+\sqrt{x^2-a^2}\right|+C$

50. $\int \frac{x^2}{\sqrt{(x^2-a^2)^3}}\mathrm{d}x=-\frac{x}{\sqrt{x^2-a^2}}+\ln\left|x+\sqrt{x^2-a^2}\right|+C$

51. $\int \frac{\mathrm{d}x}{x\sqrt{x^2-a^2}}=\frac{1}{a}\arccos\frac{a}{|x|}+C$

52. $\int \frac{\mathrm{d}x}{x^2\sqrt{x^2-a^2}}=\frac{\sqrt{x^2-a^2}}{a^2x}+C$

53. $\int \sqrt{x^2-a^2}\,\mathrm{d}x=\frac{x}{2}\sqrt{x^2-a^2}-\frac{a^2}{2}\ln\left|x+\sqrt{x^2-a^2}\right|+C$

54. $\int \sqrt{(x^2-a^2)^3}\,\mathrm{d}x=\frac{x}{8}(2x^2-5a^2)\sqrt{x^2-a^2}+\frac{3}{8}a^4\ln\left|x+\sqrt{x^2-a^2}\right|+C$

55. $\int x\sqrt{x^2-a^2}\,\mathrm{d}x=\frac{1}{3}\sqrt{(x^2-a^2)^3}+C$

56. $\int x^2\sqrt{x^2-a^2}\,\mathrm{d}x=\frac{x}{8}(2x^2-a^2)\sqrt{x^2-a^2}-\frac{a^4}{8}\ln\left|x+\sqrt{x^2-a^2}\right|+C$

57. $\int \frac{\sqrt{x^2-a^2}}{x}\mathrm{d}x=\sqrt{x^2-a^2}-a\arccos\frac{a}{|x|}+C$

58. $\int \frac{\sqrt{x^2-a^2}}{x^2}\mathrm{d}x=-\frac{\sqrt{x^2-a^2}}{x}+\ln\left|x+\sqrt{x^2-a^2}\right|+C$

八、含有$\sqrt{a^2-x^2}\,(a>0)$的积分

59. $\int \frac{\mathrm{d}x}{\sqrt{a^2-x^2}}=\arcsin\frac{x}{a}+C$

60. $\int \frac{\mathrm{d}x}{\sqrt{(a^2-x^2)^3}}=\frac{x}{a^2\sqrt{a^2-x^2}}+C$

61. $\int \frac{x}{\sqrt{a^2-x^2}}\mathrm{d}x=-\sqrt{a^2-x^2}+C$

62. $\int \frac{x}{\sqrt{(a^2-x^2)^3}}\mathrm{d}x=\frac{1}{\sqrt{a^2-x^2}}+C$

63. $\int \frac{x^2}{\sqrt{a^2-x^2}}\mathrm{d}x=-\frac{x}{2}\sqrt{a^2-x^2}+\frac{a^2}{2}\arcsin\frac{x}{a}+C$

64. $\int \frac{x^2}{\sqrt{(a^2-x^2)^3}}\mathrm{d}x=\frac{x}{\sqrt{a^2-x^2}}-\arcsin\frac{x}{a}+C$

65. $\int \frac{dx}{x\sqrt{a^2-x^2}}=\frac{1}{a}\ln\frac{a-\sqrt{a^2-x^2}}{|x|}+C$

66. $\int \frac{dx}{x^2\sqrt{a^2-x^2}}=-\frac{\sqrt{a^2-x^2}}{a^2x}+C$

67. $\int \sqrt{a^2-x^2}\,dx=\frac{x}{2}\sqrt{a^2-x^2}+\frac{a^2}{2}\arcsin\frac{x}{a}+C$

68. $\int \sqrt{(a^2-x^2)^3}\,dx=\frac{x}{8}(5a^2-2x^2)\sqrt{a^2-x^2}+\frac{3}{8}a^4\arcsin\frac{x}{a}+C$

69. $\int x\sqrt{a^2-x^2}\,dx=-\frac{1}{3}\sqrt{(a^2-x^2)^3}+C$

70. $\int x^2\sqrt{a^2-x^2}\,dx=\frac{x}{8}(2x^2-a^2)\sqrt{a^2-x^2}+\frac{a^4}{8}\arcsin\frac{x}{a}+C$

71. $\int \frac{\sqrt{a^2-x^2}}{x}dx=\sqrt{a^2-x^2}+a\ln\frac{a-\sqrt{a^2-x^2}}{|x|}+C$

72. $\int \frac{\sqrt{a^2-x^2}}{x^2}dx=-\frac{\sqrt{a^2-x^2}}{x}-\arcsin\frac{x}{a}+C$

九、含有$\sqrt{\pm ax^2+bx+c}\,(a>0)$的积分

73. $\int \frac{dx}{\sqrt{ax^2+bx+c}}=\frac{1}{\sqrt{a}}\ln\left|2ax+b+2\sqrt{a}\sqrt{ax^2+bx+c}\right|+C$

74. $\int \sqrt{ax^2+bx+c}\,dx=\frac{2ax+b}{4a}\sqrt{ax^2+bx+c}$

$+\frac{4ac-b^2}{8\sqrt{a^3}}\ln\left|2ax+b+2\sqrt{a}\sqrt{ax^2+bx+c}\right|+C$

75. $\int \frac{x}{\sqrt{ax^2+bx+c}}dx=\frac{1}{a}\sqrt{ax^2+bx+c}$

$-\frac{b}{2\sqrt{a^3}}\ln\left|2ax+b+2\sqrt{a}\sqrt{ax^2+bx+c}\right|+C$

76. $\int \frac{dx}{\sqrt{c+bx-ax^2}}=-\frac{1}{\sqrt{a}}\arcsin\frac{2ax-b}{\sqrt{b^2+4ac}}+C$

77. $\int \sqrt{c+bx-ax^2}\,dx=\frac{2ax-b}{4a}\sqrt{c+bx-ax^2}+\frac{b^2+4ac}{8\sqrt{a^3}}\arcsin\frac{2ax-b}{\sqrt{b^2+4ac}}+C$

78. $\int \frac{x}{\sqrt{c+bx-ax^2}}dx=-\frac{1}{a}\sqrt{c+bx-ax^2}+\frac{b}{2\sqrt{a^3}}\arcsin\frac{2ax-b}{\sqrt{b^2+4ac}}+C$

十、含有$\sqrt{\pm\frac{x-a}{x-b}}$或$\sqrt{(x-a)(b-x)}$的积分

79. $\int \sqrt{\frac{x-a}{x-b}}\,dx=(x-b)\sqrt{\frac{x-a}{x-b}}+(b-a)\ln\left(\sqrt{|x-a|}+\sqrt{|x-b|}\right)+C$

80. $\int\sqrt{\frac{x-a}{b-x}}\,dx=(x-b)\sqrt{\frac{x-a}{b-x}}+(b-a)\arcsin\sqrt{\frac{x-a}{b-x}}+C$

81. $\int\frac{dx}{\sqrt{(x-a)(b-x)}}=2\arcsin\sqrt{\frac{x-a}{b-x}}+C\quad(a<b)$

82. $\int\sqrt{(x-a)(b-x)}\,dx=\frac{2x-a-b}{4}\sqrt{(x-a)(b-x)}$

$$+\frac{(b-a)^2}{4}\arcsin\sqrt{\frac{x-a}{b-x}}+C\quad(a<b)$$

十一、含有三角函数的积分

83. $\int\sin x\,dx=-\cos x+C$

84. $\int\cos x\,dx=\sin x+C$

85. $\int\tan x\,dx=-\ln|\cos x|+C$

86. $\int\cot x\,dx=\ln|\sin x|+C$

87. $\int\sec x\,dx=\ln\left|\tan\left(\frac{\pi}{4}+\frac{x}{2}\right)\right|+C=\ln|\sec x+\tan x|+C$

88. $\int\csc x\,dx=\ln\left|\tan\frac{x}{2}\right|+C=\ln|\csc x-\cot x|+C$

89. $\int\sec^2 x\,dx=\tan x+C$

90. $\int\csc^2 x\,dx=-\cot x+C$

91. $\int\sec x\tan x\,dx=\sec x+C$

92. $\int\csc x\cot x\,dx=-\csc x+C$

93. $\int\sin^2 x\,dx=\frac{x}{2}-\frac{1}{4}\sin 2x+C$

94. $\int\cos^2 x\,dx=\frac{x}{2}+\frac{1}{4}\sin 2x+C$

95. $\int\sin^n x\,dx=-\frac{1}{n}\sin^{n-1}x\cos x+\frac{n-1}{n}\int\sin^{n-2}x\,dx$

96. $\int\cos^n x\,dx=\frac{1}{n}\cos^{n-1}x\sin x+\frac{n-1}{n}\int\cos^{n-2}x\,dx$

97. $\int\frac{dx}{\sin^n x}=-\frac{1}{n-1}\cdot\frac{\cos x}{\sin^{n-1}x}+\frac{n-2}{n-1}\int\frac{dx}{\sin^{n-2}x}$

98. $\int\frac{dx}{\cos^n x}=\frac{1}{n-1}\cdot\frac{\sin x}{\cos^{n-1}x}+\frac{n-2}{n-1}\int\frac{dx}{\cos^{n-2}x}$

99. $\int \cos^m x \sin^n x \,dx = \frac{1}{m+n}\cos^{m-1}x \sin^{n+1}x + \frac{m-1}{m+n}\int \cos^{m-2}x \sin^n x \,dx$

$= -\frac{1}{m+n}\cos^{m+1}x \sin^{n-1}x + \frac{n-1}{m+n}\int \cos^m x \sin^{n-2}x \,dx$

100. $\int \sin ax \cos bx \,dx = -\frac{1}{2(a+b)}\cos(a+b)x - \frac{1}{2(a-b)}\cos(a-b)x + C$

101. $\int \sin ax \sin bx \,dx = -\frac{1}{2(a+b)}\sin(a+b)x + \frac{1}{2(a-b)}\sin(a-b)x + C$

102. $\int \cos ax \cos bx \,dx = \frac{1}{2(a+b)}\sin(a+b)x + \frac{1}{2(a-b)}\sin(a-b)x + C$

103. $\int \frac{dx}{a+b\sin x} = \frac{2}{\sqrt{a^2-b^2}}\arctan\frac{a\tan\frac{x}{2}+b}{\sqrt{a^2-b^2}} + C \quad (a^2 > b^2)$

104. $\int \frac{dx}{a+b\sin x} = \frac{1}{\sqrt{b^2-a^2}}\ln\left|\frac{a\tan\frac{x}{2}+b-\sqrt{b^2-a^2}}{a\tan\frac{x}{2}+b+\sqrt{b^2-a^2}}\right| + C \quad (a^2 < b^2)$

105. $\int \frac{dx}{a+b\cos x} = \frac{2}{a+b}\sqrt{\frac{a+b}{a-b}}\arctan\left(\sqrt{\frac{a-b}{a+b}}\tan\frac{x}{2}\right) + C \quad (a^2 > b^2)$

106. $\int \frac{dx}{a+b\cos x} = \frac{1}{a+b}\sqrt{\frac{a+b}{b-a}}\ln\left|\frac{\tan\frac{x}{2}+\sqrt{\frac{a+b}{b-a}}}{\tan\frac{x}{2}-\sqrt{\frac{a+b}{b-a}}}\right| + C \quad (a^2 < b^2)$

107. $\int \frac{dx}{a^2\cos^2 x + b^2\sin^2 x} = \frac{1}{ab}\arctan\left(\frac{b}{a}\tan x\right) + C$

108. $\int \frac{dx}{a^2\cos^2 x - b^2\sin^2 x} = \frac{1}{2ab}\ln\left|\frac{b\tan x + a}{b\tan x - a}\right| + C$

109. $\int x\sin ax \,dx = \frac{1}{a^2}\sin ax - \frac{1}{a}x\cos ax + C$

110. $\int x^2\sin ax \,dx = -\frac{1}{a}x^2\cos ax + \frac{2}{a^2}x\sin ax + \frac{2}{a^3}\cos ax + C$

111. $\int x\cos ax \,dx = \frac{1}{a^2}\cos ax + \frac{1}{a}x\sin ax + C$

112. $\int x^2\cos ax \,dx = \frac{1}{a}x^2\sin ax + \frac{2}{a^2}x\cos ax - \frac{2}{a^3}\sin ax + C$

十二、含有反三角函数的积分(其中 $a > 0$)

113. $\int \arcsin\frac{x}{a}\,dx = x\arcsin\frac{x}{a} + \sqrt{a^2-x^2} + C$

114. $\int x\arcsin\frac{x}{a}\,dx = \left(\frac{x^2}{2}-\frac{a^2}{4}\right)\arcsin\frac{x}{a} + \frac{x}{4}\sqrt{a^2-x^2} + C$

115. $\int x^2 \arcsin\frac{x}{a}\mathrm{d}x=\frac{x^3}{3}\arcsin\frac{x}{a}+\frac{1}{9}(x^2+2a^2)\sqrt{a^2-x^2}+C$

116. $\int \arccos\frac{x}{a}\mathrm{d}x=x\arccos\frac{x}{a}-\sqrt{a^2-x^2}+C$

117. $\int x\arccos\frac{x}{a}\mathrm{d}x=\left(\frac{x^2}{2}-\frac{a^2}{4}\right)\arccos\frac{x}{a}-\frac{x}{4}\sqrt{a^2-x^2}+C$

118. $\int x^2\arccos\frac{x}{a}\mathrm{d}x=\frac{x^3}{3}\arccos\frac{x}{a}-\frac{1}{9}(x^2+2a^2)\sqrt{a^2-x^2}+C$

119. $\int \arctan\frac{x}{a}\mathrm{d}x=x\arctan\frac{x}{a}-\frac{a}{2}\ln(a^2+x^2)+C$

120. $\int x\arctan\frac{x}{a}\mathrm{d}x=\frac{1}{2}(a^2+x^2)\arctan\frac{x}{a}-\frac{a}{2}x+C$

121. $\int x^2\arctan\frac{x}{a}\mathrm{d}x=\frac{x^3}{3}\arctan\frac{x}{a}-\frac{a}{6}x^2+\frac{a^3}{6}\ln(a^2+x^2)+C$

十三、含有指数函数的积分

122. $\int a^x\mathrm{d}x=\frac{1}{\ln a}a^x+C$

123. $\int \mathrm{e}^{ax}\mathrm{d}x=\frac{1}{a}\mathrm{e}^{ax}+C$

124. $\int x\mathrm{e}^{ax}\mathrm{d}x=\frac{1}{a^2}(ax-1)\mathrm{e}^{ax}+C$

125. $\int x^n\mathrm{e}^{ax}\mathrm{d}x=\frac{1}{a}x^n\mathrm{e}^{ax}-\frac{n}{a}\int x^{n-1}\mathrm{e}^{ax}\mathrm{d}x$

126. $\int xa^x\mathrm{d}x=\frac{x}{\ln a}a^x-\frac{1}{(\ln a)^2}a^x+C$

127. $\int x^na^x\mathrm{d}x=\frac{1}{\ln a}x^na^x-\frac{n}{\ln a}\int x^{n-1}a^x\mathrm{d}x$

128. $\int \mathrm{e}^{ax}\sin bx\mathrm{d}x=\frac{1}{a^2+b^2}\mathrm{e}^{ax}(a\sin bx-b\cos bx)+C$

129. $\int \mathrm{e}^{ax}\cos bx\mathrm{d}x=\frac{1}{a^2+b^2}\mathrm{e}^{ax}(b\sin bx+a\cos bx)+C$

130. $\int \mathrm{e}^{ax}\sin^n bx\mathrm{d}x=\frac{1}{a^2+b^2n^2}\mathrm{e}^{ax}\sin^{n-1}bx(a\sin bx-nb\cos bx)+\frac{n(n-1)b^2}{a^2+b^2n^2}\int \mathrm{e}^{ax}\sin^{n-2}bx\mathrm{d}x$

131. $\int \mathrm{e}^{ax}\cos^n bx\mathrm{d}x=\frac{1}{a^2+b^2n^2}\mathrm{e}^{ax}\cos^{n-1}bx(a\cos bx+nb\sin bx)$

$$+\frac{n(n-1)b^2}{a^2+b^2n^2}\int \mathrm{e}^{ax}\cos^{n-2}bx\mathrm{d}x$$

十四、含有对数函数的积分

132. $\int \ln x\mathrm{d}x=x\ln x-x+C$

133. $\int \frac{\mathrm{d}x}{x\ln x}=\ln|\ln x|+C$

134. $\int x^n \ln x\,\mathrm{d}x=\frac{1}{n+1}x^{n+1}\left(\ln x-\frac{1}{n+1}\right)+C$

135. $\int (\ln x)^n \mathrm{d}x = x\,(\ln x)^n - n\int (\ln x)^{n-1}\mathrm{d}x$

136. $\int x^m (\ln x)^n \mathrm{d}x=\frac{1}{m+1}x^{m+1}\,(\ln x)^n-\frac{n}{m+1}\int x^m\,(\ln x)^{n-1}\mathrm{d}x$

附录5　参考答案

第1章

习题1-1

(A)

1.（1）不相同；（2）不相同；（3）相同；（4）不相同.

2.（1）$\left\{x\,\middle|\,x\neq k\pi+\frac{\pi-2}{2},\ k\in \mathbf{Z}\right\}$；（2）$\{x\,|-1<x<2\}$；

（3）$\{x\,|\,2\leqslant x\leqslant 4\}$；（4）$\{x\,|-1\leqslant x<3,\ x\neq 0\}$.

3.（1）$-\frac{\pi}{2}$，0，$\frac{\pi}{2}$；（2）-1，3，2.

4.（1）偶函数；（2）非奇非偶函数；（3）奇函数；（4）偶函数.

5.（1）$y=u^2$，$u=\sin v$，$v=2x+1$；

（2）$y=\mathrm{e}^u$，$u=v^2$，$v=\sin w$，$w=1-x$；

（3）$y=u^2$，$u=\cos v$，$v=\ln w$，$w=2+\sqrt{h}$，$h=1+x^2$；

（4）$y=\sqrt{u}$，$u=\ln v$，$v=w^2$，$w=\sin x$.

6.（1）$y=\ln(x-2)$；（2）$y=x^2-1\ (x\leqslant 0)$；

（3）$y=\frac{1-x}{1+x}$；（4）$y=-\frac{x}{(1+x)^2}$.

7. $f(x)=x^2-2$.

8. $f[f(x)]=1$.

9. $f[f(x)]=\frac{x}{1-2x}$，$f\{f[f(x)]\}=\frac{x}{1-3x}$.

10. 略.

(B)

1. C；2. B；3. A；4. B；5. A.

习题 1-2

(A)

1. (1) 图略； (2) $\lim\limits_{x\to 0^+} f(x)=0$，$\lim\limits_{x\to 0^-} f(x)=1$； (3) $\lim\limits_{x\to 0} f(x)$ 不存在.

2. $\lim\limits_{x\to x_0^+} f(x)=1$，$\lim\limits_{x\to x_0^-} f(x)=1$，$\lim\limits_{x\to x_0} f(x)=1$；

   $\lim\limits_{x\to x_0^+} g(x)=1$，$\lim\limits_{x\to x_0^-} g(x)=-1$，$\lim\limits_{x\to x_0} g(x)$ 不存在.

3. $\lim\limits_{x\to 0^+} f(x)=+\infty$，$\lim\limits_{x\to 0^-} f(x)=0$，所以$\lim\limits_{x\to 0} f(x)$ 不存在；$\lim\limits_{x\to \infty} f(x)=1$.

4. (1) 当 $x\to -2$ 时，$\dfrac{x+2}{x-1}$ 为无穷小，当 $x\to 1$ 时，$\dfrac{x+2}{x-1}$ 为无穷大；

   (2) 当 $x\to 1$ 时，$\lg x$ 为无穷小，当 $x\to 0$ 或 $x\to +\infty$ 时，$\lg x$ 为无穷大；

   (3) 当 $x\to -2$ 或 $x\to +\infty$ 时，$\dfrac{x+2}{x^2}$ 为无穷小，当 $x\to 0$ 时，$\dfrac{x+2}{x^2}$ 为无穷大.

5. (1) 0； (2) 0； (3) 0.

(B)

1. B； 2. C； 3. A； 4. C； 5. A.

习题 1-3

(A)

1. (1) 不正确，不符合极限的乘法运算法则；

   (2) 不正确，不符合极限的除法运算法则.

2. (1) $\dfrac{2^{20}\times 3^{30}}{5^{50}}$； (2) 3； (3) $3x^2$； (4) $-\dfrac{1}{2}$； (5) -1； (6) $\dfrac{1}{4}$； (7) $\dfrac{4}{3}$；

   (8) $-\dfrac{1}{2}$； (9) 1；(10) 0； (11) $\dfrac{1}{3}$； (12) 0； (13) $\dfrac{5}{2}$； (14) 2； (15) 12；

   (16) $\dfrac{m}{n}$； (17) 0； (18) $\dfrac{1}{2}$； (19) $\dfrac{1}{4}$； (20) -2； (21) $-\dfrac{1}{a^2}$； (22) $\dfrac{1}{2}$.

(B)

1. A； 2. D； 3. C； 4. D； 5. C.

习题 1-4

(A)

1. (1) πR^2； (2) 1； (3) $\dfrac{5}{3}$； (4) $\sqrt{2}$； (5) 8； (6) 0； (7) 1； (8) 1； (9) 1；

   (10) 1.

2. (1) $\dfrac{1}{e}$； (2) $\dfrac{1}{e}$； (3) e； (4) e^3； (5) $\dfrac{1}{e^2}$； (6) $\dfrac{1}{e}$； (7) e； (8) 1； (9) e^2；

   (10) $e^{\frac{15}{2}}$.

3. ln2.

4. 略.

5. 证明略，$\lim\limits_{n\to\infty} x_n=2$.

(B)

1. D； 2. C； 3. B； 4. B； 5. A.

习题 1-5

(A)

1. (1) $\tan^2 x$ 比 x 高阶； (2) $\sin\sqrt{x}$ 比 x 低阶；

(3) $\dfrac{x-1}{x}$ 和 x^2-1 同阶； (4) $\dfrac{1}{4}(x-4)$ 和 $\sqrt{x}-2$ 等价.

2. (1) x； (2) x^2； (3) x； (4) x^2.

3. (1) $\dfrac{3}{2}$； (2) 2； (3) 4； (4) 2； (5) $\dfrac{1}{2}$； (6) $\dfrac{1}{2}$.

(B)

1. B； 2. D； 3. D； 4. D； 5. A.

习题 1-6

(A)

1. (1) $x=1$，可去间断点，$x=2$，无穷间断点； (2) $x=0$，可去间断点；

(3) $x=0$，无穷间断点； (4) $x=0$，跳跃间断点.

2. (1) $a=8$； (2) $a=1$.

3. 略.

4. $f(0)=\dfrac{3}{2}$.

5. 当 $\alpha>0$，$\beta=-1$ 时，$f(x)$ 在点 $x=0$ 处连续.

6. 略.

7. 略.

(B)

1. B； 2. D； 3. C； 4. B； 5. D.

章节测试一

一、1. -3； 2. e^2； 3. 无穷，跳跃； 4. 1； 5. 2，2.

二、1. $\dfrac{3}{2}$； 2. 3； 3. $\dfrac{3}{2}$； 4. $-\dfrac{3}{2}$； 5. $\dfrac{1-q}{1-p}$； 6. 0； 7. $\dfrac{3}{4}$； 8. $\dfrac{1}{2}$ 9. e^{2a}； 10. 1.

三、1. 当 $a=1$ 时，$x=0$ 是 $f(x)$ 的连续点；

2. 当 $a\neq 1$ 时，$x=0$ 是 $f(x)$ 的间断点，是跳跃间断点；

3. $(-\infty,0)\cup(0,+\infty)$.

四、略.

五、略.

第2章

习题2-1

(A)

1. (1) $-\frac{2}{3}$; (2) $\frac{2}{3}$; (3) -4.

2. $f'(a)$.

3. 1.

4. (1) 切线方程：$x-2y+1=0$，法线方程：$2x+y-3=0$；

(2) 切线方程：$x-ey=0$，法线方程：$ex+y-1-e^2=0$.

5. $a=4$，$b=-4$.

6. 略.

(B)

1. D； 2. C； 3. C； 4. A； 5. D.

习题2-2

(A)

1. (1) $y'=8x+3$； (2) $y'=\frac{1}{2}\left(3\sqrt{x}+\frac{3}{\sqrt{x}}-\frac{1}{\sqrt{x^3}}\right)$；

(3) $y'=3\sec^2x-\frac{1}{\sqrt{1-x^2}}-3^x\ln3$； (4) $y'=2e^x(\sin x+\cos x)$；

(5) $y'=\frac{\sin x-\cos x+1}{(1+\sin x)^2}$； (6) $y'=\frac{1}{x}\left(1-\frac{1}{\ln10}+\frac{1}{\ln2}\right)$；

(7) $y'=\frac{7}{8}x^{-\frac{1}{8}}$； (8) $y'=\frac{2x-x^2\ln2}{2^x}$；

(9) $y'=(x-2)(x-3)+(x-1)(x-3)+(x-1)(x-2)$.

2. (1) $y'=-3\sin6x$； (2) $y'=\frac{1}{2\sqrt{x+\sqrt{x}}}\left(1+\frac{1}{2\sqrt{x}}\right)$；

(3) $y'=\frac{1}{\sqrt{1+x^2}}$； (4) $y'=e^{2x}(2\cos3x-3\sin3x)$；

(5) $y'=\frac{1}{\ln\ln x}\cdot\frac{1}{\ln x}\cdot\frac{1}{x}$； (6) $y'=\sec x$；

(7) $y'=-6xe^{-3x^2}$； (8) $y'=\csc x$；

(9) $y'=\sqrt{a^2-x^2}$.

3. (1) $y'=3x^2f'(x^3)$； (2) $y'=\sin2x\left[f'(\sin^2x)-f'(\cos^2x)\right]$.

4. $f'(x)=\begin{cases}2, & 0<x\leqslant1,\\ 2x, & 1<x<2.\end{cases}$

(**B**)

1. B；　2. C；　3. A；　4. B；　5. C.

习题 2－3

(**A**)

1. 速度为 $s'=\mathrm{e}^t+\mathrm{e}^{-t}$，加速度为 $s''=\mathrm{e}^t-\mathrm{e}^{-t}$；$s'(0)=2$，$s''(0)=0$.

2. (1) $\dfrac{2(1-x^2)}{(1+x^2)^2}$；　(2) $\dfrac{1}{x}$；

(3) $2\arctan x+\dfrac{2x}{1+x^2}$；　(4) $2x\mathrm{e}^{x^2}(3+2x^2)$.

3. (1) $f''(0)=0$；　(2) $f'''(0)=720$.

4. (1) $2^{n-1}\sin\left[2x+(n-1)\dfrac{\pi}{2}\right]$；　(2) $(-1)^n n!\,(1+x)^{-(n+1)}$；

(3) $a^n\mathrm{e}^{ax}$；　(4) $(-1)^n(n-2)!\,x^{-(n-1)}$.

(**B**)

1. C；　2. C；　3. A；　4. C；　5. D.

习题 2－4

(**A**)

1. (1) $\dfrac{\mathrm{d}y}{\mathrm{d}x}=\dfrac{y}{y-x}$；　(2) $\dfrac{\mathrm{d}y}{\mathrm{d}x}=\dfrac{-\mathrm{e}^y}{1+x\mathrm{e}^y}$；

(3) $\dfrac{\mathrm{d}y}{\mathrm{d}x}=\dfrac{y-\mathrm{e}^{x+y}}{\mathrm{e}^{x+y}-x}$；　(4) $\dfrac{\mathrm{d}y}{\mathrm{d}x}=-\dfrac{2x\sin(x^2+y)+1}{\sin(x^2+y)}$.

2. (1) $y'=(\tan x)^x\left(\ln\tan x+\dfrac{x\sec^2 x}{\tan x}\right)$；

(2) $y'=\dfrac{\sqrt{x+2}\,(3-x)^4}{(x+1)^5}\left[\dfrac{1}{2(x+2)}-\dfrac{4}{3-x}-\dfrac{5}{x+1}\right]$；

(3) $y'=\dfrac{\ln\cos y-y\cot x}{x\tan y+\ln\sin x}$；

(4) $y'=\left(\dfrac{1}{x}\right)^x\left(\ln\dfrac{1}{x}-1\right)+x^{\frac{1}{x}}\left(-\dfrac{1}{x^2}\ln x+\dfrac{1}{x^2}\right)$.

3. $\dfrac{\mathrm{d}y}{\mathrm{d}x}=\dfrac{\sin t}{1-\cos t}$；$\dfrac{\mathrm{d}^2y}{\mathrm{d}x^2}=-\dfrac{1}{a(1-\cos t)^2}$.

4. (1) $f''(0)=\mathrm{e}^{-2}$；　(2) $y'\Big|_{\substack{x=2\\y=-1}}=\dfrac{5}{4}$，$y''\Big|_{\substack{x=2\\y=-1}}=\dfrac{21}{32}$.

(**B**)

1. D；　2. B；　3. B；　4. C；　5. D.

习题 2－5

(**A**)

1. $\Delta y=0.0404$，$\mathrm{d}y=0.04$.

2. (1) $dy=\left(-\frac{1}{x^2}+\frac{1}{\sqrt{x}}\right)dx$； (2) $dy=e^x(\sin^2x+\sin2x)dx$；

(3) $dy=\frac{2\ln(1-x)}{x-1}dx$； (4) $dy=\frac{2-\ln x}{2x\sqrt{x}}dx$.

3. (1) $\ln|x|+C$； (2) -1； (3) $\tan x+C$； (4) $-e^{-x}+C$

4. (1) 0.01； (2) 0.03； (3) 1.05； (4) 0.99.

(B)

1. D； 2. D； 3. B； 4. C； 5. C.

章节测试二

一、1. -1； 2. 0.02； 3. $(2t+1)e^{2t}$； 4. $\frac{1}{x(1+\ln y)}$；

5. $2y-x-2=0$，$y+2x-1=0$.

二、1. 错误； 2. 正确； 3. 错误； 4. 错误.

三、1. $f(x)$ 在 $x=0$ 处连续，但不可导；

2. $f'(x)=\begin{cases}\frac{1}{x}, & x>1,\\ 1, & x\leqslant 1.\end{cases}$

3. $a=4$，$b=-4$.

四、1. $\frac{7}{8}x^{-\frac{1}{8}}$； 2. $\frac{1}{\sqrt{x^2+1}}$； 3. $(\ln x)^x\left[\ln(\ln x)+\frac{1}{\ln x}\right]$；

4. $\frac{1}{2\sqrt{x+\sqrt{x+\sqrt{x}}}}\left[1+\frac{1}{2\sqrt{x+\sqrt{x}}}\left(1+\frac{1}{2\sqrt{x}}\right)\right]$；

5. $y=\ln\frac{a}{b}+\frac{b-a}{x}$；

6. $2^{\frac{x}{\ln x}}\cdot\ln2\left(\frac{\ln x-1}{\ln^2x}\right)$； 7. 0； 8. $\frac{1}{2}$.

五、1. $dy=-\frac{1+y^2}{y^2}dx$； 2. $dy=\frac{1}{(x+y)^2}dx$；

3. $dy=\sqrt{a^2-x^2}\,dx$； 4. $dy=\frac{1}{\sqrt{x}\sin2\sqrt{x}}dx$.

第3章

习题 3-1

(A)

1. (1) 满足；$\xi=\frac{1}{4}$； (2) 满足；$\xi=2$.

2. $f'(x)=0$ 有 3 个实根，分别为 $\xi_1\in(1,2)$，$\xi_2\in(2,3)$，$\xi_3\in(3,4)$. 3. 略.

4. $\xi=\sqrt[3]{\frac{15}{4}}\in(1,2)$. 5. 满足；$\xi=\frac{14}{9}\in(1,2)$. 6. 略. 7. 略. 8. 略. 9. 略. 10. 略.

(B)

1. C； 2. B； 3. C； 4. B； 5. B.

习题 3-2

(A)

1. (1) 2； (2) $\cos a$； (3) $-\frac{1}{8}$； (4) 1； (5) 1； (6) $\frac{4}{e}$； (7) 2；

(8) $\frac{1}{2}$； (9) $+\infty$； (10) 1； (11) $\frac{1}{2}$； (12) $\frac{1}{2}$； (13) e^a； (14) 1；

(15) 1； (16) $-\frac{1}{2}$； (17) e； (18) 1； (19) 1； (20) $e^{\frac{1}{3}}$.

2. 略.

(B)

1. C； 2. D； 3. B； 4. A； 5. D.

习题 3-3

(A)

1. (1) 单调增区间$(-\infty,-1]$，$[1,+\infty)$，单调减区间$[-1,1]$，极大值$f(-1)=\frac{2}{15}$，

极小值$f(1)=-\frac{2}{15}$；

(2) 单调增区间$\left[\frac{1}{2},+\infty\right)$，单调减区间$\left(0,\frac{1}{2}\right]$，极小值$f\left(\frac{1}{2}\right)=\frac{1}{2}+\ln 2$.

2. $a=\frac{1}{6}$，$b=-\frac{3}{4}$.

3. 略.

4. (1) 凹区间$(-\infty,-1]$，$[1,+\infty)$，凸区间$[-1,1]$，拐点$(\pm 1,1)$；

(2) 凹区间$(-\infty,+\infty)$，无拐点.

5. $a=3$，$b=-9$，$c=8$.

(B)

1. D； 2. B； 3. C； 4. A； 5. D.

习题 3-4

(A)

1. (1) 水平渐近线为 $y=1$，铅直渐近线为 $x=0$；

(2) 水平渐近线为 $y=0$，铅直渐近线为 $x=-1$；

(3) 斜渐近线为 $y=x$；

(4) 铅直渐近线为 $x=-1$，斜渐近线为 $y=x-1$.

2. 略.

(B)

1. B； 2. D； 3. A； 4. C； 5. C.

习题 3－5

(A)

1. (1) 最大值 6，最小值 0； (2) 最大值 $-\frac{149}{27}$，最小值 -87.

2. $r=\sqrt[3]{\frac{V}{2\pi}}$，$h=2\sqrt[3]{\frac{V}{2\pi}}$.

3. 长 18 米，宽 12 米.

4. 300 吨，36 元/吨.

5. 30，340.

6. 250，850 万元.

(B)

1. B； 2. B； 3. D； 4. D； 5. A.

章节测试三

一、1. $y=1$，$x=1$； 2. $-\frac{3}{2}$，$\frac{9}{2}$； 3. 增加； 4. 2； 5. $\left(-\frac{\sqrt{2}}{2}, \frac{\sqrt{2}}{2}\right)$.

二、1. $-\frac{1}{2}$； 2. $\frac{3}{2}$； 3. $-\frac{2}{\pi}$； 4. e.

三、$a=3$，$b=-9$，$c=8$.

四、1. 单调增加区间为$(-\infty, 1)\cup(3, +\infty)$，单调减少区间为$(1, 3)$，极小值为$f(3)=\frac{27}{4}$.

　　2. 凸区间为$(-\infty, 0)$，凹区间为$(0, 1)\cup(1, +\infty)$，拐点为$(0, 0)$.

五、略.

六、半径为 2 米，高为 8 米.

第 4 章

习题 4－1

(A)

1. (1) x^3-e^x+C； (2) $e^x+\cos x$； (3) $\cos x+C$； (4) $\cos x$； (5) $\sin x$.

2. $y=e^x+2$.

3. (1) $2\ln|x|+\frac{x^2}{6}+C$；　　(2) $\frac{1}{2}x^2-x+C$；

(3) $\arcsin x+C$；　　(4) $\arctan x-\frac{1}{x}+C$；

(5) $\frac{1}{2}(\tan x+x)+C$；　　(6) $-\cot x-\tan x+C$；

(7) $\frac{1}{2}\tan x+C$；　　(8) $2\arcsin x+C$；

(9) $\frac{4}{7}x^{\frac{7}{4}}+4x^{-\frac{1}{4}}+C$；　　(10) $2x-\frac{5\left(\frac{2}{3}\right)^{x}}{\ln\left(\frac{2}{3}\right)}+C$.

(B)

1. D；　2. B；　3. D；　4. B；　5. C.

习题 4 - 2

(A)

1. 略.

2. (1) $\frac{1}{2(3-2x)}+C$；　　(2) $-\frac{2}{3}\sqrt{2-3x}+C$；

(3) $-\frac{1}{2}e^{-x^2}+C$；　　(4) $-\frac{1}{3}\cos x^3+C$；

(5) $\frac{2}{3}[4+\ln(1+x)]^{\frac{3}{2}}+C$；　　(6) $\frac{1}{2}\ln|1+2\ln x|+C$；

(7) $\arcsin e^x+C$；　　(8) $\sec x+C$；

(9) $\frac{1}{2}(\arctan x)^2+C$；　　(10) $\ln|\arcsin x|+C$；

(11) $\arctan(x+1)+C$；　　(12) $\ln\left|\frac{x-2}{x-1}\right|+C$；

(13) $2x-\frac{4}{3}\ln|3x+2|+C$；　　(14) $\frac{1}{3}\arctan\frac{3x}{2}+C$；

(15) $\arctan e^x+C$；　　(16) $x-\ln|e^{-x}-1|+C$；

(17) $\frac{1}{3}\arcsin\frac{3x}{4}+C$；　　(18) $\arcsin x-\sqrt{1-x^2}+C$；

(19) $(\arctan\sqrt{x})^2+C$；　　(20) $\frac{1}{2}(\ln\tan x)^2+C$；

(21) $-2\cos\sqrt{x}+C$；　　(22) $\frac{1}{3}\arctan\frac{x-4}{3}+C$；

(23) $\frac{2}{3}[\ln(x+\sqrt{1+x^2})]^{\frac{3}{2}}+C$；

(24) $-\frac{1}{97}\cdot\frac{1}{(x-1)^{97}}-\frac{1}{49}\cdot\frac{1}{(x-1)^{98}}-\frac{1}{99}\cdot\frac{1}{(x-1)^{99}}+C$.

3. (1) $-\frac{\sqrt{1-x^2}}{x}-\arcsin x+C$；　　(2) $\sqrt{x^2-1}-\arccos\frac{1}{x}+C$；

(3) $\ln\left|\sqrt{1+x^2}-1\right|-\ln|x|+C$；　　(4) $-\frac{1}{6}\ln\left|1+\frac{1}{x^6}\right|+C$；

(5) $\frac{x}{4\sqrt{4+x^2}}+C$；　　(6) $-\sqrt{1+\frac{1}{x^2}}+C$.

(**B**)

1. C； 2. A； 3. C； 4. A； 5. A.

习题 4－3

(**A**)

1. (1) $-x\cos x+\sin x+C$； (2) $\frac{1}{2}x^2\ln x-\frac{1}{4}x^2+C$；

(3) $x\arccos x-\sqrt{1-x^2}+C$； (4) $\frac{1}{5}e^x(\sin 2x-2\cos 2x)+C$；

(5) $\frac{x}{2}[\cos(\ln x)+\sin(\ln x)]+C$； (6) $-xe^{-x}-e^{-x}+C$；

(7) $\frac{1}{3}x^3\arctan x-\frac{1}{6}x^2+\frac{1}{6}\ln(1+x^2)+C$； (8) $x\ln^2 x-2x\ln x+2x+C$；

(9) $\frac{1}{6}x^3+\frac{1}{2}x^2\sin x+x\cos x-\sin x+C$； (10) $(\ln\ln x-1)\ln x+C$.

(11) $2e^{\sqrt{x}}(\sqrt{x}-1)+C$.

2. $\cos x-\frac{2\sin x}{x}+C$.

3. $\left(1-\frac{2}{x}\right)e^x+C$.

(**B**)

1. C； 2. B； 3. B； 4. A； 5. D.

习题 4－4

(**A**)

1. (1) $-\frac{1}{3}(7\ln|x-2|-13\ln|x-5|)+C$；

(2) $-\frac{1}{2}\ln|x+1|+2\ln|x+2|-\frac{2}{3}\ln|x+3|+C$；

(3) $\frac{1}{3}x^3-\frac{3}{2}x^2+9x-27\ln|x+3|+C$；

(4) $x+3\ln\left|\frac{x-3}{x-2}\right|+C$； (5) $\frac{1}{4}\ln\left|1+\frac{2}{x}\right|-\frac{1}{2x}+C$；

(6) $\ln\left|\frac{x-3}{x-2}\right|+\frac{1}{x-2}+C$.

2. (1) $\frac{1}{2}\arctan\left(\frac{1}{2}\tan\frac{x}{2}\right)+C$； (2) $\frac{2\sqrt{3}}{3}\arctan\frac{2\tan\frac{x}{2}+1}{\sqrt{3}}+C$；

(3) $\frac{1}{2}\ln\left|\frac{\tan\frac{x}{2}}{\tan\frac{x}{2}+2}\right|+C$； (4) $\frac{1}{4}\tan^2\frac{x}{2}+\tan\frac{x}{2}+\frac{1}{2}\ln|\csc x-\cot x|+C$；

(5) $\frac{1}{2}\ln|\csc 2x-\cot 2x|+\frac{1}{2}\tan x+C$；

(6) $\frac{1}{2}x-\frac{1}{4}\ln|1+\sin 2x|+C$.

3. (1) $2\ln(\sqrt{x}+1)+C$；　(2) $-\sqrt{2x+1}-\ln\left|1-\sqrt{2x+1}+C\right|$；

(3) $2\sqrt{x}-4\sqrt[4]{x}+4\ln(\sqrt[4]{x}+1)+C$；(4) $x-4\sqrt{x+1}+4\ln(\sqrt{x+1}+1)+C$；

(5) $a\arcsin\frac{x}{a}-\sqrt{a^2-x^2}+C$；　(6) $-\frac{3}{2}\sqrt[3]{\frac{x+1}{x-1}}+C$.

(B)

1. A；　2. B；　3. D；　4. C；　5. D.

章节测试四

一、1. $\frac{2}{x^3}$；　2. $\frac{-4+3\ln x}{x^2}+C$；3. $-\sec x-\cos x+C$；　4. $-\frac{2}{x}+C$；　5. e.

二、$f'(x)=(4x^2-2)e^{-x^2}$，$\int xf'(x)dx=-(2x^2+1)e^{-x^2}+C$.

三、1. $x\sqrt[4]{x}\left(\frac{1}{9}x-\frac{1}{5}\right)+C$；　2. $\frac{1}{2}\arctan x^2-\frac{1}{4}\ln(1+x^4)+C$；

3. $\tan x-\sec x+\ln|1+\sin x|+C$；　4. $-\frac{1}{\arcsin x}+C$；

5. $\sqrt{2}\ln\left|\csc\frac{x}{2}-\cot\frac{x}{2}\right|+C\ \left(\cos\frac{x}{2}>0\right)$；　6. $\ln|\csc x-\cot x|+\cos x+C$；

7. $-\frac{1}{\sqrt{x^2-1}}+C$；　8. $-\frac{1}{1+x}[\ln(1+x)+1]+C$；

9. $-\cos x\ln(\tan x)+\ln|\csc x-\cot x|+C$；

10. $\ln\frac{(x-1)^2}{\sqrt{x^2-x+1}}+\frac{5}{\sqrt{3}}\arctan\frac{2x-1}{\sqrt{3}}+C$.

四、1. $v(1)=-\frac{b}{1+b^2}$；　2. $s(t)=t\arctan(bt)-\frac{1}{2b}\ln(1+b^2t^2)+C$.

五、$f(x)=x^3-3x+2$.

第 5 章

习题 5－1

(A)

1. (1) 1；　(2) 0；　(3) $\frac{1}{4}\pi a^2$.

2. $A=\int_{-1}^{2}(x^2+1)dx$.　3. 105.　4. (1) $<$；　(2) $>$.

5. (1) $1\leqslant\int_0^1 e^x dx\leqslant e$；　(2) $6\leqslant\int_1^4(x^2+1)dx\leqslant 51$.

(B)

1. B;　2. D;　3. C;　4. D;　5. B.

习题 5 - 2

(A)

1. $\int_a^x f(t)\mathrm{d}t$ 与 $\int_x^b f(u)\mathrm{d}u$ 是 x 的函数，它们的导数存在，

$$\left[\int_a^x f(t)\mathrm{d}t\right]'=f(x),\quad \left[\int_x^b f(u)\mathrm{d}u\right]'=-f(x).$$

2. (1) $\Phi'(x)=x\cos x$；　(2) $\Phi'(x)=\dfrac{1}{1+x^2}$.

3. (1) 1；　(2) $\dfrac{1}{2}$.

4. (1) $1+\dfrac{\pi}{4}$；　(2) $\mathrm{e}-1$；　(3) 2；　(4) $\dfrac{13}{4}$；　(5) $\sqrt{3}-1$；　(6) 94；　(7) $\dfrac{11}{2}$；

　(8) $1-\dfrac{\pi}{4}$；　(9) $1-\dfrac{\pi}{4}$；　(10) 0.

5. $\sqrt{\mathrm{e}}-\dfrac{1}{\mathrm{e}}$.

(B)

1. A;　2. D;　3. D;　4. B;　5. B.

习题 5 - 3

(A)

1. 略.

2. (1) $\dfrac{19}{3}$；　(2) $\dfrac{\sqrt{3}-1}{2}$；　(3) $\dfrac{1}{2}$；　(4) $\dfrac{\pi}{4}$；　(5) $2(2-\ln 3)$；　(6) $\dfrac{1}{6}$；　(7) $\dfrac{3}{2}$；

　(8) $\dfrac{4}{3}$；　(9) $\ln\dfrac{3}{2}$.

3. (1) $\dfrac{\pi^3}{324}$；　(2) 0；　(3) 0；　(4) $\dfrac{1}{2}$.

4. 略.

5. (1) $\dfrac{\pi}{4}-\dfrac{1}{2}$；　(2) $\dfrac{1}{2}$；　(3) $2\ln 2-\dfrac{3}{4}$；　(4) -2；　(5) 1；　(6) $\dfrac{\pi}{12}+\dfrac{\sqrt{3}}{2}-1$；

　(7) $2(2\mathrm{e}^3-\mathrm{e}^2)$；　(8) $4(\ln 4-1)$.

6. 8.

(B)

1. C;　2. A;　3. B;　4. D;　5. A.

习题 5 - 4

(A)

1. 略.

2.（1）发散；（2）1；（3）发散；（4）发散；（5）发散；（6）$\frac{\pi}{2}$；（7）$\frac{1}{2}$；（8）发散；（9）π；（10）$1-\ln 2$.

(B)

1. D；2. C；3. B；4. B；5. B.

习题 5-5

(A)

1. 3.　2. $4-\ln 3$.　3. $b-a$.　4. $\frac{1}{2}+\ln 4$.　5. $e+e^{-1}-2$.

6. $V_x=18\frac{2}{7}\pi$, $V_y=12\frac{4}{5}\pi$.　7. $V_x=7\frac{1}{2}\pi$, $V_y=24\frac{4}{5}\pi$.

8. $V_x=\frac{1}{4}\pi^2$, $V_y=2\pi$.　9. $a=0$, $b=A$.　10. $\ln\frac{3}{2}+\frac{5}{12}$.

(B)

1. A；2. A；3. D；4. B；5. B.

习题 5-6

(A)

1. 0.2205(J).　2. 0.5(J).　3. 3.00×10^4(J).　4. 3.93×10^5(J).

5. $6.53\times10^3R^3$(N).　6. 1.80×10^6(N).　7. 1.65(N).

(B)

1. B；2. C；3. D；4. A；5. B.

章节测试五

一、1. $\frac{1}{12}$；2. $\frac{\pi}{3}$；3. $\frac{4}{\pi}-1$；4. 2；5. $\frac{\pi}{4e}$.

二、1. $\frac{1}{3}(e-e^{-1})$；2. $2(\sqrt{2}-1)$；3. $2(1-e^{-1})$；4. $\frac{\sqrt{3}}{2}+\ln(2-\sqrt{3})$.

三、$-\frac{1}{2}$.

四、$\frac{\pi}{2}+2\arctan\sqrt{x}$.

五、$\frac{8}{3}$；$V_x=\frac{16}{3}\pi$；$V_y=\pi$.

六、略.

第 6 章

习题 6-1

(A)

1.（1）一阶；（2）一阶；（3）三阶；（4）三阶；（5）一阶；（6）一阶.

2. (1) 是； (2) 不是； (3) 是； (4) 是.

3. 略.

4. $u(x)=\frac{x^2}{2}+x+C$.

5. (1) $(y')^2+xy'=y$； (2) $2xy''+y'=0$.

(B)

1. B； 2. C； 3. A； 4. D； 5. C.

习题 6-2

(A)

1. (1) $\arcsin y=\arcsin x+C$； (2) $\tan x\tan y=C$，其中 $C=\pm e^{C_1}$；

(3) $\frac{y}{y+3}=Ce^{\frac{3}{2}x^2}$，其中 $C=\pm e^{3C_1}$；

(4) $(2^y-1)(2^x+1)=C$，其中 $C=\pm e^{C_1}$.

2. (1) $e^y=\frac{1}{2}(e^{2x}+1)$； (2) $y=1-xy$.

3. (1) $\ln\frac{y}{x}=Cx$，其中 $C=\pm e^{C_1}$； (2) $x^3-2y^3=Cx$，其中 $C=\pm e^{C_1}$.

4. (1) $e^{-\frac{1}{2}\cdot\left(\frac{x}{y}\right)^2}=y$； (2) $y^3=y^2-x^2$.

5. (1) $\arctan(x+y)=x+C$； (2) $\ln u=Cx$，其中 $C=\pm e^{C_1}$；

(3) $-\frac{(x-y)^2}{2}=x+C$； (4) $2x^2y^3=C(1+2xy)$，其中 $C=\pm e^{C_1}$.

(B)

1. C； 2. B； 3. D； 4. C； 5. A.

习题 6-3

(A)

1. (1) $3x^4+4(y+1)^3=0$； (2) $(1+x^2)(1+y^2)=4$.

2. (1) $\sin\frac{y}{x}=Cx$； (2) $\cot\frac{x+y}{2}=Cx$.

3. (1) $y=(1+x^2)(x+C)$； (2) $y=C\cos x-2\cos^2 x$；

(3) $y=e^y(y+C)$； (4) $y=\frac{1}{2}y^2+Cy^3$.

(B)

1. B； 2. C； 3. B； 4. A； 5. C.

习题 6-4

(A)

1. (1) $y=C_1e^{-2x}+C_2e^x$； (2) $y=e^{-3x}(C_1\cos 2x+C_2\sin 2x)$；

(3) $y=(C_1+C_2x)e^{-2x}$.

2. (1) $y=4e^x+2e^{3x}$； (2) $y=2\cos 5x+\sin 5x$；

(3) $y = e^{2x}\left(2\cos 3x - \frac{1}{3}\sin 3x\right)$.

3. (1) $y = C_1 e^{-2x} + C_2 e^{-x} + x e^{-x}\left(\frac{3}{2}x - 3\right)$;

(2) $y = C_1 e^{-x} + C_2 e^{-4x} - \frac{1}{2}x + \frac{11}{8}$;

(3) $y = C_1 + C_2 e^{-4x} - \frac{1}{17}x\cos x + \frac{76}{289}\cos x + \frac{4}{17}x\sin x + \frac{2}{289}\sin x$;

(4) $y = C_1 e^{x} + C_2 e^{-x} + \frac{1}{10}\cos 2x - \frac{1}{2}$.

4. (1) $y = -\frac{3}{2}e^{x} + 5e^{2x} + \frac{5}{2}$;

(2) $y = -\cos x - \frac{1}{3}\sin x + \frac{1}{3}\sin 2x$.

(B)

1. C;　2. C;　3. D;　4. C;　5. A.

章节测试六

一、1. $y' = y - x + 1$;　　2. $y^2 = \ln x^2 - x^2 + C$;

3. $y = (x + C)\cos x$;　　4. $y = x(b_0 x^2 + b_1 x + b_2)$;

5. $y = e^{-x} - e^{4x}$.

二、1. $-\frac{1}{3}e^{-y^3} = -e^{x} + C$;　　2. $2xy - y^2 = C$;

3. $y = C_1 e^{x} + C_2 e^{2x} + x\left(\frac{1}{2}x - 1\right)e^{2x}$.

三、1. $y^2 = 2x^2(\ln x + 1)$;　　2. $y = \frac{3}{4} + \frac{1}{4}(1 + 2x)e^{2x}$;

3. $y = x e^{-x} + \frac{1}{2}\sin x$.

四、$a = \frac{\pi}{2} + k\pi$, $k = 0, 1, 2, \cdots$.

五、$y = x\left(\ln\ln x + \frac{1}{e}\right)$.

参 考 文 献

[1] 吴赣昌. 高等数学. 5 版. 北京：中国人民大学出版社，2017.
[2] 王国政. 高等数学. 上海：复旦大学出版社，2014.
[3] 同济大学数学系. 高等数学. 7 版. 北京：高等教育出版社，2014.
[4] 同济大学数学系. 高等数学. 北京：人民邮电出版社，2016.
[5] 刘浩荣. 高等数学. 5 版. 上海：同济大学出版社，2013.
[6] 吴传生. 经济数学：微积分. 北京：高等教育出版社，2003.
[7] 李辉来，孙毅，张旭利. 微积分. 北京：清华大学出版社，2005.
[8] 李秀珍. 高等数学简明教程. 北京：北京邮电大学出版社，2017.